LUZES E FORJAS

o lugar da modernização na formação socioespacial de Minas Gerais

Catalogação na Publicação (CIP)

L979
Luzes e forjas : o lugar da modernização na formação socioespacial de Minas Gerais / Ralfo Matos, Alfredo Costa (organizadores). 1. ed. - Belo Horizonte : Quixote+Do Editoras Associadas, 2019.
350 p. : il. p&b
ISBN 978-85-66256-61-1
1. Minas Gerais - Geografia. 2. Minas Gerais - História. 3. Minas Gerais - Condições econômicas. 4. Industrias - História - Minas Gerais. I. Matos, Ralfo. II. Costa, Alfredo. III. Título.
CDD: 372.8981

Bibliotecária responsável: Fernanda Gomes de Souza CRB-6/2472

Organizadores Alfredo Costa, Ralfo Matos
Autores Alfredo Costa
André S. Carvalho
André Velloso
Ediméia M. R. Mello
Ralfo Matos
Editores Alencar Perdigão
Cláudia Masini
Luciana Tanure
Thásia de Medeiros
Revisão Valter Braga
Projeto gráfico e diagramação Caroline Gischewski

Apoio
CNPq
Conselho Nacional de Desenvolvimento Científico e Tecnológico

Quixote+Do Editoras Associadas
www.quixote-do.com.br
Rua Fernandes Tourinho, 274
Belo Horizonte, MG, Brasil
Tel: (31) 3227-30-77

LUZES E FORJAS

o lugar da modernização na formação socioespacial de Minas Gerais

Ralfo Matos
Alfredo Costa
(Organizadores)

EDITORAS ASSOCIADAS

SUMÁRIO

INTRODUÇÃO

Desde 1997, quando instituímos o Laboratório de Estudos Territoriais no Instituto de Geociência (IGC/UFMG), dezenas de pesquisas e trabalhos científicos foram realizados, envolvendo mais de cem alunos e pesquisadores. As temáticas giravam em torno das relações homem-território, homem-natureza, migração e urbanização, distribuição espacial da população, geografia cultural, mobilidade espacial e geotecnologias. Entretanto, um outro campo de estudo, tradicional no interior dos estudos geográficos, vinha lentamente reunindo em torno de si uma série de trabalhos e publicações com nossa participação, o da geografia histórica. Essa área temática reúne hoje no IGC diversas teses de doutorado, dissertações de mestrado e artigos publicados em diferentes veículos do país e do exterior. Diante do avanço desse campo de estudos e da interlocução com outros estudiosos da UFMG, há tempos fortalecia a ideia de reunir algumas dessas contribuições sob a forma de livro. Após adiar essa empreitada por muitos anos, surgiu finalmente uma chave conceitual que permitiu selecionar entre tantos escritos alguns que formam essa coletânea, a partir da ideia de modernização em Minas Gerais. Já são várias as incursões analíticas sobre esse conceito disponíveis na bibliografia, e que nos auxiliaram na elaboração dos capítulos. O que julgamos inédito e peculiar, entretanto, é a junção de fontes históricas documentais, bibliográficas e cartográficas para erguer uma narrativa que valoriza as relações espaciais ao longo do tempo sob o prisma da ideia das modernizações que Minas Gerais viveu desde o século XVIII.

Assim, um dos objetivos desta obra é discutir as modernizações e reestruturações espaciais que Minas experimentou à luz da bibliografia recente e antiga sobre sua história, mediante evidenciação empírica e cartográfica dos principais eventos e processos que recobrem uma abordagem geo-histórica. Alinham-se aspectos que influíram na trajetória das Minas do Ouro, no período em que exibia uma feição urbana desconcentrada e precoce, ao lado da complexidade que internalizou nos séculos XIX e XX ao experimentar um tortuoso caminho rumo ao desenvolvimento econômico. Ao final, uma paisagem urbano-industrial se afirmou na segunda metade do século XX, bastante diversificada, com a presença de redes regionais de articulação territorial e concentração demográfica nos médios e grandes centros urbanos.

Suportes Teóricos

Um dos pilares teóricos que alicerça esta obra integra-se ao campo de conhecimento da Geografia Histórica, em que o passado se materializa na paisagem e nos territórios, percebidos no cotidiano dos lugares. Em sua abordagem, propõe que as territorialidades não sejam interpretadas como meros receptáculos nos quais se reproduzem as mobilidades e as relações de dominação, mas que sejam incorporadas às análises como parte da formação das estruturas e dinâmicas contemporâneas, junto ao poder que incorpora, das iniciativas que gera, das transformações que coage e das inter-relações entre os sujeitos.

Assim, pode-se dizer que a geografia e a história são campos de estudo complementares e interdependentes. Tempo e espaço são categorias universais inter-relacionadas e não devem se restringir a modalidades específicas do conhecimento. Para o estudo geográfico do passado, deve-se buscar recuperar não apenas as formas materiais do passado, mas também aquilo que não deixou marcas na paisagem, mas que pode ser reavivado nos acervos das instituições de memória (documentos, fotografias, relatos, objetos, mapas etc.). A pesquisa crítica de arquivos e mapas antigos, de registros territoriais, topônimos, associada às interfaces com a economia, a antropologia, a sociologia, a arqueologia, a arquitetura, a biologia e a geologia, entre outras ciências, são capazes de auxiliar na compreensão dos determinantes para o desenvolvimento dos usos e ocupações do solo.

A geografia histórica supõe a definição de recortes espaciais e temporais de análise, organização e ordenamento de conjunto de fatos relevantes para interpretação do passado, e a busca de singularidades e excepcionalidades. Além disso, indica a importância da caracterização dos fatores de mudança e a performance dos sujeitos que atuam nas conformações do espaço. Por fim, a geo-história estabelece a importância de se investigar os ritmos e velocidades das transformações do território, bem como a extensão e magnitude dessas transformações. Pode incorporar escalas regionais, nacionais e continentais, e investir na inter-relação entre fenômenos locais e globais do passado recente, que se justificam pela sua relevância e presença de dados empíricos.

Nos capítulos seguintes, a geografia histórica de Minas Gerais será analisada sob o prisma da modernização e das reestruturações espaciais. São reestruturações nas quais o urbano em mudança ganha primazia. Define-se que reestruturações territoriais são as transformações verificadas no espaço geográfico delimitado por relações institucionais de poder, causadas por transformações na estrutura produtiva capazes de alterar a organização dos fixos e dos fluxos. O território, como categoria de análise espacial, é testemunha e veículo das transformações, e nele estão marcas de guerras, culto e memória. Este livro, portanto, não pode prescindir das materialidades que se acumularam no espaço territorial, embora só isso não seja suficiente para destrinchar as lógicas e circunstâncias da ação modernizadora.

A modernização tornou-se tão relevante, que gerou o termo "modernidade", para qualificar um movimento permanente de negação da tradição passadista, que transmitiria a sensação de progresso regular e consecutivo. Na interface com a história, pode-se afirmar que as definições da modernidade no Ocidente necessariamente devem incluir a liberdade individual em suas relações de independência relativa com o Estado e a Igreja (secularismo), o que envolve o desejo de mudança e progresso.

A modernização alude tanto a transformações técnicas quanto a mudanças culturais e ideológicas. Expressa-se necessariamente nos lugares e promove conexões. Alguns enxergam a modernização como um processo de reestruturação da sociedade decorrente da dinâmica histórica e geográfica que se desenvolve no espaço de maneira desigual. Por natureza, é pouco previsível tanto em sua gênese quanto em seus desdobramentos. Sua intensidade variável pode resultar em reformas ou revoluções, que são, na verdade, embates pelo controle do poder nos mais diversos contextos e escalas. Parte importante dos processos de modernização é, historicamente, conduzida por elites locais ou supralocais.

Por sua vez, a elite pode ser pensada como a reunião de grupos de pessoas com interesses afins que detêm poder econômico e político, e que procura controlar setores da sociedade local. Alguns critérios são recorrentes na definição das elites, frequentemente associados à distribuição desigual de propriedades e bens. Podem ser arrolados também a propriedade de terras e riquezas, conhecimento e carisma, influência política, aspectos que são capazes de imprimir coesão às relações sociais em um determinado povo, e assim facilitar o acesso aos postos de poder.

Nesse estudo, admite-se que as elites se organizam de maneira distinta ao longo da história e possuem alta capacidade de perpetuação no poder, principalmente por meio de relações familiares. Isso é verificável em Minas e no Brasil – tanto nas características dos indivíduos, como em relação aos objetivos comuns. São, portanto, passíveis de comparação em face de seu caráter de minoria dirigente organizada. Interessa aqui saber em que momentos as elites locais foram relevantes nas reestruturações territoriais.

Para uma adequada compreensão dessas reestruturações desde o século XVIII, cabe, ainda, fazer algum esclarecimento sobre os conceitos de urbanização e industrialização. A compreensão da urbanização como processo refere-se comumente à relação campo e cidade, ou seja, atividades e formas de vida típicas de cada um desses ambientes que sofrem transformações. As cidades são o espaço onde o urbano se manifesta e explicita formas de complexidade e centralidade, são espaços de trocas contínuas que estabelecem mercados de bens, e incluem a presença do Estado, por meio de autoridades de governo, controladorias, força policial, juízes, coletores de impostos etc. A aceleração da urbanização costuma resultar na progressiva perda do protagonismo do campo sobre a cidade, porque os mercados das cidades passam a influir decisivamente nas relações de produção do meio rural.

O espaço urbano das cidades constitui-se da justaposição de diferentes usos da terra – comercial, industrial, residencial, entre outros –, que evidenciam o caráter difuso da urbanização. Aliás, a própria sociedade é uma de suas dimensões, aquela mais aparente, materializada nas formas espaciais. Os usos da terra incluem, entre outros, a administração pública, o culto religioso e os serviços de escolarização.

Historicamente as cidades se organizam e se articulam em redes cuja hierarquia pode ser lida espacialmente. Tal qual organismos vivos, as cidades estão sujeitas a modificações estruturais capazes de alterar sua função e posição na rede urbana. A industrialização introduziu muitas alterações nas cidades no mundo inteiro. A Revolução Industrial e a indústria fabril deram origem à urbanização como é conhecida na atualidade. Até meados do século XVII, poucas eram as cidades em que a concentração de mercado e/ou poder gerava grandes processos de urbanização. A industrialização massiva fez surgir um novo tipo de modernização com a cidade industrial, que se proliferou e modificou as relações de troca e poder, tendo como facilitador a revolução dos transportes operada pelo surgimento e expansão de ferrovias e de navios a vapor, que aumentaram as velocidades de comunicação e trocas sob a forma de compressão tempo/espaço.

Portanto, industrialização pode ser entendida como um processo não espontâneo de transformação das bases de produção de uma sociedade, resultante de uma vontade consciente de desenvolvimento, com modificações sensíveis na configuração das esferas políticas e sociais de decisão, cuja marca principal é a transição de uma economia baseada na agropecuária (setor primário) para outra fabril (setor secundário). Pioneira, a arrancada industrial inglesa teve reflexos no resto do mundo ao demarcar um momento que iniciou a substituição da produção manufatureira pela maquinofatureira, e a transição do capitalismo comercial para o industrial. As fábricas – genericamente definidas como prédios ou instalações onde um conjunto de indivíduos e máquinas realizam a transformação de matérias-primas em mercadorias de alto valor agregado com a maior eficiência possível – foram uma grande inovação que deu origem a modelos inéditos de produtividade, ao passo que popularizou novas formas de exploração da mão de obra.

Conteúdo deste livro

O primeiro capítulo, "Colonialismo, Expansão Capitalista e Paisagens Modernas em Minas Gerais dos Séculos XVIII e XIX", pretende expor brevemente a inserção internacional do Brasil colonial e de Minas Gerais no capitalismo comercial dos séculos XVIII e XIX, momentos de experimentação de processos de modernização que mudaram o mundo. Paralelamente, examina-se uma característica modernizadora peculiar da Minas Setecentista e Oitocentista inscrita nas paisagens que eram modernas à época, porque conformavam cidades e vilas. Portanto, o moderno aqui deve ser circunscrito a macro contextos históricos mundiais, já que uma clara manifestação de modernização surgia na Europa, no interior do mercantilismo. Nascia um novo sistema econômico que obrigou a nobreza a ceder espaço político para a afluente burguesia, ávida de novas regras e de proteção à lucratividade exponencial que se anunciava. Na região das minas, várias manifestações de modernização combinaram-se com a diversificação e expansão econômica, e proliferação de um rol de pequenas cidades.

O segundo capítulo, "Ouro, Urbanização e Revoltas: Evidências da Modernização Precoce Irradiada pela Região Central de Minas Gerais na segunda metade do século XVIII", procura caracterizar a modernidade na região central da Minas setecentista, tanto em seus elementos materiais quanto nos imateriais. Abordam-se especialmente paisagens socioculturais das trocas e da circulação, a influência iluminista na formação das elites, as clivagens entre a capitania e Portugal, e a formação de uma cultura urbana rebelde que culmina no movimento inconfidente mineiro.

O capítulo seguinte examina a "Rede Protourbana do Vale do Jequitinhonha nos Séculos XVIII e XIX", explicitando a expansão da mineração ao nordeste da região mineradora central e das frentes baianas em busca de novas oportunidades na capitania vizinha. A despeito de a região do Jequitinhonha situar-se entre as de menor produto interno bruto de Minas Gerais na atualidade, é mister salientar que durante muito tempo abrigou algumas das cidades mais proeminentes da Capitania e depois Província das Minas Gerais (como Serro e Diamantina), cabendo destacar inclusive a sua importância na estruturação socioespacial do território mineiro, já que tem sua origem ligada aos primórdios da exploração do ouro e diamantes. As principais observações dirão respeito à socioeconomia da época, a exemplo das atividades minerária e garimpeira, além da pecuária de corte de caráter extensivo, que constituíram os vetores das primeiras entradas na região e de sua posterior ocupação, sendo fundamentais para a compreensão da dinâmica de estruturação da rede urbana e do meio rural.

O quarto capítulo, denominado "Modernizações em Minas Gerais na Segunda Metade do Século XIX", discute a formação da elite industrial brasileira no contexto das revoluções industriais do referido período, momento em que se mostra novamente relevante a presença de uma elite mineira instruída para a viabilização de empreendimentos modernos pioneiros no país nos campos da siderurgia, da indústria têxtil e das estradas de ferro, entre outros. São abordados também os aspectos que viabilizaram a industrialização de Juiz de Fora (MG) e a construção de Belo Horizonte, uma moderna cidade planejada com o objetivo de provocar a reestruturação territorial e produtiva de Minas Gerais, projeto que de fato se efetiva no século XX a partir de 1920.

O capítulo "Estruturação, Modernização da Siderurgia Mineira e Ações do Estado e da Elite Instruída nos Séculos XIX e XX" procura compreender, em linhas bem gerais, alguns dos determinantes que atuaram na constituição do espaço siderúrgico na Zona Metalúrgica de Minas Gerais, processo intrínseco à região das minas desde o Setecentos, que alcança sua maturidade na recuperação econômica como desejada por suas elites na segunda metade do século XX. A análise encerra-se na década de 1960, quando fora inaugurada a Usiminas após a implantação da Estrada de Ferro Vitória a Minas (EFVM) e sua subsequente inserção à economia mundial. Serão destacados alguns fatores excepcionais que explicam a fisionomia típica de boa parte do Estado, o que inclusive contribuiu decisivamente para a constituição do Estado-nação brasileiro, desde a sua condição agrário-oligarca do século XIX até a sua feição mais desenvolvimentista industrial no século XX. Os "fatores-chave" explicativos da excepcionalidade mineira são os recursos naturais, a presença duradoura de um Estado forte, colonial ou independente, e de um segmento proeminente das classes dominantes, a elite mineira instruída, versada em leis e técnicas.

O capítulo seis, intitulado "O Ciclo Madeireiro, a Devastação da Mata Atlântica da Bacia do Rio Doce e o Avanço da Siderurgia no Século XX", examina de forma inédita a devastação da Mata Atlântica no chamado Sertões de Leste, sobretudo a partir do início do século XX, com o início da construção da Estrada de Ferro Vitória-Minas em 1904, projeto modernizador que mobilizou setores da elite mineira desde fins do século XIX. A execução do projeto provocou em poucas décadas o desmatamento de uma grande área de floresta até então intocada. Diferentemente do que ocorreu com boa parte da floresta Atlântica no Sudeste, que foi principalmente queimada (e transformada em lenha e carvão), as matas do leste de Minas tiveram um significativo aproveitamento comercial, o que deu origem a um ciclo econômico regional pouco estudado, o ciclo madeireiro. Durante muito tempo, inexistiam preocupações para com a preservação e proteção do meio ambiente em uma época em que as políticas de industrialização ditavam o sonho desenvolvimentista que o Brasil palmilhava, sobretudo a partir da Revolução de 1930 e os esforços associados à modernização conservadora. O objetivo principal desse estudo é lançar luzes sobre como e quando se deu a devastação da Mata Atlântica na área que compreende a bacia do Rio Doce, abordando de forma secundária as bacias dos rios São Mateus e Mucuri, que sofreram processos muito similares de desflorestamento. Procurar-se-á esclarecer também as bases técnicas e espaciais que acompanharam a exploração madeireira, até finalmente realizar-se a especialização siderúrgica no médio Doce, na região de Ipatinga.

O capítulo final, intitulado "Minas Gerais: Reestruturações territoriais e mudanças modernizadoras entre 1940 e 2010", busca evidenciar empiricamente que o Estado de Minas Gerais passou por importantes mudanças estruturais e modernizadoras entre 1940 e 2010, as quais foram capazes de mudar o perfil produtivo do Estado e alterar o padrão distributivo de sua população. Trata-se de um recorte temporal corresponde ao período em que há levantamentos estatísticos governamentais sistemáticos sobre áreas urbanas, população e produção para todos os municípios brasileiros. Verificou-se que a Minas Gerais de 1940, de economia predominantemente rural e população desconcentrada, tornou-se outra em 2010, de forte economia urbano-industrial, com maior concentração demográfica nas médias e grandes cidades.

Em termos cartográficos pode-se fazer uma inserção dos conteúdos de cada capítulo de acordo com o mapa esquemático apresentado em sequência. Trata-se de uma figura que apresenta ao fundo uma regionalização para o século XIX, a rede de drenagem mais importante, alguns dos caminhos mais relevantes, com a sobreposição de um esboço das "áreas de antropização". Ou seja, áreas que tentam mostrar o avanço da ação humana em Minas Gerais, o que inclui tanto os espaços de ocupação formal (fazendas, cidades e vilarejos), quanto áreas que foram garimpadas, exploradas e abandonadas posteriormente. Portanto, não é apenas um mapa de evolução da ocupação territorial, embora contemple essa dimensão, conforme as representações cartográficas indicadas na legenda do mapa. Assim, ainda no século XVIII, pode ser visto o avanço minerador rumo ao alto Jequitinhonha, nas cercanias de Diamantina e Serro, além das áreas de circulação que interligavam Minas com a Bahia (caminhos do sertão), Rio de Janeiro (Caminho Novo), São Paulo (Caminho Velho) e Goiás (pelo caminho até Paracatu). No século XIX verifica-se a conquista do Leste, das áreas florestadas do rio Doce e Zona da Mata, assim como expansões em direção ao Triângulo Mineiro. No século XX, completa-se o processo de efetiva ocupação territorial do Estado de Minas Gerais, à exceção das áreas de preservação ambiental.

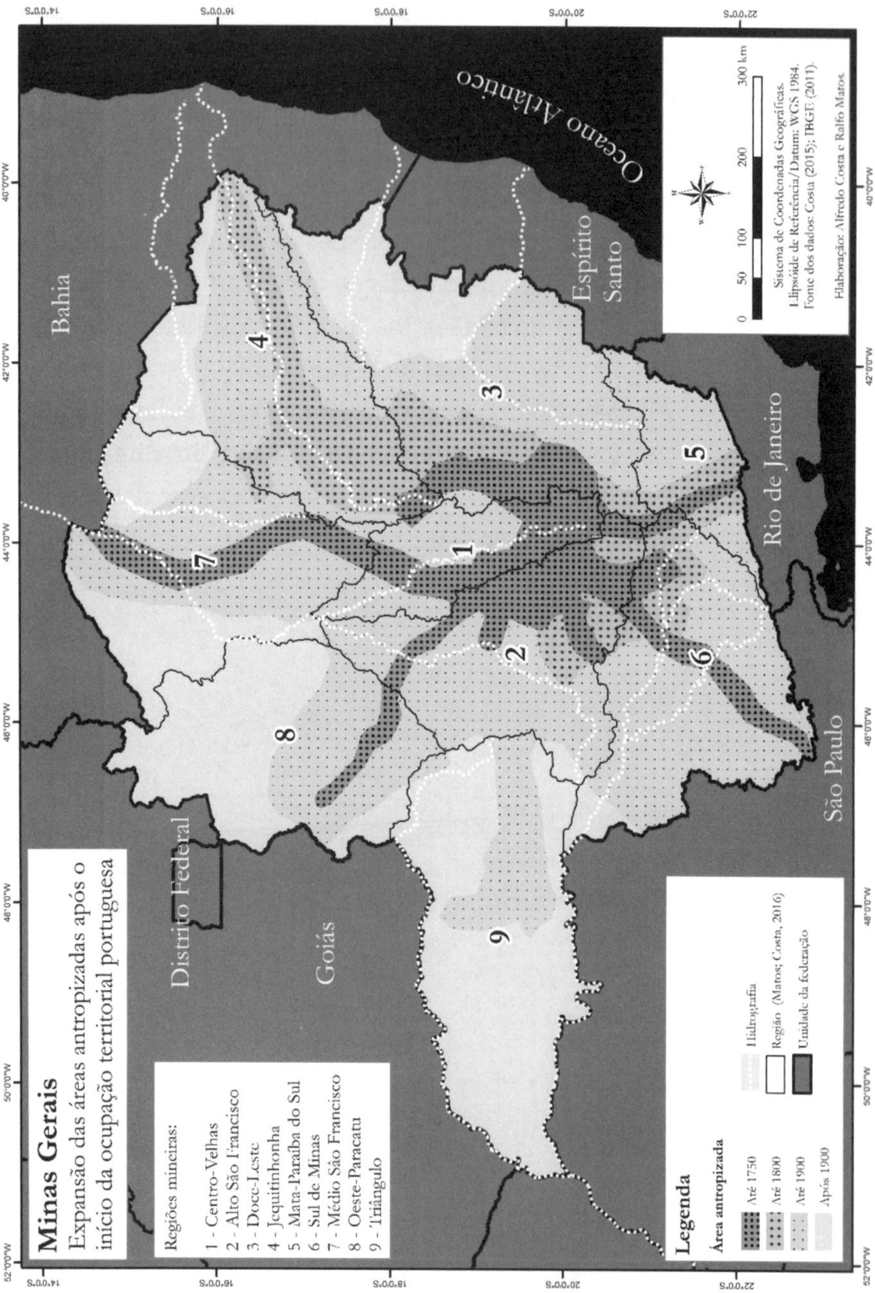

Figura introdutória: Minas Gerais – Expansão das áreas antropizadas
após o início da ocupação territorial portuguesa

I

COLONIALISMO, EXPANSÃO CAPITALISTA E PAISAGENS MODERNAS NA FORMAÇÃO TERRITORIAL DE MINAS GERAIS

Ralfo Matos

Introdução

Minas Gerais, até 320 anos atrás, era um amplo sertão: fazia parte das imensas áreas desconhecidas do colonizador. Após esses três séculos Minas Gerais é um Estado brasileiro de grande importância econômica. Em 1/3 desse tempo Minas fez parte da grande colônia portuguesa do Atlântico, conhecida desde as primeiras décadas do século XVI pelo nome de Brasil.

Após desvencilhar-se do jugo de Espanha e da presença holandesa em Recife, em meados do século XVII, Portugal concentrou as atenções na sua maior colônia, que se tornara uma inarredável esperança de enriquecimento. Só assim seria possível soerguer-se e juntar os frangalhos da enfraquecida casa dos Bragança, no poder desde 1640.

Mas o pequeno país europeu vivia acossado por potências agressivas do continente, o que exigia astúcia e sorte para livrar-se das disputas mercantilistas envolvendo seus vizinhos. A saída dessa situação ainda se apresentava no enfrentamento do Atlântico, a despeito de a força de seus rivais nunca deixar de assombrar sua trajetória colonial no Brasil.

Nos tópicos subsequentes pretende-se expor brevemente a inserção internacional do Brasil colonial e de Minas Gerais no capitalismo comercial dos séculos XVIII e XIX, momentos de experimentação de processos de modernização significativos. De outro lado, examinar-se-á uma característica modernizadora peculiar da Minas Setecentista e Oitocentista inscrita nas paisagens que hoje integram o Patrimônio Cultural da Humanidade. Paisagens que eram modernas à época, porque conformavam cidades e vilas, assentamentos densos nas cercanias das lavras e córregos, enquanto na maior parte do mundo colonial as pessoas viviam em povoados rústicos de feição rural. Afinal, com a predominância de atividades extrativistas ou de tipo *plantations*, populações e investimentos concentravam-se em sua maior parte nas fazendas coloniais. Portanto, o moderno aqui deve ser circunscrito a macro contextos históricos mundiais, nos quais os tempos lentos de Braudel vigoravam, exceto em poucas situações geo-históricas em que o tempo se acelerava, como no noroeste europeu, na França dos iluministas ou nos Estados Unidos da América de Thomas Jefferson.

Na região das minas, outras manifestações de modernização foram a rápida presença mais contundente do Estado português, a grande circulação de pessoas e mercadorias, esboçando um mercado regional em que o ouro em pó fora utilizado como moeda, e as iniciativas independentistas locais combinaram-se com a diversificação e expansão econômica, processos que traduzem um aspecto sensível das materialidades que se acumulavam nas paisagens serranas de Minas Gerais. Esses últimos tópicos serão abordados em capítulos subsequentes.

Destarte, convém assinalar que uma manifestação de modernização nas relações sociais de produção irrompia na Europa, nas entranhas do capitalismo mercantil e do absolutismo. Nascia um novo sistema econômico que não poderia conviver com o velho mandonismo da realeza. A nobreza teria de ceder espaço político para a afluente burguesia, ávida de novas regras e de proteção à lucratividade exponencial que se anunciava em seu horizonte. O antigo regime e os renitentes espaços feudais não suportariam a velocidade de mudanças em alguns países, onde o Estado era redesenhado para proteger os mercados em expansão[1], enquanto os grandes centros urbanos passaram a comandar o ritmo da atividade econômica e reestruturar todos os espaços produtivos, todos os velhos contratos e antigos privilégios do regime monárquico.

Assim, este capítulo, que procura construir um pequeno ancoradouro para os capítulos subsequentes, levanta um rol de evidências históricas que articulam ordenamentos internacionais que redefiniram o colonialismo com ações e realizações que vieram a suscitar surtos de autonomia e crescimento em alguns espaços da mais rica colônia de Portugal, aquela que detinha abundância de recursos naturais excepcionais, explorados por um longo período nos sertões do mar de morros do alto e médio São Francisco.

Esses são os objetivos que amparam os itens subsequentes. Para tanto, como premissa metodológica serão utilizados vários textos de referência sobre o tema, artigos próprios publicados em vários periódicos[2] brasileiros, além de uma cartografia temática que irá particularizar um importante momento de mudanças nas Minas Gerais do século XIX.

Colonialismo e capitalismo mercantil nos séculos XVIII e XIX

O colonialismo representou um meio de enriquecimento das potências europeias e provocou a reestruturação trágica de inúmeros territórios anteriormente ocupados por populações tradicionais. Essas mudanças guardam relações mais ou menos próximas com a competição comercial que se desenrolava na Europa desde as grandes navegações e que delineava um sistema econômico que ficou conhecido como Capitalismo Comercial. As grandes transformações dos séculos XV e XVI demarcaram uma fase vigorosa de afirmação das burguesias nos governos monárquicos, quando a busca de metais preciosos e a política de protecionismo eram metas governamentais. Com isso, surgiu o Pacto Colonial, cujos objetivos eram o favorecimento de ganhos econômicos das principais potências da época, mediante exclusividade do comércio entre colônia e metrópole. É nesse ambiente que o mercantilismo se dissemina, priorizando superávits na balança comercial, tarifas alfandegárias protecionistas, acumulação de metais preciosos, monetização e defesa da produção manufatureira nacional. Para tanto, a presença de um Estado forte tornou-se o instrumento necessário para a defesa armada dos interesses das potências colonizadoras, para a expansão mercantil e para o estabelecimento de regulamentações fiscais e tarifárias de caráter protecionista.Assim, o monopólio comercial era parte integrante da evolução do capitalismo mercantil, uma vez que estavam em jogo mercadorias de muito valor unitário. O exclusivo comercial, era o mecanismo fundamental de geração de lucros no mundo colonial (NOVAIS, 1995, p. 88). O mercado nas colônias era uma exclusividade das metrópoles, porque o pressuposto é de que elas só existiam para servi-las, e isso justificava-se porque os colonizadores entendiam que cumpriam uma espécie de "missão civilizadora" nas suas colônias.

Portugal e Espanha se adiantaram nos séculos XV e XVI e construíram um império colonial impressionante, fundado principalmente na extração de ouro e prata no México, Peru, Bolívia e Equador e açúcar no Nordeste do Brasil. Na verdade, o Sistema Colonial não foi instituído por nenhuma lei ou decreto, mas expandiu-se a partir da disseminação do exclusivo metropolitano, alicerçado pelo tráfico negreiro no século XVII (RICUPERO, 2016, p. 4).

Essa primeira fase do colonialismo durou até fins do século XVIII, quando a Europa Ocidental detinha um extenso domínio econômico mundial e as Américas, em expansão econômica e demográfica, constituíam suas mais valiosas possessões. Na América Latina, os espanhóis subjugaram populações numerosas empregando-as na agricultura e nas minas de prata, enquanto os portugueses faziam uso do trabalho escravo na monocultura da cana de açúcar. Assim, no século XVII, sociedades agrícolas nas colônias desenvolviam-se cultivando cacau, tabaco, índigo, algodão e cana de açúcar. O colonialismo também favorecia a emigração de milhares de europeus vítimas de perseguição religiosa e política, o que refletiu na expansão do comércio intercontinental, uma das mais poderosas molas propulsoras do crescimento econômico do noroeste europeu. Se o açúcar, o tabaco e o tráfico negreiro eram essenciais para as potências em busca de poder e riqueza, o comércio de escravos atingia seu apogeu em fins do século XVIII com cerca de 2,3 milhões de pessoas embarcadas em 30 anos.

Contudo, ainda no século XVII, a Espanha se afoga na abundância da prata de Potosí, nos gastos suntuosos derivados do saque de sua imensa possessão colonial na América e na inflação provocada pelo excesso de metais no continente. Enquanto isso, Portugal, depois de se livrar das amarras da União Ibérica em 1640 e da dominação holandesa em 1645, lutava para se soerguer com base na sua colônia sul-americana, mesmo que tivesse de aceitar em breve outros tipos de dependência, especialmente em relação à Inglaterra. Afinal, a supremacia inglesa diante do frágil Portugal se impôs muito cedo. Após as descobertas de ouro em Minas no final do século XVII, uma sucessão de tratados entre os dois países trouxe vantagens inegáveis para o desenvolvimento industrial inglês, a exemplo do Tratado de Methuen de 1703, que abria um mercado cativo para os panos de lã e lanifícios de Inglaterra em

Portugal (e nas colônias), em troca dos vinhos de Portugal.[3] Como se tais imposições não bastassem, a coroa portuguesa, sobretudo durante o longo reinado de dom João V (1706-1750), gastara muito mal a enorme quantidade de ouro extraída por quase 70 anos em Minas Gerais e Goiás, não promovendo qualquer esforço de modernização que lhe desse protagonismo no velho mundo. Pelo contrário, abraçava o clericalismo e evitava os efeitos das transformações deflagradas por Holanda, França e Inglaterra. Esse parecia ser o destino natural das casas monárquicas de Espanha e Portugal, ao cultivar o velho absolutismo e a predação colonial.

De toda a maneira, na segunda metade do século XVIII a "riqueza das nações" ganhava outras perspectivas. França e Inglaterra avançavam inventando novos mundos. Um novo tempo, que iria impelir a política e a economia rumo à modernidade, se desenhava nessas nações, punha em xeque os privilégios da velha nobreza e reunia um conjunto de mudanças que viriam impactar todo o planeta, com a afirmação do poder da burguesia, o advento da República e do capitalismo industrial. Novas formas de colonialismo participaram significativamente dessas transformações nos séculos XVIII e XIX.

O capitalismo vinha se sedimentando na Inglaterra desde a Revolução Gloriosa. Os capitalistas do comércio se multiplicaram no século XVII, favorecidos por meios de circulação que interligavam todas as principais cidades da ilha e por políticas de um Estado que, não obstante o regime monárquico, tornava-se cada vez mais pró-mercado.

T. S. Ashton, atento aos processos históricos que precederam à grande arrancada industrial de fins do Setecentos, assinala a proliferação de bancos e firmas de pequeno porte no século XVII, ao lado de uma nova cultura otimista de acumulação irradiada por Londres. Obras de infraestrutura fizeram expandir a rede de cidades comerciais e provocaram a interiorização do capitalismo, ao instaurar novas relações capital-trabalho. Nesse ambiente as vantajosas relações ultramarinas e o grande surto de expansão econômica subsequente foram fatores decisivos para a Inglaterra avançar rumo à revolução industrial.

O autor sublinhou a expulsão de camponeses das suas comunidades de origem (nas "vedações"), o que ocasionou uma migração sem precedente de milhares de ingleses dentro da ilha e para as colônias e ex-colônias.[4] Trabalhadores escoceses e irlandeses pobres vinham repor estoques na Inglaterra de início do século XIX, momento em que a superexploração permeou a constituição do assalariamento e a unificação do mercado de trabalho. A Inglaterra passava a deter somas impressionantes de recursos financeiros e se tornou o lugar que reunia condições únicas para o progresso industrial.

Aguerrida em suas práticas protecionistas, muito próxima mas separada/protegida por mar do continente europeu, apoiada pelas ações protecionistas da realeza que favoreciam a manufatura, a Grã-Bretanha se tornava a rainha dos mares e dona das maiores possessões do planeta.[5] Os ingleses mostraram forte agressividade comercial internacional, o que gerou verdadeiras guerras de mercado, ao envolver diretamente a expansão ultramarina. Assim, um mesmo sistema econômico fazia intensificar as trocas com as colônias, o tráfico negreiro e o exclusivo comercial. Com isso, ampliaram-se os mercados e a movimentação nos portos ingleses de produtos como açúcar, fumo e algodão.

Usufruíam da monetização corrente nas trocas comerciais, envolvendo milhares de pessoas do mundo inteiro, o que fazia com que seu mercado interno estimulasse a indústria de bens de consumo industrializados. Ganhava-se dinheiro comprando e vendendo nesse vigoroso mercado, com caixeiros-viajantes percorrendo estradas e canais, articulando diversas localidades a Londres, maior cidade do planeta. A velha lógica de comprar barato e vender caro estava sendo substituída por uma outra associada ao avanço da produção em massa e vendas a preços mais baixos.

Hobsbawm (1996) assinala que, em torno de 1700, um quinto das exportações inglesas se destinava às colônias. Já entre 1760 e 1790 esse número evoluiu para 33%. Os ingleses aprenderam com o vizinho Portugal o sistema das grandes *plantations* e o adotara no sul da colônia da América do Norte. Articulavam portanto o cultivo de algodão aos negócios do tráfico negreiro, criando assim um grande mercado de consumo. A indústria têxtil, instalada junto aos portos de Liverpool, Bristol e Glasgow, os que mais negociavam com as colônias, passou a responder por até 50% de todas as exportações inglesas em fins do século XVIII. O algodão proveniente do sul dos EUA se transformava em bens finais exportados para o mundo inteiro. Impressiona a constatação do autor quando observa que, entre 1750 e 1770, o valor das exportações de tecidos de algodão aumentou 900%, sendo mais de 95% das vendas destinadas às populações em expansão das colônias na África e América.

O resultado dessa dinâmica foi uma formidável centralização e acumulação de capitais em lugares especiais do Noroeste europeu, sem o que talvez não fosse possível a deflagração da arrancada industrializante tal como ocorreu.

Os britânicos haviam estabelecido o monopólio do comércio com os latino-americanos e estavam estabelecendo as condições que facilitaram o "salto para frente" do século XIX, quando surgiu o transporte ferroviário, a grande siderurgia e uma nova indústria. O impressionante dinamismo econômico pôs em marcha processos de alta magnitude: industrialização massiva, crescimento demográfico, emigração europeia, revoluções políticas, nacionalismo, afirmação do Estado-nação, neocolonialismo e disputas por recursos naturais (ver MATOS, 2011a, p. 80).

De fato, o avanço industrial na Inglaterra mostrou-se tão rápido, tanto quanto seus efeitos dispersores pelo continente a partir de 1820. A explosão das taxas de crescimento industrial da Inglaterra a partir de 1800 representou um "efeito-demonstração" irresistível. As novas máquinas de fiação e tecelagem, a produção de ferro fundido e a máquina a vapor impactaram toda a economia e trouxeram, após 1830, a grande indústria e o *boom* ferroviário, que fizeram do Reino Unido a principal área industrial do Mundo.

Na segunda metade do Oitocentos, a chamada "2ª Revolução Industrial" se impõe a partir de 1870, repercutindo sobre a maioria dos países europeus que se engalfinhavam em busca de recursos minerais estratégicos nas colônias. A corrida industrial constituía o pano de fundo do neocolonialismo. O desenvolvimento tecnológico, os desdobramentos das inovações na produção de aço e energia (eletricidade e petróleo) propiciaram a "revolução" dos transportes e a queda dos preços dos alimentos. Nesse momento, a Alemanha, unificada desde 1871, passou a interferir no ritmo da corrida pela supremacia industrial, sobretudo na química e eletricidade. Surgiram novos hábitos de consumo que aceleravam a circulação de ideias, mercadorias e pessoas. A emigração europeia e o translado forçado de milhões de africanos escravos para as Américas foram instrumentos poderosos de expansão e dominação econômica e cultural.

As grandes transformações políticas que davam forma definitiva aos Estados nacionais, o forte crescimento demográfico e as migrações contribuíram decisivamente para a ocidentalização do mundo com base nos valores civilizacionais europeus.[6] Em 100 anos, entre 1810 e 1910, os europeus e seus descendentes evoluíram de 5,7 milhões para 200 milhões nas Américas, África do Sul, Austrália, Nova Zelândia e Sibéria. Por volta de 1900, quando o crescimento populacional da Europa atingiu seu auge, a emigração para os Estados Unidos alcançou a incrível marca de um milhão de pessoas por ano.[7] O expansionismo europeu abarcou o mundo inteiro e mobilizou os recentes Estados nacionais na busca de novos recursos minerais valiosos.

Os britânicos, apesar da perda dos EUA, preservaram outras áreas de colonização, anexaram novas terras ao seu vasto império, chegando a controlar 20% dos territórios e 25% da população mundial. A França ostentava um império de 10,4 milhões de km² e 47 milhões de pessoas, enquanto a Alemanha, que chegara atrasada na corrida neocolonial, arrebanhou 2,6 milhões de km² e conquistou 14 milhões de súditos. Além dessas potências, participavam do mesmo processo Itália, Portugal, Rússia, Japão, e até os EUA, com a ocupação do Oeste californiano, Novo México e Porto Rico.

As singularidades das Minas Gerais e suas mudanças

As grandes transformações que a Europa viveu trouxeram impactos significativos nas colônias americanas. Os europeus, inseridos no turbilhão de mudanças que se desenrolavam no continente, não podiam avaliar os tantos impactos que incidiriam sobre suas colônias. Custaram a perceber que o caldeirão de mudanças, misturas e exposição das populações colonizadas às inovações europeias iria, gradativamente, favorecer a ideia de que estadunidenses e brasileiros também poderiam empreender conquistas civilizacionais em ambientes de liberdade, o que exigiria a disseminação de um sentimento de luta por um Estado independente.

A marcha da colonização, o saque e espoliação deram origem a áreas decadentes e deprimidas, exauridas pela exploração metropolitana, onde se reproduziam modos de vida estacionados em situações de mera sobrevivência, subsistência e atraso. Entretanto, no interior do colonialismo houve regiões que se distinguiram desse quadro de pobreza, estagnação e descontinuidade, especialmente em áreas ricas em recursos naturais variados que vinham se tornando muito povoadas, como foi o caso de Minas Gerais. Nessas circunstâncias surgiam ideias de modernização, desvencilhadas das redes dos potentados e senhores da terra, em que vozes coletivas vislumbravam o combate ao atraso e a importação de conquistas civilizacionais da metrópole. Trata-se de mais um tipo de modernização transplantada, cujo caráter exógeno dificultou a introjeção de uma cultura autóctone com ares endógenos de modernização e autonomia, capazes de disseminar formas de inclusão social de largo alcance. Aliás, a escravidão continuaria intocada enquanto o Brasil acumulava uma enorme população de negros e mestiços que iria acompanhar a sua história definitivamente. Contudo, as lutas e rebeldias atestam a latência e intermitência do ideário de independência dos homens do ouro.

Para os milhares de habitantes da região mineradora submetidos a disputas e à cobiça, a resolução de conflitos resultantes do ajuntamento de garimpeiros em córregos e riachos requeria ordenamentos (inclusive mediante a presença dos representantes do rei), alguma divisão de trabalho e o enfrentamento da questão do abastecimento, o que exigia a organização do provimento de alimentos sob formas regulares de mercados de gêneros. Enfim, uma fuga de situações de mera subsistência. A edificação de ranchos, povoados, arraiais, eram o esboço de uma sociedade protourbana, uma modalidade de povoamento associado à busca do ouro. E isso foi se afigurando moderno, em uma colônia de ocupação rarefeita e fragmentada, que não se reconhecia como um país e evoluía sob a enorme concentração de riqueza nas mãos dos senhores de engenho de açúcar no Nordeste, com o povo vivendo das migalhas do extrativismo e da economia de subsistência.

De fato, em pouco tempo, a mineração fez de Minas Gerais a principal capitania do Brasil. Ao longo do Setecentos a grande colônia portuguesa se tornava um país, já que a unificação da língua, a ideia de nação e brasilidade em uma expressiva unidade territorial prosperaram. Paralelamente, a imigração, miscigenação e crescimento vegetativo produziram uma impressionante expansão demográfica.[8]

Em meados do Setecentos, a diversificação da economia mineira já produzia ganhos que ultrapassavam a exploração do ouro e diamantes, ao avançar na produção de gêneros agrícolas, panos e têxteis, fabricação de utensílios de ferro, o que viria desencadear severas restrições da Coroa portuguesa. Mas o comércio florescia articulando a região com o resto da Colônia por uma rede intrincada de caminhos, alguns oficiais e muitos outros clandestinos. Em outras palavras, um primeiro choque de modernização acontecia no Brasil colonial, onde parecia não haver lugar para o personalismo típico da zona açucareira e das áreas rurais, por força da complexidade de uma sociedade urbana, sobretudo a partir de 1750, quando as trocas de mercadorias de toda a sorte faziam surgir um mercado de bens que ultrapassava a figura do tropeiro, enquanto o Estado buscava se fazer presente na administração, controle, dominação e regulação da vida dos insubordinados moradores do território das minas.

Nesse ambiente, em contraste com a vida rude nos sertões e nas *plantations*, surgiu um clássico exemplo geográfico de modernização: cidades articuladas a uma rede urbana nas áreas centrais da Capitania, que deram fluidez às relações comerciais e aos intercâmbios culturais intensificados na segunda metade do século XVIII. A desenvoltura da vida urbana nessas cidades favoreceu a importação precoce de um ideário político e econômico inspirado por um novo tipo de Estado, com base nos exemplos da França e Estados Unidos.

Beneficiada pelos ganhos da mineração, a região cultivou valores artísticos na literatura, poesia, música, escultura e arquitetura, juntamente com os ideais de liberdade, independência e justiça, não obstante o trágico desfecho da Inconfidência Mineira. De fato, depois de 70 anos de exploração de ouro, a capitania começou a viver a redução de seu crescimento e o declínio de algumas áreas da extensa zona mineradora. Mas as muitas décadas de prosperidade a tinham tornado uma região vigorosa no Brasil, onde a acumulação de riqueza material ficara evidente. Durante o século XVIII, conquanto a Coroa tenha drenado grandes somas de minerais preciosos para Portugal, Inglaterra e para a consolidação do Rio de Janeiro como nova capital, Minas manteve-se forte política e economicamente, exibindo diversidade econômica em um contexto autóctone de relativa autonomia regional e dispersão de territorialidades, inclusive valendo-se geopoliticamente de sua proximidade com o Rio de Janeiro.

É um mito ultrapassado acreditar que a região ingressara em estagnação e pobreza em fins do século XVIII. Se no início do Oitocentos, aos viajantes estrangeiros causava uma impressão de decadência a visita a vilas e povoados que foram prósperos meio século antes, no cômputo geral a economia mineira durante o século XIX foi relativamente dinâmica. Na verdade, a própria mineração prosseguiu, embora mais dispersa, tornando-se crescentemente mecanizada e diversificada setorialmente. Da mesma forma, incrementou-se a fabricação de produtos alimentícios, tecidos, couro, ferro, enquanto a produção agropecuária e o comércio ampliavam-se nos vales dos rios São Francisco, Jequitinhonha, Grande e Doce. Florescia o comércio de animais, gêneros e utensílios, notadamente nas principais cidades que se expandiam na porção meridional e nos amplos espaços do Centro e Nordeste de Minas. A circulação comercial apoiava-se em uma rede de cidades vertebrada por caminhos, algumas estradas carroçáveis e rios navegáveis que articulavam regiões de Minas, Bahia, Pernambuco e, principalmente, Rio de Janeiro. Ressalte-se que a cafeicultura, que viria a ser o sustentáculo da economia brasileira a partir de meados do século XIX, já havia se instalado e vivia forte expansão na Zona da Mata mineira a partir da década de 1830. Somente após a exaustão das terras e práticas de mau manejo nessa região é que o café avançou para o sul de Minas, antes de se enraizar no planalto paulista em fins do século.

O café foi tão relevante, que produziu uma nova classe social e veio a redesenhar a rede de cidades de Minas ao encurtar a distância de Minas com o Rio de Janeiro, sobretudo após a chegada das ferrovias. Gerou excedentes financeiros e recursos orçamentários sem os quais não teria sido possível construir Belo Horizonte, a nova capital projetada pela elite mineira. Nesse contexto, não é de se estranhar o fato de que o comércio interprovincial de escravos em direção a Minas Gerais tenha sido tão intenso durante o século XIX, mormente após a abolição do tráfico negreiro em 1850.

Havia muita gente em Minas. Forasteiros brancos, gentios, negros, mestiços de todos os matizes, mineiros genuínos e nordestinos. Em 1872, os resultados do primeiro censo demográfico registram a presença na província de cerca de ¼ da população brasileira. População alocada nos sertões, áreas de fronteira e cidades. Tudo indica que eram milhares de habitantes residindo em uma miríade de pequenas cidades de vida urbana relativamente animada. Assim, se a urbanização fora um marco da modernidade, tendo sido um fenômeno relevante no século XVIII, continuou também expressiva no século XIX, a despeito de a maior parte da geração de riqueza ter se deslocado para as fazendas produtoras de café.

O século XIX inicia-se de fato com a chegada da família real ao Rio de Janeiro, em 1808. A partir daí o Brasil vive um segundo choque de modernização por força da instalação da sede de um império intercontinental na cidade do Rio de Janeiro, abertura dos portos, dinamização dos mercados e introdução de novos hábitos e culturas, em decorrência da presença insidiosa dos ingleses. 1808 é a data paradigmática de Gilberto Freyre em seu *Sobrados e Mucambos*[9], obra que pretende delinear o advento da modernização brasileira resultante da emergência de um mundo urbano heterogêneo, em oposição ao ruralismo dos senhores de terra e gente de *Casa Grande e Senzala*.

Com isso Minas experimentou um incremento econômico importante e multifacetado, o que incluiu, além da produção de gêneros alimentícios, uma série de itens que abasteciam a Corte, ávida de comida e utensílios, e os mercados regionais da Província. Os caminhos de Minas e os fluxos de mercadorias continuaram estruturando os núcleos de povoamento das atuais regiões Sul e Sudeste, enquanto as trocas migratórias já tinham como referência de origem-destino uma série de cidades de Minas Gerais.

As cidades em foco

As cidades são áreas relativamente densas em superfícies territoriais geralmente pequenas. Por milhares de anos foram os assentamentos que mais agregavam moradores fixos, mas preparadas para receber muito mais pessoas nos momentos festivos, nas atividades de compra e venda, nos cultos, ou na defesa contra ameaças externas. As maiores cidades do passado eram populosas, mas, com a emergência das sociedades urbano-industriais, as densidades e populações aumentaram vertiginosamente.

As cidades aglutinam dois princípios geográficos elementares, centralidade e densidade. O aumento da densidade demográfica faz surgir a centralidade, expressa na presença do comércio, serviço e infraestruturas, além de formas variadas de controle das ilicitudes por meio de instituições administrativas com poder de polícia e fiscalização. Em uma cidade pequena ou grande é possível identificar casario compacto, ruas, praças, vendas e prédios públicos.

A comparação de cidades antigas e novas não é trivial do ponto de vista dos números que poderiam expressar diferentes padrões de densidade. No Brasil colonial surgiram assentamentos humanos densos, integrantes de um protourbanismo nem sempre provisório. Os mais significativos estavam postados em pontos estratégicos do território entre os caminhos por terra e água, circundados por enseadas portuárias, baías, lagoas e cabos, que permitiam a navegação de cabotagem e a função de controle do território. Ou em áreas similares de rios navegáveis, nos caminhos e registros instituídos pelo rei.

Esses núcleos de ocupação constituíram o fundamento para o surgimento de uma incipiente rede urbana, que marcaria o espaço de Minas e do Brasil posteriormente. Perguntas embaraçosas e de difícil resposta podem surgir diante desse quadro. Eram territórios densos com vocação urbana similar aos que existiam na Europa e Ásia? Ou mantinham uma idiossincrasia dada pela condição tropical, que poderia passar a impressão de provisoriedade, mesmo que experimentassem crescimento lento ao longo dos séculos? Eram dominados pelos senhores de terras ou viviam certa intermitência dada pelas oscilações econômicas e pela capacidade de ocupação do colonizador? Acreditamos que muitos desses assentamentos eram pequenas cidades, como a maioria das cidades do mundo à época. Possuíam autonomia relativa variável com o maior ou menor exercício de poder do Estado em cada tempo histórico, o que poderia ocasionar o semiabandono de vários núcleos, daí a noção de protourbanismo: nucleações precárias com poucos prédios públicos e ralo ordenamento legal e jurídico, mas com circulação de pessoas e mercadorias, associadas às atividades extrativistas (mineral e vegetal), ao comércio periódico e à existência de proprietários rurais na hinterlândia circundante. Assim, falar em cidades no Brasil colonial é focalizar territórios densos de pequeno tamanho, mas distantes, muito distantes das grandes densidades das sociedades urbano-industriais do século XX.

No Brasil, por causa do temor lusitano de que a multiplicação de cidades oficiais expandisse também o sentimento de autonomia e independência, foram poucas as vilas e cidades oficiais erigidas nos 150 primeiros anos da colonização. Entre 1532 e 1615, apenas 10 vilas e cidades foram criadas dentre os 37 núcleos de povoamentos estabelecidos, boa parte deles por iniciativa dos donatários[10] e colonos, alguns fadados ao abandono e esquecimento com o passar do tempo.

Um século depois, em torno de 1760, a despeito dos receios[11] da Coroa, Minas detinha a maior população e o maior número de assentamentos densos da Colônia. As atuais Ouro Preto, Mariana, Sabará, Serro, Diamantina, São João Del Rei, Tiradentes, Caeté e Pitangui abrigavam sobrados, palácios, igrejas e obras de arte, câmaras e cadeias, vendas, albergues, prostíbulos e casebres. Conflitos de toda ordem marcavam essas localidades, além de uma alta mobilidade social. Havia milhares de brancos e mulatos livres e forros, além do aumento da compra de escravos. A mestiçagem, a variedade étnica e os interesses da Coroa tanto motivavam disputas e ressentimentos quanto propiciavam a multiplicação de meios de sobrevivência, atividades e ofícios inauditos.[12]

A despeito das grandes dificuldades de mensurar as populações das cidades mineiras ao longo do tempo, os poucos dados demográficos e econômicos existentes podem ser utilizados na pesquisa geo-histórica. Esse esforço foi realizado por uma série de pesquisadores nos últimos 50 anos, a exemplo dos trabalhos resultantes de análises pormenorizadas de listas nominativas e contagens da população antes dos recenseamentos modernos. Esses trabalhos desmistificaram: as impressões deixadas na história do Brasil por historiadores do século XX, que escreviam sem suporte empírico adequado; e alguns dos relatos de viajantes do século XIX (Saint Hilaire, Martius, Richard Burton, Von Eschwege, entre outros), certamente interessantes, mas eurocentristas e não raro preconceituosos. Entre os autores da nova revisão da historiografia mineira cabe citar pelo menos Martins (1981), Libby (1989), Paiva (1996) e vários de seus colaboradores como Godoy (1996), Rodarte (2009), além dos trabalhos geo-históricos do IGC/UFMG, tais como: Giovanini (2006), Matos, Santos, Costa (2007), Carneiro e Matos (2008), Carneiro e Matos (2012), Carvalho (2018), Costa (2018), entre outros.

Os mapas em sequência são um esforço cartográfico que procura expor dezenas de núcleos populacionais relevantes no primeiro terço do século XIX[13] (Figura 1.1). Ao que tudo indica, até a década de 1830 a urbanização mineira ainda orbitava em torno de cidades importantes do século anterior, como Ouro Preto, à montante da bacia do Velhas, e Serro, incrustada no Espinhaço, nas cabeceiras do rio Jequitinhonha. Num segundo nível[14] figuravam outras nucleações próximas ou internas à zona metalúrgica, como as atuais Diamantina, Itabira, Santa Luzia, Caeté, Mariana, São João Del Rei e Barbacena. Um pouco mais distante, ao sudoeste da bacia do rio Grande, havia Campanha.

Embora o mapa não exprima claramente as conexões entre as cidades de Minas e as linhas delineadoras das bacias hidrográficas, é evidente que essas cidades só continuaram prosperando porque, além da mão de obra abundante, contaram com fartura de recursos naturais como água, vegetação e solos. A despeito de as cidades em sua maioria estarem localizadas na atual Zona Metalúrgica, nessa porção do espaço mineiro também se desenvolveu a agricultura e pecuária, inclusive nas franjas fronteiriças com a Zona da Mata e Campos das Vertentes, áreas que já começavam a se notabilizar no setor primário.

Entre as cidades de terceira ordem cabe mencionar Januária (a margem do rio São Francisco) e Minas Novas (vale do Jequitinhonha), Araxá a Oeste, além de Gouveia, Formiga, Cláudio, Bom Sucesso, Oliveira, entre outros importantes entrepostos comerciais àquela época.

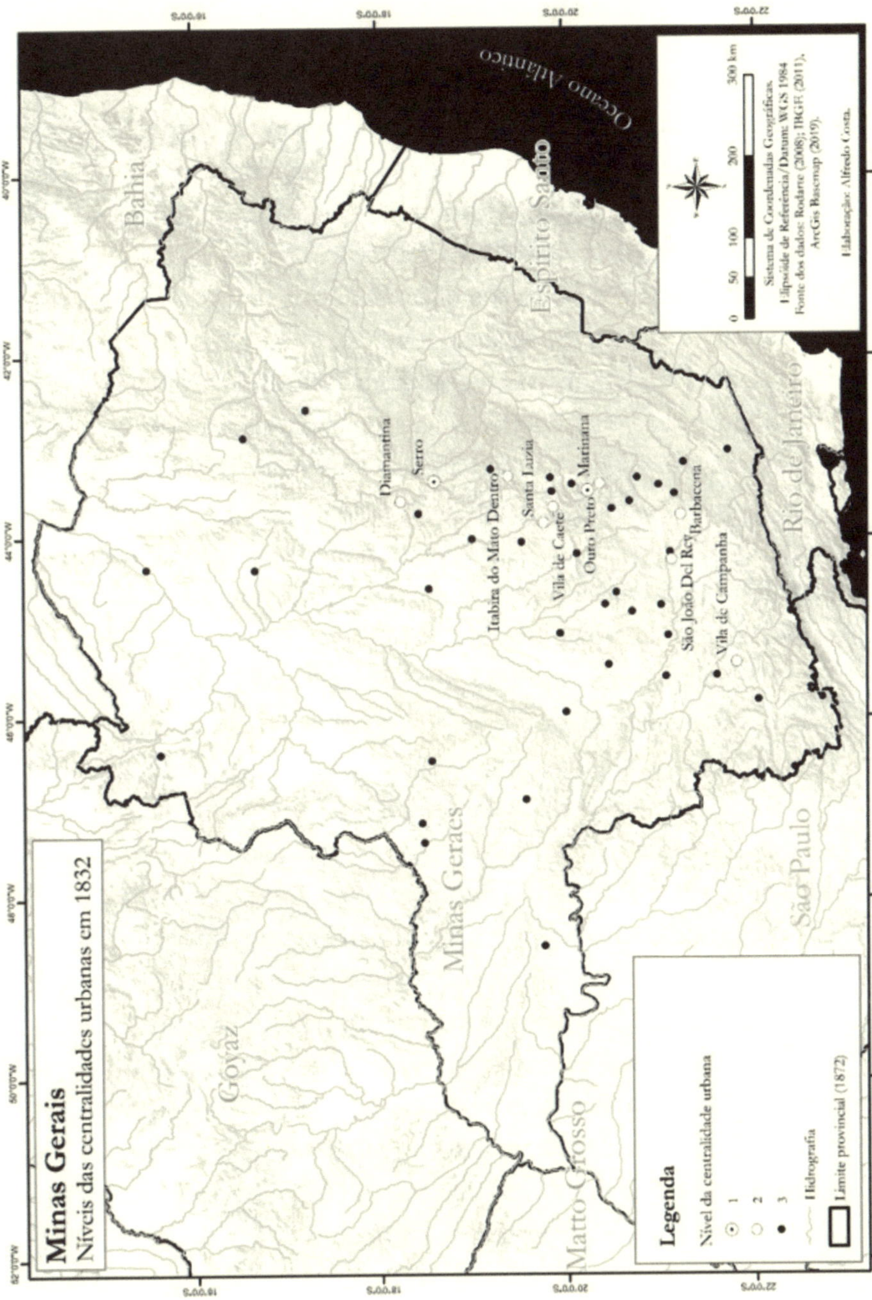

Figura 1.1: Mapa das principais cidades mineiras em 1832
Fonte: Laboratório de Estudos Territoriais (Leste)
Elaboração: Costa, A. baseado em Rodarte (2009) e Passos (2009)

Mas esse mapa pode estar apenas revelando os restos de uma economia resultante do apogeu da mineração do século anterior, sem capacidade de expandir-se após a Independência? Se for essa a realidade, seria necessário afirmar que os traços de modernidade material que Minas vivera ficaram no passado, no século do ouro. Conclusão que daria razão aos viajantes e aos tantos historiadores do passado que escreveram sobre a região.

Aliás, uma situação de decadência em Minas Gerais poderia estar traduzindo a perda definitiva de sua expressão política e econômica para o Rio de Janeiro, ou para São Paulo, que depois da instalação do porto de Santos nos anos de 1870 começava se expandir velozmente. O que se passou nesse território no meio século subsequente? A tradição, o conservadorismo e os negócios da terra fizeram Minas regredir em meio a uma série de cidades fantasmas?

Os dados desmentem essa hipótese. Em menos de 50 anos, a rede urbana de Minas mais que dobrou de tamanho, alcançando a marca de 128 localidades[15] em 1872, data da realização do primeiro censo moderno no Brasil. A intensificação do povoamento ocorreu sobretudo em direção às áreas meridionais da Província, e isso representou uma alteração significativa da hierarquia urbana. Como reflexo do *boom* cafeeiro no Vale do Paraíba e na vizinha Zona da Mata mineira, vieram a florescer várias pequenas cidades sob a influência de Juiz de Fora, o mais importante polo de Minas, favorecido pela cafeicultura, instalações industriais e pavimentação da Estrada União e Indústria, fator que reduziu drasticamente o tempo de percurso do centro de Minas ao grande mercado da Corte carioca.

No sul e oeste de Minas, na direção ou nas proximidades de São Paulo, vários núcleos urbanos emergiam. Além de São João del-Rei, ganhavam mais expressão cidades como Barbacena, Baependi, Lavras, São Bento de Tamanduá, Formiga, Campanha, Pitangui, Pouso Alegre e Bagagem.

No Nordeste, além de Diamantina, as cidades de Conceição do Serro, Grão Mogol e Rio Pardo ainda se destacavam, enquanto na antiga região mineradora central, as cidades do Alto Velhas não feneceram, como se supunha. As principais "cidades do ouro" mantiveram-se vivas, com base na diversificação das atividades econômicas, embora crescendo mais lentamente que 100 anos antes.

O mapa abaixo tenta exprimir as observações supracitadas. Se comparado ao anterior, deixa evidente a expansão das áreas meridionais da Província e um significativo aumento dos níveis de centralidade 2 e 3 (Figura 1.2).

Os principais polos são Juiz de Fora e Mar de Espanha, não por acaso integrantes da bacia do Paraíba do Sul, enquanto boa parte das cidades da zona mineradora situa-se no nível 2 de centralidade.

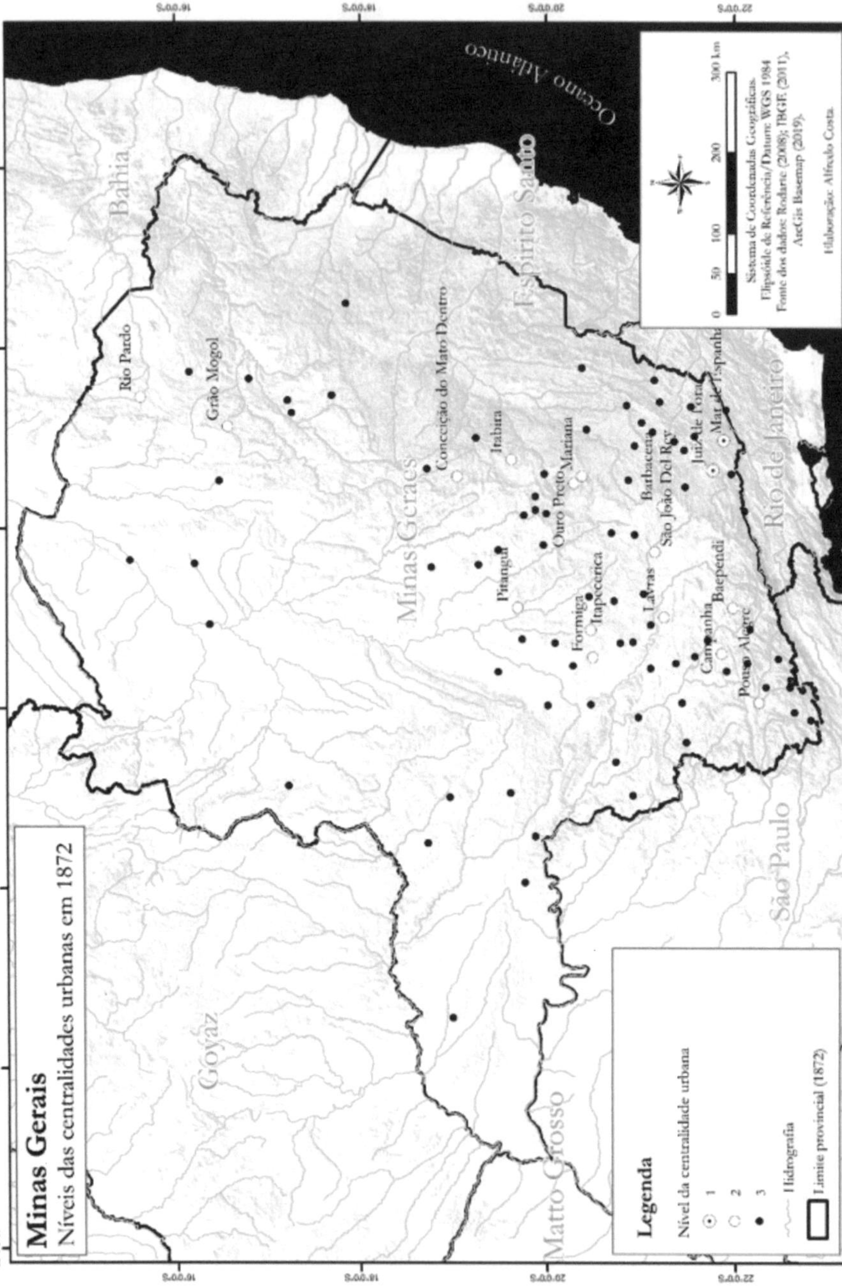

Figura 1.2: Mapa das principais cidades mineiras em 1872
Fonte: Laboratório de Estudos Territoriais (Leste)
Elaboração: Costa, A. baseado em Rodarte (2009) e Passos (2009)

Enfim, Minas Gerais no começo do último quartel do século XIX, valendo-se de vantagens locacionais e de seus recursos naturais, exibia uma economia robusta e variada; vários mercados locais relativamente sólidos; exploração mineral diversificada; agropecuária dinâmica; articulações inter-regionais perenes suportadas por um expressivo comércio de "secos e molhados"; forte expansão demográfica apoiada pelo tráfico interprovincial de cativos; e uma elite instruída que ganhava projeção com a fundação da Escola de Minas de Ouro Preto.

Contudo, ao se aproximar do final do século e início do século XX, uma série de dificuldades econômicas ganharam vulto e se abateram sobre Minas Gerais. Exatamente no momento em que o Brasil começava a viver um novo choque de modernização com a Abolição e República, o ideário positivista de ordem e progresso, a onda exógena de contribuição da imigração estrangeira para o formidável crescimento da cidade de São Paulo, prestes a se tornar o espaço mais dinâmico do país. Ademais, o Estado de São Paulo exibia vantagens comparativas extraordinárias, como as extensas terras do planalto fértil sobre o aquífero Guarani, as facilidades derivadas da instalação do porto de Santos, os novos investimentos e novas práticas de manejo na cafeicultura, vis-à-vis as políticas de proteção à agroexportação encabeçadas pelos governos federal e estadual nos momentos de crise de superprodução. São Paulo do Piratininga avançava, inclusive absorvendo uma grande quantidade de mineiros na marcha do café do Sul de Minas até o extenso planalto paulista.

Mudanças estruturais no século XX

Ainda na primeira metade do século XX, o Brasil viveu momentos de crise política e econômica que se desdobraram em mudanças estruturais definidoras dos rumos da trajetória econômica do país. Processava-se a passagem de uma economia dependente da agroexportação para uma economia apoiada na industrialização e urbanização, alicerçada na ação do Estado, ao fomentar a substituição de importações e investir pesadamente em infraestrutura econômica e social.

Minas participa desse processo, mas sobretudo em razão de sua base de recursos minerais e da força política de suas elites. Antes disso, entretanto, o cenário do início do século era o de declínio e estagnação, processo que lentamente se disseminava por várias regiões mineiras como resultado da reestruturação produtiva que se consolidava a favor do Estado de São Paulo.

As crises da agroexportação e o colapso da cafeicultura a partir de 1929 disseminaram efeitos de longa duração que atingiram duramente uma série de atividades rurais caudatárias do setor mais dinâmico da economia brasileira. Ao lado das quebras e falências de produtores, crise política e econômica do Estado, houve o empobrecimento de inúmeras localidades dependentes da agroexportação. A saída maciça de milhares de trabalhadores rurais em direção às grandes cidades tornou-se um fenômeno nacional que iria perdurar por mais de 40 anos. Em resposta à crise de 1929-33, o governo Vargas promoveu uma reestruturação econômica sem precedentes, que iria, em cerca de duas décadas, favorecer a instalação da indústria de base e de produção de bens duráveis.[16]

Minas Gerais também sofreu os impactos da crise, embora já viesse desde antes vivendo dificuldades de toda ordem. Ampliava-se a distância econômica que a separava de São Paulo e Rio de Janeiro. Os obstáculos ao seu crescimento eram bem diagnosticados e a sua superação exigiria formidáveis investimentos na dotação de infraestrutura econômica, sobretudo nos setores de energia e transportes. Sem isso tornar-se-ia impossível à região integrar-se ou participar do esforço desenvolvimentista que se dava a partir do eixo Rio-São Paulo. A orientação dos governos mineiros procurava caminhar nessa direção, e um grande volume de recursos financeiros bancados pelo Estado foi investido em infraestrutura econômica, o que incluía a construção de Belo Horizonte. Esse esforço faria, depois de várias décadas, alterar radicalmente o padrão estrutural da economia mineira, fazendo emergir, de um lado, um núcleo dinâmico centrado em Belo Horizonte, que irradiava seus efeitos em um raio de cerca de 100 a 150 km; e de outro, sub-regiões próximas de São Paulo, que gradativamente tornar-se-iam prósperas, como o Triângulo e o Sul de Minas.

O país refletia as grandes transformações que o capitalismo engendrava, agora sob o comando dos EUA (secundado pela Inglaterra), cabendo-lhe a inserção subalterna na nova divisão internacional do trabalho, como uma espécie de sócio menor diante da constelação de interesses e conflitos que as grandes potências protagonizavam entre as duas grandes guerras mundiais. De toda a forma, iniciava-se um largo período de transformações decisivas, em que a escala dos investimentos e das intervenções do Estado no espaço geográfico assumiam dimensões desconhecidas até então. Isso fez emergir novos atores como as firmas estrangeiras, o nascente empresariado nacional, a classe média e um numeroso operariado em expansão nas grandes cidades. Belo Horizonte, que caminhava na senda da modernidade, usufruiu desse quadro de mudanças, assumindo, por volta dos anos de 1940, sua condição de capital e vetor de crescimento econômico, coordenação política, atraindo um crescente contingente de população.

Tais processos provavelmente causaram uma espécie de ruptura entre uma "ordem" espacial pretérita, na qual as localidades eram menores e mais autárquicas, e uma outra "ordem" moderna e concentradora, na qual os protagonistas territoriais tornam-se outros e de muito maior tamanho. Essa redivisão territorial haveria de privilegiar o eixo Rio-São Paulo, onde estavam mais desenvolvidos o mercado de trabalho e de consumo e as infraestruturas de serviços e energia.

Recorde-se que já havia fábricas antes das grandes mudanças da década de 1930, mas de tipo manufatureiro, produzindo bens correntes (não duráveis) de base mais regional e familiar, muito associadas ao beneficiamento de produtos agrícolas, e contando com mercados limitados em cidades de tamanho modesto articuladas por um sistema de transporte deficiente. As grandes mudanças do entre guerras viriam alterar radicalmente o padrão dos transportes, comunicações e oferta de energia.

Em um mundo onde a perda de dinamismo econômico vinha se arrastando há décadas, o efeito das mudanças foi mais intenso à medida que a modernização atingia vários setores da vida econômica. Em Minas Gerais, até os anos de 1920, havia importantes espaços econômicos regionais relativamente dinâmicos, mas profundamente distintos das estruturas espaciais deflagradas pelo padrão modernizador-concentrador que o capitalismo urbano-industrial pôs em marcha a partir dos anos de 1930. Vários desses espaços perderiam luminosidade ao não suportar a concorrência com os produtos mais baratos, mais homogêneos e de maior coeficiente tecnológico, que a reestruturação produtiva do Sudeste iria provocar com a formação de um mercado interno nacional livre dos entraves alfandegários existentes até 1930. É provável que tenha havido, nos espaços mais dinâmicos do Estado, processos de adaptação e/ou combinação do moderno com o não moderno.

Mais pesquisas podem elucidar aspectos que percorrem as transformações do espaço mineiro. Sabemos que alguns setores econômicos de forte identidade regional (como a agricultura, pecuária, artesanato) sofreram mais que outros, ou participaram menos efetivamente da reestruturação econômica em curso, e sua expressão territorial relativa deve ter sido afetada. Há ainda significativas marcas de um "mundo" antigo, que já foi relativamente próspero economicamente, mas que se manteve à margem da modernização do século XX. Deve ter havido vários casos de adaptação, mesmo que à custa da destruição dos testemunhos da vitalidade anterior.

Essas são questões de interesse da geo-história, em que a discussão crítica das mudanças que a modernização capitalista deflagra devem ser inventariadas e cartografadas. É provável que tenha havido uma impossibilidade técnica ou civilizacional, em determinados momentos históricos, que tornavam inconciliáveis estruturas pré-modernas diante dos novos caminhos do desenvolvimento econômico. Com isso, o abandono – a substituição e desestabilização de vidas humanas, culturas, ou capitais fixos, como estradas, cidades, casario e equipamentos – se afigurava como uma espécie de imposição da "ordem natural das coisas" signatárias da modernidade. Talvez determinadas expressões das materialidades do tradicional não pudessem conviver com as materialidades do moderno, porque poderiam representar um foco de resistência contra o novo. Talvez uma das razões que justificam a pesquisa geo-histórica passe por tais reflexões, sem ignorar a resiliência de estruturas politicamente conservadoras, capazes de sofrer adaptações modernizantes bancadas por governos e, com isso, usufruir de novos níveis de riqueza e concentração de renda.

Ademais, as modernizações de grandes escalas que transcorreram nas economias de mercado no século XX não só reformaram cidades, fábricas, equipamentos e meios de transporte e comunicação, mas também introduziram novos modos de vida e de percepção do mundo, que atingiram as grandes sociedades de massa do Ocidente. Essas mudanças, nos países centrais, exigiram a expansão cultural e civilizacional, o que envolveu pobres e ricos, homens e mulheres, todos os grupamentos étnicos. A modernização se consuma integralmente. Contudo, em regiões e países não desenvolvidos como o Brasil, uma parcela enorme da população ficou à margem das modernizações dos últimos 60 anos. Ou seja, o abandono secular de grandes contingentes do povo brasileiro (negros, mestiços, inadaptados em geral etc.) "é que criou condições perversas de eternização de uma situação precária, que constrange esses grupos a uma vida marginal e humilhante" (SOUZA, 2018, p. 233).

Considerações finais

Não existem conclusões definitivas sobre os elementos modernos que atingiram a hierarquia urbana de Minas nos séculos XVIII e XIX. Nesse estudo se procurou focalizar a urbanização como um dos fundamentos da modernidade que Minas começou a experimentar desde cedo. Os esforços de vários pesquisadores foram reunidos nos mapas aqui apresentados, na esperança de que esse valioso instrumento cartográfico traga mais clareza a momentos que ficaram nebulosos na história de Minas após o ciclo do ouro. Os capítulos subsequentes irão aprofundar as diversas circunstâncias de contato com a modernidade que Minas viveu e certamente introduzem uma contribuição inédita no interior da Geografia Histórica de Minas Gerais.

De todo o modo, convém reafirmar que o Brasil, inserido há muito tempo na ordem capitalista, assistiu no século XX ao surgimento de grandes economias de escala, que causaram a grandeza e riqueza de São Paulo e simultâneo declínio ou opacidade de uma série de regiões outrora prósperas. Minas Gerais, sem nunca abandonar a sua base de recursos naturais, a partir de meados do século XX, reuniu uma série de fatores que convergiram para a industrialização, expansão da rede urbana, ao lado do extraordinário incremento do rodoviarismo com Juscelino Kubitschek e a mudança da capital para Brasília. Até 1950 era forte ainda o poder econômico da Zona da Mata, a despeito do visível declínio da cafeicultura após a crise de 1930. Paralelamente destacavam-se outros núcleos urbanos do Leste de Minas, alguns do Nordeste e vários do Sul de Minas. Velhos centros urbanos do auge da mineração ainda despontavam na região central sob a influência da nova capital, Belo Horizonte, que firmara-se definitivamente como polo nos anos de 1920.

O fato é que a partir do vertiginoso crescimento de São Paulo, o vetor de desenvolvimento no eixo Rio-São Paulo consolidou-se, suportado por uma impressionante redistribuição espacial da população brasileira a favor do novo centro de gravidade da economia nacional. Minas participou desse processo desde o início do século ao perder um grande número de trabalhadores de suas áreas rurais para o Rio de Janeiro e para a metrópole paulista em formação, além de contribuir com seus mananciais para o abastecimento de água e produção de energia elétrica.

Após várias décadas de estagnação, a partir dos anos de 1950, finalmente, a reversão do atraso começou a se impor em Minas Gerais, com a afirmação da centralidade de Belo Horizonte, a instalação de grandes infraestruturas econômicas, parques siderúrgicos e complexos industriais capazes de disseminar diversos efeitos de encadeamento que viriam a impactar fortemente as economias regionais.

REFERÊNCIAS

ANDRADE, Manuel Corrêa. A questão do território; A ocupação territorial e evolução das cidades e vilas brasileiras (séc. XVI e XVII); Pecuária e Produção de Alimentos no Período Colonial; A questão da terra na primeira República. *In*:______ **A questão do território no Brasil.** São Paulo-Recife: Ipespe-Hicitec, 1995, p. 13-65.

ASHTON, Thomas Southcliffe. **A revolução industrial: 1760-1830.** 4. ed. Mira-Sintra, Portugal: Publicações Europa-América, 1977.

BARBOSA, Waldemar de Almeida. **História de Minas.** Belo Horizonte: Editora Comunicação, 1979.

BECKER, Bertha Koiffmann. Tendências de transformação do território no Brasil: vetores e circuitos. **Revista Território.** Rio de Janeiro: n.2, v. 1, p. 5-17, 1997.

BERGARD, Laird W. **Escravidão e história econômica: demografia de Minas Gerais, 1720-1888.** Bauru: Edusc, 2004.

CARVALHO, José Murilo de. Ouro, terra e ferro: vozes de Minas. *In*: GOMES, A. C (Org.). **Minas e os fundamentos do Brasil moderno.** Belo Horizonte: Editora UFMG, 2005.

FONSECA, Cláudia Damasceno. **Arraiais e vilas d'el Rei - Espaço e poder nas Minas setecentistas.** Belo Horizonte: Editora UFMG, 2011. 731 p..

DULCI, Otávio Soares. **Política e recuperação econômica em Minas Gerais.** Belo Horizonte: UFMG, 1999, p. 303.

______. João Pinheiro e as origens do desenvolvimento mineiro. P. 109-136. *In*: GOMES, Ângela de Castro (Org.). **Minas e os fundamentos do Brasil moderno.** Belo Horizonte: Editora UFMG, 2005.

GEIGER, Pedro Pinchas. **Evolução da rede urbana brasileira.** Rio de Janeiro: Instituto Nacional de Estudos Pedagógicos (Ministério da Educação e Cultura), 1963, 464 p.

FREYRE, Gilberto. *Sobrados e Mucambos*. 9. ed. Rio de Janeiro: Record, 1996.

GIOVANINI, R. R. **Regiões em movimento: um olhar sobre a Geografia Histórica do Sul de Minas e da Zona da Mata Mineira.** 2006. (Dissertação de Mestrado). Belo Horizonte.

FONSECA, Carla Damasceno. **Arraiais e Vilas del Rei. Espaço e Poder nas Minas Setecentistas.** Belo Horizonte: Editora UFMG, 2011.

GODOY, Marcelo Magalhães. **Intrépidos viajantes e a construção do espaço: Uma proposta de regionalização para Minas Gerais do século XIX**. Belo Horizonte: UFMG/CEDEPLAR, 1996, texto 109.

GODOY, Marcelo Magalhães; RODARTE, Mário Marcos Sampaio. **Urbanização, desenvolvimento econômico e comércio em Minas Gerais na primeira metade do Século XIX.** SEMINÁRIO SOBRE A ECONOMIA MINEIRA. Diamantina: Anais Eletrônicos, 2004; Belo Horizonte: Cedeplar/UFMG, 2004.

GOMES, Ângela Castro. **Minas e os fundamentos do Brasil moderno.** Belo Horizonte: Editora UFMG, 2005. *IBGE*. **Evolução da Divisão Territorial do Brasil 1872-2010.** Rio de Janeiro: 2011.

IPEA (Relatório Final). **Caracterização e Tendências da Rede Urbana do Brasil.** Brasília: IPEA/INPES, 1973-99.

LATIF, Miran M. de Barros. **As Minas Gerais.** Rio de Janeiro: Agir, 1960, 231 p.

MARTINS, Roberto Borges. **A economia escravista de Minas Gerais no século XIX.** Belo Horizonte: Cedeplar/UFMG, 1980, 72 p.

MAXWELL, Kenneth. **A devassa da devassa: a Inconfidência Mineira, Brasil-Portugal, 1750-1808**. Rio de Janeiro: Paz e Terra, 1985, 110 p.

NOVAIS, Fernando. **Portugal e Brasil na crise do Antigo Sistema Colonial (1777-1808**). 6. ed. São Paulo: Hucitec, 1995.

RODARTE, Mário Marcos Sampaio. **O caso das Minas que não se esgotaram: a pertinácia do antigo núcleo central minerador na expansão da malha urbana da Minas Gerais Oitocentista.** Belo Horizonte, 1999. 179 p. Dissertação (Mestrado) – Programa de Pós-graduação em Economia do Centro de Desenvolvimento Regional e Planejamento Regional, Universidade Federal de Minas Gerais.

RODARTE, Mário Marcos Sampaio. **O trabalho do fogo: Perfis de domicílios enquanto unidades de produção e reprodução na Minas Gerais Oitocentista.** Belo Horizonte, 2008. 365 p. Tese (Doutorado) – Programa de Pós-graduação em Economia do Centro de Desenvolvimento Regional e Planejamento Regional, Universidade Federal de Minas Gerais.

RICUPERO, Rodrigo. **O estabelecimento do exclusivo comercial metropolitano e a conformação do antigo sistema colonial no Brasil.** São Paulo: História, 2016, v.35, e100, 2016 ISSN 1980-4369, p. 4.

REIS FILHO, Nestor Goulart. **Evolução urbana do Brasil**. São Paulo. Pioneira Editora, 1968.

SINGER, Paul. **Desenvolvimento econômico e evolução urbana.** São Paulo. Companhia Editora Nacional, 1977. 377 p.

LESSA, Ana Valéria Martins. **Atlas da História Mundial.** Rio de Janeiro: Reader's Digest Brasil, 2001

HOBSBAWM, Eric John Ernest. **A era do capital, 1848-1875.** 2. ed. Rio de Janeiro: Paz e Terra, 1996.

WIRTH, John Davis. **O fiel da balança: Minas Gerais na Federação Brasileira, 1889-1937.** São Paulo: Paz e Terra, 1982.

II

OURO, URBANIZAÇÃO E REVOLTAS: Evidências da modernização precoce irradiada pela região central de Minas Gerais na segunda metade do século XVIII

Alfredo Costa

Introdução

O Tratado de Madri é um marco de modernização geográfica. Firmado em 1750 entre os reinos de Portugal e Espanha, introduziu clareza e racionalidade na ocupação territorial no Novo Mundo e substituiu o antigo Tratado de Tordesilhas, estabelecido em 1494, tornado inoperante na prática. O novo tratado visava cessar as disputas territoriais nas colônias sul-americanas, bem como estabelecer suas reais extensões, uma vez que as previstas no tratado anterior haviam sido violadas e já não tinham mais aplicabilidade. Foram adotados critérios baseados nos limites apresentados no Mapa das Cortes de 1749 (FERREIRA, 2007), e foram definidas as fronteiras do Brasil pelo princípio do direito privado romano *uti possidetis, ita possideatis*[17], as quais boa parte permanecem até a atualidade.

As principais consequências do tratado para as colônias sul-americanas foram a rápida expansão das estruturas administrativas portuguesas e espanholas pelo continente e também a adoção de políticas que visavam garantir o controle dos fluxos de comunicações terrestres e fluviais, além do repovoamento do território. O período subsequente a 1750 também foi marcado por outros fatos importantes, como a ascensão em 1756 de Sebastião José de Carvalho e Melo, o Marquês de Pombal, ao cargo de Secretário de Estado dos Negócios Interiores do Reino; a expulsão dos jesuítas de Portugal e confisco dos seus bens em 1759; e a transferência da capital colonial portuguesa de Salvador para o Rio de Janeiro, em 1763.

Naquele tempo, a Capitania de Minas Gerais vivia o início do esgotamento da atividade mineradora, embora não estivessem em declínio suas demais atividades econômicas. A exploração aurífera acelerou a formação de uma complexa e dinâmica rede urbana[18], em que as mais diversas atividades produtivas compartilhavam o mesmo espaço[19] e disputavam investimentos. Tamanha era a diversificação, que não seria possível caracterizar sua economia apenas como mineradora, comercial ou agrária – ou ainda urbana ou rural –, mas sim como a de uma sociedade de características diversificadas e de regiões economicamente heterogêneas (MENESES, 2007; CARRARA, 2007).

O processo de sofisticação da economia mineira verificado na segunda metade do século XVIII se fundamentou nas articulações entre os espaços urbanos e rurais. Nos meios urbanos formaram-se centralidades e especializações produtivas que acarretaram diferenciações regionais do território. Os núcleos populacionais em profusão nos espaços rurais relacionavam-se com os espaços urbanos, fortalecendo-os como entrepostos comerciais e de serviços.

Rodarte (2004) identifica na sociedade mineira do século XVIII sistemas com caraterísticas centrais da modernidade da época – mesmo admitindo-se um contexto colonial e periférico –, tais como sua diversificação econômica, suas estruturas urbanas, sua arquitetura e a presença do Estado, que faziam de Minas Gerais um espaço colonial ibérico atípico. Havia ali uma poderosa confluência de pessoas de todos os tipos em busca de enriquecimento e de bons negócios, em convívio com a circulação de mercadorias, riqueza e informações, o que incluía livros e ideias associadas às revoluções iluministas em curso na Europa (LUCAS, 1998; VILLALTA, 2007a).

A sociedade mineradora era forjada com base nos valores societários portugueses, mas sua elite[20] desejava converter riqueza em ganhos simbólicos com base na crença de que ser súdito do Rei de Portugal era uma posição favorável. Entretanto, as contradições existentes ali faziam surgir meios para a formação de uma consciência de nação a ser compartilhada por alguns grupos letrados da região, à medida em que os interesses da sociedade colonial se tornavam distintos dos da Metrópole, ou ainda quando se identificava na dependência da Metrópole a origem dos principais problemas coloniais.

Neste capítulo pretende-se mostrar que Minas viveu precocemente um processo de modernização no século XVIII, o que exige uma inflexão analítica sobre o conceito tendo em conta duas acepções, uma material e outra imaterial. A acepção material é evidenciada nas características da paisagem da Minas do período, à luz de suas feições urbanas, socioeconômicas e culturais. No campo imaterial, economia e cultura se entrelaçaram e demarcaram as evidências de modernidade que se desenhava.

Para tanto, propõe-se que o moderno na Minas setecentista se estruturou a partir dos seguintes fatores decisivos[21]: minerais preciosos, população numerosa, urbanização e rede de cidades[22], diversidade econômica e cultura urbana rebelde. Tal combinação de fatores produziu um conjunto formidável de mudanças socioespaciais decisivas no Brasil que nunca havia se materializado na Colônia até então. Aliás, a cultura urbana rebelde é um aspecto de destaque: até a segunda metade dos Oitocentos, as sedições geralmente assumiam caráter conservador por não questionar o sistema colonial, mas sim algumas medidas governamentais ou a atuação de algum representante régio, que causavam desagrado geral.

Procurar-se-á demonstrar, também, que nesse ambiente efervescente e diverso Minas abriu os caminhos para o Brasil Meridional-Moderno. A exploração aurífera e a miríade de negócios que se desenvolveram em seu entorno viabilizaram o protagonismo do Rio de Janeiro, que se tornou umas das principais cidades da América, sobretudo depois de 1808. Além disso, Minas irradiou uma racionalidade meridional pela força do Caminho Velho e Caminho Novo na articulação com o Rio de Janeiro e São Paulo. Esse é o território triangular que marcaria definitivamente o Brasil Moderno e que no início do século XIX fazia do Brasil uma das maiores economias das Américas.

Modernização no século do Iluminismo

Compreender o contexto setecentista mineiro sob a lente da modernização requer, antes, que se trace um panorama conceitual sobre o "moderno" e suas derivações[23]. Castilho (2011) identifica nos estudos de Giddens (1984) a associação da teoria da modernização à sociedade industrial, ainda que pondere que tal processo não esteja unicamente associado às transformações nas bases técnicas e produtivas, mas também a valores sociais e culturais.

Gomes (1996), por sua vez, sintetiza o conceito de "fato moderno" em três dimensões básicas: o caráter de ruptura, a imposição do novo e a pretensão de alcançar a totalidade. Segundo ele, "o 'novo' torna-se sinônimo de legítimo e, em seu nome, busca-se toda gama de justificativas" (GOMES, 1996, p. 48-49). A transição entre a época medieval e a moderna, por exemplo, pode ser entendida por três grandes acontecimentos: o Renascimento, a Reforma Protestante e as Grandes Navegações. O moderno perpassa contextos históricos em que os chamados "novos tempos" seriam também os "tempos modernos", que possuem características singulares. Assim,

> (...) fundamental é constatar, de imediato, que a modernidade, frequentemente se apresenta como um período totalmente dominado pela racionalidade, o território da razão, das insti-

> tuições do saber metódico e normativo, a despeito das diversas "contracorrentes" de contestação. Então, pode-se pensá-la em termos do diálogo constante entre tendências. Conferimos à modernidade um sentido bem menos monolítico, forjado na hegemonia única da razão. Somos levados a conceber este período como um verdadeiro campo de tensões, com conflitos periódicos em torno do tema da legitimidade da atividade intelectual e de sua organização (GOMES, 1996, p. 26-27).

A compreensão do processo de modernização não se efetiva sem a dimensão espacial dos fenômenos, o que também envolve o campo das relações sociais e de produção. O espaço é visto dinamicamente, daí a reação de Gomes e Haesbaert (1988), para quem "é no espaço que estão os signos da permanência e da mudança. São vividos os ritos da ordem e do caos, da disciplinarização e dos desregramentos. Seus múltiplos sentidos são vivenciados, a cada instante, nos mais diferentes lugares do planeta" (GOMES & HAESBAERT, 1988, p. 50-51). A título de exemplo,

> Territorialmente convém sempre salientar a questão do ressurgimento das cidades e a superação do ruralismo feudal como traços decisivos da modernidade. Marx, Max Weber, Sombart, ou Pirenne e Braudel são unânimes em apontar a centralidade do fenômeno urbano como sintoma e determinante das grandes transformações sociais, políticas, econômicas, culturais e psicológicas que vão marcar o Ocidente moderno. As cidades significam um novo padrão de sociabilidade, permitem novas relações políticas e econômicas, moldam novos costumes, sensibilidades, mentalidades. O ar da cidade liberta, dizia-se na Idade Média. Trata-se de reconhecer, como quer Argan, que a cidade é também obra de arte, e, de outro lado, é dominação,

> como quer Braudel, capacidade de comando, espaço de exercício do poder. E muito mais: é memória coletiva, no sentido de Halbwachs, é língua, é artefato, é desenvolvimento histórico global (DE PAULA, 2000, p. 12).

Entretanto, as transformações verificadas entre o fim do século XVII e ao longo do século XVIII são as que melhor representam o período moderno (GOMES, 1996). É nesse momento, conhecido como período Iluminista[24], que se ramificam as raízes do pensamento científico e dos ideais políticos e ideológicos que fundaram uma nova ordem social, cujos fundamentos permanecem até a atualidade.

Havia nos Setecentos uma profunda consciência da transformação da mentalidade vigente, sobretudo entre aqueles com espírito mais indagativo (NOVAIS, 1979). Acreditava-se que a Razão e o Método Científico seriam capazes de prover o conhecimento sobre a natureza e sobre os indivíduos e de lhes fornecer toda sorte de respostas. A paisagem se transformava: a arquitetura barroca, pensada para a reflexão da obra de Deus, dá espaço a uma outra, racional, em celebração à libertação humana. O Iluminismo também deu origem ao pensamento liberal, cuja noção essencial é de que a história da humanidade é também a história do progresso e do aperfeiçoamento do indivíduo e da sociedade. A felicidade tornou-se um valor a ser perseguido e concretizou-se como objetivo máximo dos indivíduos, que só poderia ser alcançado por meio das liberdades individuais. Isso significou o início da defesa do direito de representação individual e de participação na vida política[25]. Assim, caberia a todos, e não apenas aos reis, a soberania de uma nação (FAUSTO, 1995). Em síntese:

> O Iluminismo foi um fenômeno intelectual que teve lugar na Europa em meados do século XVIII. Tinha por principal

baliza a referência da crítica; compreendendo o mesmo conceito de crítica como o reconhecimento das possibilidades, mas também dos limites da capacidade humana de conhecer. Mais do que isso, os iluministas compreendiam que a instrução conduziria não apenas a um acréscimo de conhecimento no sujeito, mas também a um aprimoramento do indivíduo que se instrui. Movimento crítico do absolutismo; crítico da sociedade estamental; dos consequentes privilégios da aristocracia e do clero; crítico, enfim, das instituições de uma ordem política considerada arcaica. Propunha-se refundar a nacionalidade; e, para tanto, havia de ser criado um novo pacto civil (BOTO, 2010, p. 282).

A modernidade possui diversas implicações, as quais De Paula (2000) busca aglutinar em quatro eixos estruturantes[26]. O primeiro diz respeito à imposição de uma forma de organização de poder, o Estado Moderno, que prima pela autonomia e defesa dos interesses públicos sobre os privados. O segundo eixo trata da primazia do mercado e das relações econômicas de produção, com a ressignificação do conceito de mercadoria e ampliação das possibilidades de aumento de produtividade. Já o terceiro eixo baseia-se no primado da razão instrumental, que provocou uma revolução no campo cultural. Por fim, o quarto eixo está associado à constituição da individualidade, baseada na separação entre o público e o privado e na consolidação da subjetividade para a compreensão das mentalidades e costumes.

É no Século das Luzes que a modernidade se revela, tanto na luta entre a tradição e o novo, quanto na sofisticação dos processos socioeconômicos, que deixam de ser monocausais ou lineares (GOMES, 1996). A difusão de novas ideias por autores como Montesquieu, Voltaire, Rousseau, Adam Smith, Diderot, John Locke, Kant, Guillaume Raynal ou D'Alembert (entre outros) ao longo dos

Setecentos, fez com que a Razão se sobrepusesse à lógica absolutista. Ganhavam força os projetos iluministas de modernidade, que reuniam esforços para desenvolver uma ciência objetiva (HARVEY, 2011). Como exemplo, o livro *O Espírito das Leis*, lançado em 1748 por Montesquieu, foi a principal obra que guiou as independências nas colônias inglesas, e teve forte influência entre os revolucionários franceses na elaboração da Declaração dos Direitos do Homem (LIMA JÚNIOR, 2010). No Brasil, a Inconfidência Mineira, apesar do fracasso, é certamente o movimento que mais traços iluministas[27] trouxe em seu bojo.

Em Portugal, a segunda metade do século XVIII foi marcada por duas conjunturas políticas e ideológicas distintas, essenciais para o entendimento do contexto em que a capitania de Minas Gerais se inseria. A primeira é associada ao reinado de D. José I (1750 a 1777), quando assumiu a Secretaria de Estado o Marquês de Pombal. Ao longo de seu governo, Pombal preocupou-se em fortalecer a prática portuguesa de cooptação das elites coloniais para administração pública, velha prática conhecida como "monarquia corporativa", que ganha forma já no século XVII.

De fato, a sociedade portuguesa no início do século XVIII era marcada por um caráter corporativista em que as elites, em busca de honras, mercês, privilégios e usufruto do poder real, atuavam em prol dos interesses régios, colocando seus ofícios e propriedades a serviço dos monarcas (MATHIAS, 2006). A importância desses homens foi essencial à formação da sociedade mineira em conformidade com os interesses portugueses. E a dependência da Coroa dessa relação se revelava na medida em que eles atuavam na linha de frente da organização do espaço colonial, antes inclusive da metrópole. Hespanha (1992) exemplifica tal dependência ao constatar que o poder real não era absoluto, mas mediado por normas religiosas, jurídicas e morais. Assim, a monarquia corporativa portuguesa se caracterizava em torno de quatro aspectos (HESPANHA, 2001):

> **1)** o poder real partilhava o espaço político com poderes de maior ou menor hierarquia; **2)** o direito legislativo da coroa era limitado e enquadrado pela doutrina jurídica (*ius commune*) e pelos usos e práticas jurídicos locais; **3)** os deveres políticos cediam perante os deveres morais (graça, piedade, misericórdia, gratidão) ou afetivos, decorrentes de laços de amizade, institucionalizados em redes de amigos e de clientes; **4)** os oficiais régios gozavam de uma proteção muito alargada dos seus direitos e atribuições, podendo fazê-los valer mesmo em confronto com o rei e tendendo, por isso, a minar e expropriar o poder real (HESPANHA, 2001, p. 165, numeração nossa).

Pombal inova ao procurar formar uma nobreza e um corpo burocrático tecnicamente melhores. Contribuiu para isso a reforma da universidade de Coimbra, que revela impulso modernizador ao transformar a mentalidade dos funcionários públicos portugueses e proporcionar-lhes formação técnica[28]. Essas mudanças provocaram também o fim do Estatuto de Limpeza de Sangue, que cerceava os cristãos novos impedindo-lhes o acesso a cargos públicos, eclesiásticos e a títulos nobiliárquicos, e permitiram que indivíduos pudessem recorrer a estratégias de enobrecimento, entre as quais servir ao rei nos cargos públicos. Aliás, servir ao rei era pré-requisito, por exemplo, para conseguir o honorífico Hábito da Ordem de Cristo. Ou seja, mesmo que se fizessem presentes entre membros da elite alguns ideais iluministas, a estratégia de oferecer-lhes poder e status era capaz de acalmar os ímpetos conspiratórios.

A morte de D. José I e a ascensão de D. Maria I[29], fase conturbada que ficou conhecida em Portugal como "Viradeira", impactou a gestão colonial na medida em que a monarca recusou os ideais iluministas de Pombal e procurou desfazer algumas de suas iniciativas, o que incluía a retomada da influência da Igreja e da Alta Nobreza nos assuntos de Estado. Entre outras medidas, elevou ao Secretariado de Estado Martinho de Melo e Castro, com a missão de recuperar o controle da burguesia portuguesa sobre as colônias e afastar as elites coloniais dos privilégios que possuíam (FURTADO, 1994).

Evidentemente, a nova política causou insatisfações no Brasil, relatadas em correspondência do estudante brasileiro em Coimbra José Joaquim Maia e Barbalho (sob o pseudônimo de Vendeck) a Thomas Jefferson, ministro americano e pivô da independência dos Estados Unidos, que se encontrava na França em 1787. Dizia:

> Há um ódio implacável entre brasileiros e portugueses. Para reconciliá-los, adotou um dos ministros passados a política de nomear brasileiros para os empregos públicos. Mas os ministros que se lhe seguiram voltaram à política anterior, nomeando para aqueles empregos somente pessoas nascidas em Portugal. Ainda há alguns naturais do Brasil (dos antigamente nomeados) exercendo cargos públicos (MAIA, 1787, *apud* LIMA JÚNIOR, 2010, p. 42).

É nesse momento que começavam a ser lançados os pilares do pensamento liberal e iluminista no Brasil. A perda de poder e privilégios, a alta carga tributária, o endividamento da elite colonial e a ameaça de Derrama[30] serviram de incentivo a conspirações e insurreições. Em Minas Gerais, a Inconfidência[31] Mineira de 1789, a exemplo da Revolução Americana (KARNAL, 2003), para além da independência e da liberdade, buscava antes restaurar uma situação anterior, de baixa interferência metropolitana, já experimentada no período pombalino. A esse movimento seguiram-se a Conjuração Carioca (1794), a Conjuração Baiana (1798) e a Revolução de Pernambuco (1817), que, guardadas suas particularidades, traziam consigo um ideário que somente vingaria na Independência (BARRETTO & PAIM, 1989).

Além de ouro, algo reluz em Minas

Os ideais iluministas circularam pela capitania de Minas Gerais. Faziam-se presentes, de forma fragmentada, na consciência dos indivíduos letrados, sobretudo daqueles que estudaram em Coimbra após as reformas pombalinas no ensino de 1772[32]. Pombo (2015) relata que tais reformas foram influenciadas pelo movimento iluminista, cujos impactos fizeram daquela universidade a expressão máxima do espírito modernizador português, com rebatimentos, inclusive, na formação das elites brasileiras até a metade do século XIX. Segundo Boschi (1991), ao longo do século XVIII passaram por Coimbra 1.752 brasileiros, dentre os quais 19,8% eram mineiros, 25,4% cariocas e fluminenses, e 32,6% baianos. Por orientação de Pombal, após 1772 foi reforçado o caráter formador de quadros graduados para a administração pública tanto do Reino quanto das colônias. No interior da universidade,

> (...) eram tênues, praticamente imperceptíveis, as diferenças a separar os estudantes reinóis dos coloniais, de vez que, no fundo, o que se pretendia era a preparação e o treinamento de uma única elite luso-brasileira, modernizadora e ilustrada, em favor de política previamente estipulada pelo Estado, cujo fim último era tirar Portugal do lugar secundário em que se encontrava no cenário das nações europeias (BOSCHI, 1991, p. 11).

O autor pondera também que, inevitavelmente, parte dessa *intelligentsia* colonial, mesmo com os destacados cargos públicos que a ela era oferecida, não foi totalmente cooptada e desenvolveu consciência crítica sobre a posição do Brasil e de Portugal no mundo ocidental. Uma fração desses homens de Coimbra participou de movimentos sediciosos, como a Inconfidência Mineira, com contribuições principalmente na articulação dos ideários, ficando a cargo das ações mais consistentes e ardorosas a população nativa (vide os papéis exercidos pelo coimbrense Cláudio Manoel da Costa *versus* os de nativos como Cônego Vieira ou Tiradentes).

Outras evidências da ilustração em Minas encontravam-se em obras literárias clandestinas censuradas pela Coroa presentes nas bibliotecas particulares. Villalta (2007) traça um panorama sobre o acervo das bibliotecas registradas em inventários de Diamantina, Vila Rica e Mariana. Identifica que a sua quase totalidade pertencia a homens brancos e livres cujo perfil profissional exigia o manuseio de livros, tais como eclesiásticos, profissionais do direito, da saúde, militares e estudantes. Aos livros dedicados à profissão, mesclavam-se outros relacionados às ciências, artes, filosofia e belas-letras. Segundo o autor,

> As bibliotecas segredavam também algo muito importante: se a posse de livros concentrava-se nas mãos das elites econômicas e/ou intelectuais, comportando diferenciação conforme o grupo sócio-profissional, os acervos apresentavam outra clivagem, que separava, no interior dessa elite proprietária de livros, um segmento, uma "elite dentro da elite". Esse grupo, extremamente restrito, não resumia seus interesses às obras profissionais, ou mesmo religiosas, parecendo cultivar expectativas de, em seu recreio literário, refletir sobre o homem, a natureza, a divindade e o Estado, o que se expressava na

posse de livros Ilustrados e/ou proibidos. Os clérigos que participaram da Inconfidência Mineira estavam incluídos nessa categoria (VILLALTA, 2007, p.310).

Além das elites letradas, existia na região das minas setecentistas uma efervescente sociedade com características urbanas, ávida por enriquecimento e repleta de tensões e conflitos.

Elementos materiais da modernidade precoce na paisagem da Minas do Ouro

Neste tópico, procura-se identificar na paisagem mineira central do período 1750-1822 elementos que estabeleçam convergências com a ideia de modernidade. Para tanto, três linhas de investigações balizam a discussão: as paisagens urbanas da região; as paisagens sociais e culturais do cotidiano dos habitantes; e a paisagem econômica dada pelas materialidades resultantes da produção, trocas e circulação. A perspectiva adotada é a cunhada por Villalta (1998), ao postular que

> Parte-se do pressuposto de que a paisagem é, ao mesmo tempo, produto e vetor das relações sociais, econômicas, políticas e culturais que foram contemporâneas à sua formação e apropriação: se, por um lado, expressam tais relações, por outro, intervêm na sua dinâmica. As paisagens, enfim, como afirma Patrícia Rupertone, não refletem simplesmente as linhas de nossa existência, constituindo um modo ativo pelo qual nos expressamos a nós mesmos como povo e como indivíduos (VILLALTA, 1998, p. 2).

O entendimento da fisionomia cultural de uma região em uma época pode ser sintetizado em sua paisagem cultural, o que inclui elementos palpáveis e impalpáveis, tais como sons, aromas, imagens, vestuário e mentalidades. Tais elementos são fundamentais para se compreender o contexto geo-histórico em que se inseria a Capitania de Minas Gerais na segunda metade do século XVIII.

A compreensão das paisagens urbanas na Minas setecentistas, por sua vez, requer que se situe conceitualmente o significado do urbanismo naquele contexto[33]. Para tanto,

> (...) basta que se defina o urbanismo como um "conjunto de medidas técnicas, jurídicas e econômicas que permitem uma intervenção ou um desenvolvimento autônomo das cidades". Desta forma, podemos considerar como "urbanísticos" diversos aspectos relacionados à materialidade das povoações mineiras: a delimitação e a gestão dos rossios e dos chãos foreiros, o direito de utilização das nascentes, o sistema de adução d'água, a abertura, a regularização, a pavimentação e a conservação das ruas e praças, o financiamento e a construção de pontes e chafarizes (FONSECA, 2012, p. 14).

Segundo Carrara (2007), sempre foi característica da capitania a organização heterogênea de suas regiões, com padrões de propriedade, agricultura e pecuária distintos. Todavia, em um contexto de povoamento colonial escasso, Minas foi a capitania mais populosa e urbanizada do Brasil no século XVIII, com claros traços de modernidade. Estes traços não estavam presentes em todo o território, ao contrário, tratava-se de uma condição bastante especial concentrada nas áreas de extração de minerais preciosos, locais de singular atenção da Coroa Portuguesa, para onde fluíam aventureiros e negociantes de toda estirpe.

No Setecentos, as cidades coloniais portuguesas revelavam-se, por sua importância religiosa, política e/ou militar, como centros de irradiação de influências e como lugar de independência e liberdade (no sentido pretérito romano). O ouro foi basilar para a articulação geográfica de tais centros e no traçado dos caminhos que gradativamente vertebraram uma rede urbana na região central de Minas, marca de seu desenvolvimento territorial. Assim,

> É à mineração aurífera que se devem atribuir certas características centrais de Minas Gerais: (a) a disseminação das ocorrências auríferas determinou a rapidez e a amplitude da larga ocupação do território; (b) as quantidades produzidas e os preços do metal precioso vão determinar intenso fluxo imigratório para a região, que vai torná-la, em pouco tempo, a mais populosa capitania da colônia, quadro que se manterá no período imperial; (c) a lucratividade e o dinamismo da atividade vão determinar que seja em Minas Gerais a concentração do maior contingente de escravos da América Portuguesa; (d) o fato de ser ele próprio, o ouro, dinheiro em sua forma mais universal, terá decisivo impacto sob o grau de dinamismo e mercantilização da economia mineira; (e) é também a riqueza decorrente da produção aurífera que induzirá o Estado português a, efetivamente, implantar a máquina estatal na colônia, a qual será, durante muito tempo, apenas fisco, polícia e justiça. São essas dimensões que vão determinar o desenvolvimento, em Minas Gerais, de uma estrutura urbana, de uma certa vida política e cultural em nada triviais no contexto colonial (DE PAULA, 2007, p. 279).

Estes dois traços – independência e liberdade – estiveram presentes desde a formação dos povoados mineiros, cujos rápidos crescimento e urbanização, associados à centralização das relações sociais, culturais, religiosas e burocráticas, faziam com que fossem encarados com desconfiança pela Coroa. As características da urbanização mineira propiciaram o surgimento de cidades com economia e sociedade diversificadas e complementares aos povoados, ainda que a subordinação ao pacto colonial impedisse sua completa autonomização. Tratava-se de um contexto em que ouro, população numerosa e diversificada, e a proliferação de povoados junto às lavras (vários deles, inclusive, se transformando e constituindo nódulos de uma rede de pequenas cidades), estavam em simbiose permanente e iriam alimentar conflitos de toda a ordem, inclusive manifestações de inconformidade com os abusos da Coroa.

Com efeito, houve um grande esforço por parte das autoridades coloniais em firmar a presença do Estado na paisagem das mais importantes povoações mineiras através de signos e de intervenções urbanísticas[34] que fossem capazes de promover um ambiente favorável à manutenção do pacto colonial. Tais intervenções incluíam a edificação de imponentes prédios oficiais, a abertura de ruas, o controle das encostas, além da construção de pelourinhos[35], pontes e chafarizes[36] em pedra, tudo com rigorosa política de conservação e manutenção. São exemplos que, junto à arquitetura que se impunha na época, eram reflexo do iluminismo português e caracterizavam a busca pela modernização (LEMOS *et al.*, 2006). No estudo de Fonseca (2012) evidenciam-se os esforços da Coroa Portuguesa em ordenar os mais relevantes espaços urbanos da Minas setecentista. A respeito da cidade de Mariana, por exemplo, a autora cita a Ordem Régia de 2 de maio de 1746, em que

> D. João V mais uma vez ordenava a feitura de "planta e arruamentos das ruas que de novo se devem fazer em sítio livre das inundações do rio". Mandara também que se efetuasse a demarcação de uma "praça espaçosa", de ruas "direitas e com bastante largura" e de sítios para os "edifícios públicos" – uma atenção especial sendo dada à escolha do terreno das "casas" que abrigariam as "audiências da câmara" e a cadeia. Os oficiais deveriam em seguida aforar as "braças de terra" que os moradores pedissem para suas casas, as quais haveriam de "fazer face das ruas, cordeadas as paredes em linhas retas, e havendo comodidade para quintais das casas, devem estes ficar pela parte detrás delas, e não pela parte das ruas em que as casas tiverem suas entradas" (FONSECA, 2012, p. 17).

De fato, existia uma coerência orgânica na organização das cidades coloniais portuguesas que as tornavam singulares e com traços genuínos de espontaneidade – ainda que essa espontaneidade tenha sido decorrente, principalmente, de iniciativa de particulares –, mesmo com a ausência de um traçado prévio ou de diretrizes urbanas rígidas.

Tais formas de organização caracterizaram também o que Villalta (1998) denominou de "civilidade das aparências" (p.19). Nos espaços públicos eram reiteradas as posições e os privilégios individuais, tanto nas fachadas ornamentadas dos sobrados, quanto nas festas, eventos religiosos, carruagens, liteiras, vestimentas e vocabulário. Nos interiores das casas, via de regra, a situação se invertia: predominava a simplicidade e o aspecto de pobreza.

Esse contexto dinâmico, complexo, inédito e distante da metrópole propiciou que a Igreja Católica – mediante seus desdobramentos laicos nas Ordens Terceiras[37] – se tornasse a principal responsável pela organização urbana das cidades mineradoras.

Em Mariana e Ouro Preto tais ordens se distinguiam por canalizar manifestações em um cenário em que a livre formação de entidades políticas era vedada. Além disso, empreendiam a construção de igrejas em pontos estratégicos capazes de marcar, estratificar e polarizar socialmente o espaço urbano.

As vilas e cidades mineiras dos setecentos – por apresentarem relevante fluxo de pessoas e mercadorias – eram constituídas por espaços em diferentes fases de organização e urbanização. A expansão do comércio nas vilas teve inegável contribuição na consolidação urbana e na distribuição de riquezas. A abundância e diversidade dos produtos (mesmo que negociados a altíssimo preço) fizeram com que as vilas mineiras em seu auge fossem comparadas às europeias por autores e viajantes.

> A efervescência urbana que caracterizou as minas no século XVIII, a distribuição da riqueza como jamais vista na colônia (e na metrópole), o grande afluxo demográfico, a demanda por produtos importados e as tentativas repetidas de produção local (sistematicamente reprimidas pela Coroa), a intensa atividade comercial e de serviços constituíram de fato uma economia urbano-regional articulada que teve impacto definitivo no Brasil (MONTE-MOR, 2001, p. 11).

Certamente atividades complementares ao garimpo geraram mais fortunas que a prospecção de ouro. Ao trabalhar os dados sobre a ocupação dos homens ricos de Minas Gerais em 1756[38], Almeida (2010) demonstra que, além de serem em sua maioria portugueses, a mineração não era a única via para o enriquecimento, já que 49,9% dos abastados a tinham como ocupação principal. Isso significa que metade dos ricos nas Minas de 1756 enriqueceram tendo ocupação principal diferente da mineração, como os negócios (17,8%) e a agropecuária (14,6%), entre outras.

Como exemplo, já em 1728 Vila Rica contabilizava 114 lojas e 322 vendas, além de boticas para comercialização de remédios (ZEMELLA, 1990; SILVA, 2009). À concentração de lojas na cidade atribui-se tanto a proibição de comércio próximo às lavras e a mais de uma légua das vilas, bem como a efervescência urbana em vigor. Carrara (2007) pontua que entre 1750 e 1850 há um processo de reestruturação econômica em que a produção mercantil de subsistência assume a posição de atividade nuclear em Minas, e que tal produção, ao contrário da importação de mercadorias, deixou de estar vinculada à extração aurífera a partir da segunda metade do século XVIII.

No caso do Arraial do Tijuco, atual cidade de Diamantina, o crescimento urbano foi fortemente regulado pela Coroa Portuguesa. Embora tenha recebido investimentos das mais variadas origens e tenha a espontaneidade organizacional característica das cidades mineradoras, o arraial conservou em si controle e regularização da urbanização pela Coroa Portuguesa, que buscava estabelecer traçados os mais racionais, regulares e funcionais possíveis. A Igreja Católica, também através das Ordens Terceiras, atuava de modo a garantir a primazia da organização social e religiosa do lugar. A exemplo de Vila Rica, existia o caráter híbrido da vida citadina no arraial, porquanto os quintais dos sobrados se apresentavam como pequenas unidades produtoras de alimentos capazes de gerar excedentes que eram comercializados, ainda que a maior parte dos alimentos do arraial fosse proveniente do Serro Frio (SANTOS, 2015).

Assim, urbano e rural se mesclavam no espaço citadino minerador. Fonseca (2011) ressalta que "os limites do urbano eram fluidos e moventes" (p. 566), e intercalavam entre si sobrados, prédios oficiais, hortas, pomares, animais utilizados para alimentação humana em ruas calçadas, e a ausência de muros delimitadores das vilas, tão comuns na Europa. É possível que isso tenha contribuído sobremaneira para a construção de uma urbanidade que permaneceu mesmo após o esgotamento das lavras.

As paisagens socioculturais das trocas e circulação

Carrara (2007) diferencia as paisagens econômicas e demográficas nas Minas setecentistas entre as de minas e as de currais[39], com características diversas, heterogêneas e com vários níveis de complexidade. Via de regra, os mais diferentes lugares buscavam desenvolver-se de acordo com seus potenciais, voltando-se a um perfil abastecedor, e obedeciam em boa medida a uma articulação territorial polarizada pela capital da colônia e pelos centros em que havia exploração mineral, estendendo-se, inclusive, por outras capitanias.

> A economia mineratória em Minas Gerais desdobrou-se, diversificou-se, seu dinamismo e sua influência estenderam-se tanto no sentido da efetiva ocupação e diversificação econômica da Capitania, quanto a ligaram, ao Norte, através do São Francisco; ao Sul, pelo Caminho Velho; a Oeste, pela Picada para Goiás, e a, Leste, pelo Caminho Novo. A economia mineratória em Minas Gerais induziu à expansão da pecuária de corte e de transportes nos Campos de Curitiba, de Viamão em todo o Rio Grande de São Pedro. Ligou o Sul ao centro, por terra, propiciou o surgimento de cidades, de atividades, do próspero comércio de Sorocaba, das rotas e das tropas. As minas estimularam a ampliação da agricultura de alimentos. Mais tarde, com a criação do Caminho Novo, as Minas irão favorecer o desenvolvimento do Rio de Janeiro, o porto, o comércio, transformando a cidade no mais impor-

> tante entreposto comercial da Colônia, criando as condições para que viesse a substituir Salvador como capital do Vice-Reino, em 1763. O Rio de Janeiro, com as Minas Gerais, foi a porta larga por onde chegaram as muitas importações e por onde saía o ouro (DE PAULA, 2007, p. 289-290).

A paisagem da mineração era composta por um mosaico em que se mesclavam a exploração do ouro e o cultivo de gêneros de primeira necessidade. Podia-se identificar um tipo de propriedade especial em Minas que visava atender às cada vez mais complexas demandas urbanas, diferente dos latifúndios monocultores litorâneos. Assim, era comum que a fazenda de Minas fosse uma unidade produtiva mista e autossustentável, e tivesse produção diversificada, mesclando engenhos de açúcar e farinha, mineração, artesanato, pecuária e/ou agricultura, cuja vocação econômica ganhava complexidade com a urbanização e a concentração populacional. Houve localidades que, aproveitando-se de inegável oportunidade comercial, se especializaram na produção de gêneros diversos, tais como cereais, hortaliças, açúcar, doces, queijos, cachaça, artigos de couro, algodão, fibras de linho, louças, ferramentas e telhas, destinados às cidades mineradoras e a outras capitanias, principalmente a do Rio de Janeiro (ANDRADE, 2010).

A Capitania de Minas Gerais possuía uma economia própria que convergia à autossuficiência, sobretudo porque suas fazendas eram capazes de se integrar regionalmente sem prejuízos ao comércio interno, o que inclusive garantiu sua sobrevivência após a crise da mineração. O paulatino aumento da complexidade da produção do espaço minerador, que demandava quantidade cada vez maior e mais diversa de artigos[40], tinha impactos diretos nos custos de importação. A mineração que se desenvolvia nos Setecentos exigia, além de emprego de pólvora e de instrumentos de ferro e aço – itens de alto preço cuja produção era proibida na colônia[41] –, a busca por formas de exploração mais racionais, científicas[42] e a menores custos, o que forçou os colonos a substituir, sempre que possível, itens importados por locais. Em ambos os cenários – dos currais e das minas – o conjunto de características era a antítese do que era desejado pela Coroa portuguesa.

É inegável que a exploração do ouro favoreceu o desenvolvimento das atividades voltadas ao abastecimento alimentar e promoveu a articulação de regiões distantes e geograficamente distintas, além de ter contribuído com o avanço populacional para o oeste brasileiro (CARRARA, 2007). Foram os ranchos, pousos e casas de venda que determinavam o surgimento de povoações, e, assim, a escolha do local de instalação de capelas e igrejas. Gradativamente, os problemas de circulação de mercadorias entre as povoações foram solucionados por meio da sistematização do fornecimento de víveres e da formação de linhas regulares de tropas, fenômeno que mobilizou todo o território colonial em direção a Minas Gerais. Tal polarização ganha sentido a partir da compreensão de que na segunda metade do século XVIII verificava-se em Minas Gerais uma sociedade urbana[43] diversificada, com sofisticada estrutura burocrática e institucional, efervescência artística e cultural, rápida estruturação e possibilidade de mobilidade social, mesmo que sob o controle português. A análise da correspondência oficial que circulou na Capitania e entre ela e a Metrópole, realizada por Fonseca (2012), reforça a complexidade das relações desenvolvidas na rede urbana mineira.

Sobre certos aspectos da população das Minas, Reis e Valadares (2012) traçam um retrato que envolve a sua estrutura social, caracterizando-a como "um complicado mosaico de grupos e raças, de imigrantes brancos e de uma segunda e terceira gerações de americanos natos, de escravos recém-chegados e daqueles aqui nascidos em cativeiro" (p. 123). Tal configuração produziu intensa miscigenação, fez com que pardos ocupassem cargos públicos e gerou uma mobilidade social que causava estranhamento aos portugueses que desembarcavam na colônia. Em Minas escravos eram capazes de acumular riqueza, compor irmandades e erigir igrejas; ao passo que aos mestiços havia a possibilidade de ascensão social por meio de suas habilidades artísticas e artesanais, através das quais exerciam ofícios como carpinteiros, pedreiros, ferreiros, alfaiates, mercadores, músicos, escultores ou pintores, entre outras tantas possibilidades, o que conferia caráter cada vez mais urbano[44] à rede de localidades que se formava. A este grupo, juntavam-se funcionários, padres e brancos não senhores, que faziam surgir nas áreas urbanas mineiras uma classe média[45], com exigências próprias e certa predisposição à difusão de novas ideias. Para Focas (2002),

> (...) a estabilidade desse quadro colonial apresentava, em Minas Gerais, profundas fissuras, pois lá despontou uma sociedade peculiar, composta por letrados e artistas que sedimentaram uma "cultura urbana" própria que, aliada às forças econômicas locais impeliam essa mesma sociedade a encontrar suas próprias soluções no campo artístico, cultural e econômico, rompendo, assim, os laços de dependência com a metrópole, propondo, portanto, uma reorganização da sociedade política. A manipulação da carga tributária, a proibição de indústrias têxteis e de fundições de ferro constituíam os preceitos básicos de uma política colonialista que, promovendo uma estagnação local, impediam o desenvolvimento e a autonomia econômica. A rígida administração de Pombal, dirigida principalmente ao mercantilismo, manteve o controle dos grupos econômicos no Brasil, cuja atividade concentrava-se no comércio e exportação de ouro, açúcar e fumo (FOCAS, 2002, p. 186).

Demograficamente, o enorme fluxo migratório dirigido à região das Minas propiciou formas de ocupação territorial bastante diversas daquelas comuns na colônia, e a intensidade dos fluxos estabelecidos proporcionou a primeira articulação macrorregional brasileira. O alto poder aquisitivo dos mineiros provocou mudança no perfil das importações nacionais, tanto em qualidade quanto em quantidade, e contribuiu para o crescimento das cidades portuárias. Além disso, pela primeira vez na história do Brasil verificou-se intenso comércio interno de artigos de subsistência, o que causou alterações significativas na sua geografia da circulação, na medida em que forçou a abertura de vias de interiorização territorial e a criação de um sistema de transporte baseado em tropas de muares. O consumo generalizado de bens provocou expansão das áreas de cultivo, a multiplicação dos rebanhos e o desenvolvimento de manufaturas. É também neste contexto que são estabelecidas as mais importantes vias do período colonial, que viabilizaram o desenvolvimento de uma enorme rede de povoações.

> A superfície que serviu de pano de fundo para a primeira "constelação" de arraiais mineiros era um imenso sertão, que foi se transformando em território à medida que alguns destes pontos se diferenciavam dos demais, tornando-se centros irradiadores do poder civil e religioso. Desta maneira, tal "constelação", constituída inicialmente de unidades homogêneas, tomou, pouco a pouco, a forma de uma "armadura urbana" (*armature urbaine*), ou seja, de uma rede urbana composta por "nódulos" hierarquizados: cidades, vilas (e vilas cabeça de comarca), povoações-sede de julgados e freguesias, além de uma miríade de arraiais que continham apenas uma capela filial (FONSECA, 2011, p. 557).

Ressalte-se que a rede de povoações mineradoras[46] estabelecida ao longo do século XVIII tinha capacidade de atração e concentração demográfica e de fixação de riquezas superior às povoações agrícolas (paisagem de currais), mesmo em um contexto de declínio da mineração aurífera. A urbanidade desenvolvida nesses espaços garantiu sua permanência ao longo do século XIX, e o sentido libertário esteve sempre presente e disseminou-se para outras capitanias. Daí emergiram princípios incorporados pela administração real e, como desdobramento mais importante, vertebrou o processo de construção da nação.

Assim, o declínio da atividade mineradora não trouxe o fim da economia mineira. Minas continuou crescendo após 1750, e incorporou o desenvolvimento de novos setores produtivos associados à agropecuária e ao comércio, visando atender a demandas de outras capitanias. O desenvolvimento de tais setores propiciou o estabelecimento de novas articulações de propriedade, poder, riquezas e dominação, que se consolidaram no século XIX e fizeram diversificar a economia mineira de modo definitivo.

Nos Setecentos, as vilas e cidades mineiras organizavam-se espacialmente em torno de caminhos. A abundância de minerais preciosos fomentou o crescimento da população e a atração de toda sorte de migrantes, que faziam florescer uma complexa vida urbana sem comparação no mundo colonial. Foi também tal circunstância que propiciou a ocupação de áreas rurais férteis, que se articularam com os núcleos de povoamento, fornecendo-lhes víveres, matéria-prima e produtos artesanais. A rede urbana que se formava dependia dos caminhos de acesso aos portos do Rio de Janeiro e de Salvador, de onde vinham os produtos importados de produção proibida na colônia. Do caminho para São Paulo, chegavam tropas do sul do país com boiadas e outros produtos avidamente consumidos na região central mineira.

Como um centro pulsante, a região central de Minas delineou em torno de si uma rede de trocas centralizada por Sabará, e estruturou caminhos que permanecem relevantes até a atualidade: viabilizou a expansão para o oeste pelos caminhos de Goiás; favoreceu o crescimento da nova capital colonial por meio de quase um século de demandas intensas e constantes; propiciou a manutenção do caminho para a Bahia; e, finalmente, estabeleceu rotas de conexão com a capitania de São Paulo, que foram essenciais para o seu abastecimento e para a ocupação do sul de Minas. Não se expandiu para leste, dada a proibição de ocupação das matas da bacia do rio Doce e a presença de nativos bravios.

A Figura 2.1 mostra a articulação dos núcleos urbanos no centro minerador e as linhas de conexão viária do século XVIII. Nela constam as distâncias e os nomes correntes dos principais núcleos de povoamento (excluem-se as dezenas de povoados existentes entre eles). As articulações exibidas são derivadas dos caminhos registrados por Matos e Costa (2016), que por sua vez fundamentaram-se nos mapeamentos realizados em 1821 e 1826 por Wilhelm Ludwig von Eschwege (Barão de Eschwege), por Heinrich Halfeld e Friedrich Wagner (1855), e por Henrique Gerber (1867).

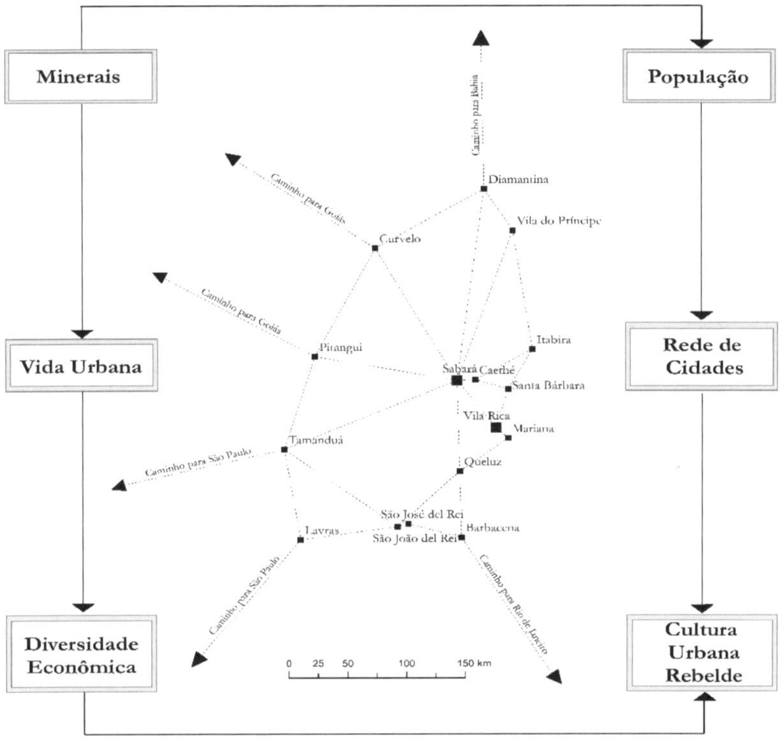

Figura 2.1: Região Central de Minas Gerais no século XVIII – Fatores de Modernização
Fonte: Elaborado pelo autor

Indiscutivelmente, a grande presença populacional em um ambiente rico de recursos naturais (água, madeira, solos, além do ouro e pedras preciosas) fez surgir intensas trocas comerciais, de serviços e de ideias que participaram da diversificação e dinamização da economia mineira, notadamente na Região Central da Minas Gerais.

A dimensão imaterial e a cultura urbana rebelde — O moderno nas clivagens entre Portugal e Minas Gerais (1750-1792)

A compreensão da situação de tensão e revoltas na região central de Minas requer o exame de duas conjunturas já mencionadas que marcaram a política metropolitana em relação ao Brasil. A primeira diz respeito à Era Pombalina. A segunda refere-se à gestão de Martinho de Melo e Castro, que lhe sucedeu. O período pombalino durou 27 anos, até 1777, e fortaleceu a ascensão de setores da elite aos postos da administração mediante um acordo de mútua tolerância. Com Pombal esse grupo alçou posições estratégicas dentro do aparelho de Estado, sobretudo no tocante à capitania de Minas. Ocupou cargos na Real Fazenda, nas Intendências do Ouro e dos Diamantes e na Junta de Comércio de Lisboa.

Em Portugal, deflagrou-se uma luta entre o conservadorismo intelectual e o absolutismo monárquico, *vis-à-vis* o novo ideário do Iluminismo. Debilitado economicamente, o grande descobridor transoceânico tornara-se um simples intermediário entre suas colônias e as potências do Norte. Um bastião do atraso.

Sebastião José de Carvalho e Melo, o Marquês de Pombal, tornou-se Secretário de Negócios Estrangeiros e da Guerra em 1750, cargo central dentro do governo português, que respondia pelas diretrizes gerais da política metropolitana e colonial. Em 1756 tornou-se secretário de Estado do Reino, o que lhe conferia responsabilidade pelo governo. Seu trabalho representou um esforço de introduzir mais eficácia à administração portuguesa, modificando o relacionamento Metrópole-Colônia. A reforma pombalina[47] combinava o absolutismo ilustrado com uma aplicação das doutrinas mercantilistas, algo que Nuno Monteiro denominou de "despotismo planejado" (MONTEIRO, 2007, *apud* CARRARA, 2016). Segundo Wheling (1986),

> O Estado português desde Pombal, como de resto outras monarquias absolutas "esclarecidas", esbarrava numa contradição fundamental, a modernização intelectual implicava num certo grau de liberalização do regime, pela necessidade de livre discussão das ideias nas universidades, nas academias e pela imprensa. A própria natureza do pensamento ilustrado – são bons exemplos a mencionada extrapolação das conclusões newtonianas para outros campos do saber e a preocupação com a generalização dos conhecimentos através da educação – envolvia alguma forma de questionamento da estrutura social e da organização política que coincidia apenas parcialmente com os interesses modernizadores do regime e de seus aliados na sociedade. Críticas à Igreja como instituição supranacional agradavam ao absolutismo regalista; estender a crítica à religião solapava a teoria e a prática do regime. Desenvolver as ciências naturais e a engenharia era bem recebido pelo Estado; mas citar Rousseau era estimular o livre-pensamento aplicado às relações entre governantes e governados (WEHLING, 1986, p. 18).

De fato, Pombal entendia que seus atos de poder seriam balizados pela razão humana, capaz de tudo organizar, inclusive o Estado e a sociedade. Daí a crença de que qualquer obstáculo ao "poder da razão ilustrada" seria desagregador e sem legitimidade. Os "interesses nacionais", racionalmente entendidos, deveriam balizar as ações políticas, econômicas e sociais em sua totalidade. Houve, na verdade, o aproveitamento de medidas de gestões anteriores em suas ações governamentais, a fim de não gerar rupturas, como explica Carrara (2016):

> Na mais recente publicação dedicada à "Época Pombalina", Francisco Falcon destaca um dos problemas contidos nesta

> expressão: "fazer crer na realidade histórica de um período dominado totalmente pelo pensamento e ação de um único homem, Sebastião José de Carvalho e Melo", o marquês de Pombal, que ofuscou o pensamento e a ação do próprio monarca português. Além disto, a noção de uma Época Pombalina realçaria um momento de ruptura em relação tanto ao reinado de d. João V, quanto de d. Maria I, quando na realidade há continuidades significativas anteriores a 1750 e posteriores a 1777. E ainda há a advertência de Joaquim Romero Magalhães, segundo quem "a chamada política pombalina não nasce pronta e acabada", nem "pode ser tomada como homogênea, nem sequer coerente ao longo dos anos", em razão das "incongruências próprias da personagem principal e há os outros protagonistas a considerar" (CARRARA, 2016, p. 86).

Ainda assim, reputa-se a ele a reestruturação do exército e da marinha, as grandes mudanças no ensino, ao implantar um sistema estatal de ensino, e a reorganização da Universidade de Coimbra, ao formular novos cursos segundo preceitos iluministas em voga. Ademais, agiu contra a noção de pureza do sangue e a distinção entre cristãos velhos e novos, contratou professores estrangeiros e acolheu a ciência moderna. Uma das mais importantes reformas foi na economia e finanças, com a criação de associações corporativas que regulavam a atividade comercial e fiscal. Foi abolida a escravidão dos negros em Portugal e dos índios no Brasil, a nobreza se abriu às outras classes, o grupo mercantil foi dinamizado, reduziu-se a influência da Igreja sobre a sociedade e controlou-se a expressão artística e literária sob o ponto de vista dos interesses do Estado. A nova legislação favoreceu os casamentos mestiços e vedou sua discriminação. Outras leis foram aplicadas a fim de preservar a liberdade dos índios. Evidência disso encontra-se no indianismo humanista que esteve presente nas obras de Basílio da Gama, Cláudio Manoel da Costa e Santa Rita Durão.

Pombal estabeleceu uma nova política colonial impregnada de espírito racional, que visava criar uma administração mais profissional e rígida. Buscou o reforço do "exclusivo colonial", com a criação das Companhias de Comércio, e a atenção às drogas do sertão. Expulsou os jesuítas de Portugal e do Brasil – o que teve impacto negativo profundo na educação brasileira[48], e envidou esforços para readquirir o controle das riquezas coloniais, procurando modernizar a máquina administrativa, mediante cooptação das elites locais para os cargos públicos. Assim, o Iluminismo em Portugal significou reforçar o mercantilismo e os laços coloniais, mesmo que, na prática, tenha fracassado na regulação da arrecadação pública (CARRARA, 2016).

O despotismo esclarecido de Pombal via no Estado a expressão política da nacionalidade. Pombal aceitava o liberalismo de Locke, e atuou de modo que se fizesse a reforma a partir da qual iria germinar o ideário liberal em Portugal e no Brasil. Sua política atingiu privilégios da Igreja, com a derrocada do fanatismo religioso, que ele entendia ser representado principalmente pela Companhia de Jesus.

A política pombalina, ressalta-se, não se propunha a perseguir a elite colonial. Pelo contrário, manteve membros dessa elite nos órgãos administrativos e fiscais do governo, na magistratura e nas instituições militares, e procurou formar um corpo de funcionários letrados e bacharéis, marca da racionalidade de sua política. Ao estimular as atividades empresariais e os empreendimentos industriais – até mesmo no Brasil Colônia –, Pombal flexibilizava, no campo da produção, sua política mercantilista. Com essa medida, a Coroa permitia que pequenas unidades fabris funcionassem em Minas Gerais, o que era visto pelos mineiros como uma chance de produzir parte dos produtos que consumiam, algo que já acontecia na agricultura.

De fato, Pombal marcou profundamente as relações internacionais de Portugal. Encarou a situação de dependência de Portugal à Inglaterra e insurgiu-se contra o poder espanhol. O Iluminismo Pombalino, no entanto, era pouco revolucionário, divergia da orientação francesa, com características mais próximas ao italiano, o que se revelava em seus traços fundamentalmente progressistas, reformistas, nacionalistas e humanitários. Isso explica a intensa busca pela aniquilação dos privilégios do clero e da nobreza, e pela proteção da burguesia (LUCAS, 1998). Sintetiza Boto (2010):

> Pombal foi moderno, até onde era possível a Portugal daquele tempo ser. Foi a consciência-possível (Goldman, 1972) de uma geração de estrangeirados. Foi iluminista; mas foi, acima de tudo, homem de ação. Pelo discurso, mas especialmente pelos atos, ele, de fato – pode-se dizer –, enterrou os mortos e cuidou dos vivos (BOTO, 2010, p. 297).

A reforma pombalina e seu projeto modernizador refletiramse fortemente em Minas. A nova mentalidade científica chegou à elite mineira e teve apoio de seus poetas, embora, do ponto de vista político, contasse com poucos recursos que a permitisse compreender a plenitude do que acontecia em Portugal e Europa. As ideias liberais eram absorvidas precariamente na Colônia, e a crise da Inconfidência Mineira iria revelar esse processo de absorção cultural incompleta (MAXWELL, 1985; RODRIGUES, 1986).

Não obstante, o sistema pombalino gerou tensões[49], exatamente quando se evidenciava o declínio da produção mineral e a exacerbação da crise econômica. Desde 1750 percebia-se o esgotamento das lavras, e a Junta da Real Fazenda[50] não completava mais as 100 arrobas anuais de imposto. A participação dos grupos locais nessa Junta só fazia aumentar a divergência com os interesses da

Coroa. A crescente pressão metropolitana pelo fortalecimento dos laços coloniais levou à derrubada de Pombal e a chegada ao poder de Martinho de Mello e Castro (FURTADO, 1994).

Simultaneamente, a absorção do Iluminismo no Brasil reforçava a defesa da ideia de independência, tal como ocorrera nos Estados Unidos. Mas entre metrópole e colônia havia outras clivagens: alguns iluministas portugueses, e outros, brasileiros, idealizavam traçar uma série de reformas que preservassem o Pacto Colonial e trouxessem a possibilidade de articular ambos os interesses.

Em 1777, com a queda de Pombal, a percepção sobre a decadência da extração aurífera se alterou drasticamente, com claros reflexos na distribuição da mão de obra e nas alternativas para geração de riquezas:

> (...) até nas terras minerais ficará cessado de todo [o trabalho de descobrir novas minas], como já tem consideravelmente diminuído a extração de ouro e diamantes; tudo procedido da falta de braços que, devendo empregar-se nestes úteis e vantajosos trabalhos [de mineração], ao contrário, os deixam e abandonam ocupando-se em outros totalmente diferentes como o são os das fábricas e manufaturas... (AUTOS DA DEVASSA DA INCONFIDÊNCIA MINEIRA, 1976, *apud* AZEVEDO, 2006, p. 166, grifos do próprio autor).

Enfim, o Brasil padecia de um período de depressão econômica causado pela crise do açúcar e, a partir de 1760, pela queda da produção de ouro. É nesse contexto que Portugal vive a morte de Dom José I e a coroação de D. Maria I, e as consequências aqui examinadas. Martinho de Mello e Castro deu nova orientação às políticas do Reino, procurando corrigir "distorções" do período pombalino e favorecer a burguesia portuguesa na tentativa de recuperar o controle sobre a

Colônia, além de afastar[51] os privilégios das elites locais enraizadas no poder. A consciência da crise da mineração se intensificava na colônia e fazia decrescer a arrecadação e provocar inquietações na Corte.

Modernização e revoltas em Minas Gerais: o turbulento final dos setecentos

As revoltas fazem parte da gênese das Minas. Ao longo dos Setecentos, a Capitania de Minas Gerais assistiu a diversos momentos de agitação social e política, com demandas que variavam das mais simples e locais àquelas relacionadas à presença metropolitana e a pensamentos anticoloniais. Tais reivindicações e ideais possuíam origens diversas e envolviam tanto os setores menos favorecidos quanto a elite local. Diversas localidades assistiram a atos de inconfidência, tais como Pitangui, São Romão, Curvelo, Mariana, Sabará, Minas Novas e, com maior relevância e alcance geográfico, Vila Rica. Segundo Carvalho (2005, p. 58), tais atos "são concretizações do espírito rebelde e evidência do clima de instabilidade que predominava na capitania". Em Minas Gerais, possivelmente em razão de suas particularidades, assistiu-se ao aparecimento de uma sociedade notadamente crítica e reivindicadora.

É nesse espaço que uma cultura urbana rebelde se desenvolvia enquanto prosperava o iluminismo na Europa. Eram constantes as reivindicações e motins contra a ordem real, muitas vezes relacionados a temas corriqueiros, como a discordância em relação à criação ou aumento de impostos, o estabelecimento de contratos sobre produtos de primeira ordem, ou mesmo revoltas escravas. Uma breve análise do perfil das principais insurreições setecentistas, apresentadas no Quadro 2.1, permite caracterizar as revoltas já documentadas como urbanas, rurais, escravas ou relacionadas diretamente com a mineração[52]. Verificou-se, no período, que 44% dessas revoltas possuíam perfil urbano, ou seja, eram articuladas nas vilas e cidades, envolviam parte da elite local e internalizavam contestações só possíveis dada uma vivência urbana mediada por gente letrada e aspectos modernos. O número amplia ao se considerar que parte das revoltas escravas ocorreram nas áreas urbanas, com influência direta dos ideais e práticas de liberdade ali difundidos.

Naquela época, já se verificava em certos discursos das elites ideias e aspirações em torno de uma consciência regional que condensavam não apenas seus próprios interesses, mas também representações coletivas. A Inconfidência Mineira (1789), assim como a Conjuração Baiana (1798), somada à pressão inglesa sobre os portos brasileiros e a hostilidade geral contra comerciantes portugueses nos principais centros brasileiros foram momentos de eclosão de uma nova mentalidade tocada por um processo modernizador, na medida que transcenderam a consciência da situação colonial e projetaram mudança, o que fez desses movimentos legítimos precursores da emancipação política nacional. Via-se ali a difusão de ideias incompatíveis com o regime absolutista e com profunda influência da nova ordem política instaurada na Europa e na América do Norte.

A Inconfidência Mineira – apesar de suas controvérsias teóricas – trazia consigo algumas ideias fundamentais, como o nativismo, o antidespotismo, o direito dos povos à rebelião, o direito à propriedade, o respeito ao bem comum e ao poder limitador das leis, a necessidade de um governo baseado no consentimento, além da crítica à carga tributária e ao pacto colonial. Trazia também traços de republicanismo e tinha como o tema central a liberdade[54], fosse ela individual, política ou civil.

De fato, havia ali uma especial consciência sobre as liberdades individuais e forte aspiração pelo progresso: era previsto pelos inconfidentes a instalação de uma universidade em Vila Rica, o estabelecimento de um projeto industrializante, com favoreci-

Quadro 2.1: Insurreições nas Minas setecentistas[53]

Ano	Insurreição	Perfil
1704	Motim contra autoridades reais que repartiam terras minerais em Vila do Ribeirão do Carmo	Rural
1707	Guerra dos Emboabas	Rural
1711	Revolta escrava (tentativa)	Escrava
1712	Conspiração escrava (tentativa de rebelião) na Vila do Ribeirão do Carmo	Escrava
1713	Motim contra ouvidor em Ribeirão do Carmo	Mineração
1715	Revolta contra a cobrança do quinto em Sabará, Morro Vermelho e V.N. da Rainha	Mineração
1717	Motins no sertão do rio das Velhas	Rural
1717	Revolta de Pitangui	Urbana
1718	Motim em São João del-Rei	Rural
1718	Motim de Catas Altas	Rural
1718	Motim da barra do rio das Velhas	Urbana
1719	Conspiração escrava (tentativa de rebelião) na comarca do rio das Mortes	Escrava
1719	Revolta de Pitangui (Revolta da Pinga/ Rebelião da Cachaça)	Mineração
1720	Revolta em Vila Rica (Felipe dos Santos)	Urbana
1721	Motim contra o contrato de corte de carnes – Vila Real (Sabará)	Urbana
1721	Motim contra o contrato de aguardente – São João del-Rei	Urbana
1722	Levante de Macaúbas	Rural
1722	Revolta na vila de Papagaio	Rural
1725	Conspiração escrava (tentativa de rebelião) – Vila Rica	Escrava
1725	Expulsão do Cônego João Vaz da Vila do Ribeirão do Carmo	Urbana
1726	Levante em Pitangui	Urbana
1730	Revolta escrava em Catas Altas	Escrava
1732	Levante dos Mascarados do Rio Vermelho (Caeté)	Rural
1736	Furores Sertanejos – Sertões do rio São Francisco	Rural
1744	Motim contra a apreensão de alimentos – Vila Rica	Urbana
1746	Rebelião no Quilombo de Sapucaí	Rural
1752	Motim de oficiais mecânicos contra o ouvidor-geral da comarca de Ouro Preto	Urbana
1756	Conspiração escrava	Escrava
1761	Inconfidência do Curvelo	Urbana
1769	Inconfidência de Mariana	Urbana
1775	Inconfidência de Sabará	Urbana
1776	Inconfidência do Curvelo	Urbana
1782	Motim em Minas Novas	Urbana
1789	Inconfidência Mineira	Urbana

Fonte: Adaptado de Anastasia (1998) e Figueiredo (2005; 2016)
As informações da coluna "Perfil" foram definidas pelo autor

mento dos setores têxteis e metalúrgicos, instituição de um sistema de correios, de novas regras de regulação econômica e diminuição da carga tributária. Tais elementos[55] permitem verificar no movimento um exemplo de Americanismo, em oposição ao Iberismo, e a república liberal como o caminho natural dos inconfidentes (BARRETTO e PAIM, 1989). Curiosamente, o movimento não era abolicionista – ainda que defendesse a libertação dos cativos nascidos no Brasil –, sob o argumento do risco de desestabilização da produção na Capitania (MAXWELL, 1989).

Por outro lado, Villalta (2007c), a partir de síntese da obra de Maxwell (1985), relata que:

> A Inconfidência teria sido um movimento nacionalista, regional, republicano e plutocrático-oligárquico. Tratava-se de um nacionalismo regional (e, portanto, não propriamente brasileiro), de tez mais econômica do que política, cuja essência seria a defesa dos interesses e do desenvolvimento econômico local, por um lado, reagindo ao neomercantilismo metropolitano e, por outro, posicionando-se contra a Metrópole, em defesa daqueles interesses. A Inconfidência seria plutocrático-oligárquica, pois expressava uma coalizão não-monolítica de plutocratas, contra a alienação de que eram vítimas em relação à Metrópole sob a orientação neomercantilista; os plutocratas (entre os quais não estaria Tiradentes), inseridos numa Capitania que se diversificava do ponto de vista econômico e que dava mostras de auto suficiência relativa e via seu centro migrar da região central para a comarca do Rio das Mortes, queriam autonomia política. Tais homens, enfim, inspirar-se-iam "no exemplo da América do Norte, nas constituições dos Estados da União Americana e na obra do abade Raynal", propondo a instalação de uma república. Maxwell, em algumas

> passagens, classifica o movimento como uma revolução fracassada, não explicitando o que entende por revolução, deixando apenas subentendido que o caráter revolucionário da Inconfidência residiria na ruptura política e econômica com o império português: a plutocracia mineira, forçada pela orientação neomercantilista, já não mais esperava conciliar os seus interesses com os da Metrópole, tendo decidido por tomar o poder e instaurar uma nova ordem (VILLALTA, 2007c, p. 553-554).

Convém, todavia, observar que os argumentos de Maxwell podem constituir o móvel inicial da Inconfidência, mas a dinâmica do movimento foi assumindo outras dimensões para além da mera defesa de interesses de plutocratas-mercantis. A elite mineira estava em transformação, e as elites geralmente atuam decisivamente em momentos de deflagração de movimentos independentistas. Além disso, as elites podem ser modernas ou atrasadas, como ocorreu tantas vezes na história de Minas Gerais. As modernas geralmente são letradas, a exemplo dos inconfidentes filhos de mineradores educados em Coimbra, sensíveis às teses libertárias do Iluminismo.

O levante de fato se restringiu à capitania de Minas Gerais, mas os rebeldes pensavam em criar um projeto nacional com força política, econômica e administrativa, capaz de aglutinar Rio de Janeiro e São Paulo (se vitorioso). A derrocada do movimento e a condenação do alferes Joaquim José da Silva Xavier marca o início da desagregação da consciência mineira: parte dos inconfidentes da elite é condenada ao degredo, e parte expressiva da população dos centros mineradores se dispersa pelo território (RODRIGUES, 1986).

O movimento inconfidente fracassou. Caso isso não tivesse acontecido e também não fosse proibida a fabricação têxtil, é plausível pensar que ao final do século XVIII Minas Gerais estaria pronta para dar um salto industrializante[56], como ressalta Carvalho (2005) ao citar Azevedo Amaral, em seu livro de 1935 *A aventura política do Brasil*, perspectiva que é apoiada por diversos autores. Carvalho salienta que, embora a ideia pareça exagerada, havia ali elementos para que tal caminho fosse trilhado: a liberdade, o progresso, a indústria, o ouro e o ferro.

Conclusão

Em Minas Gerais, na segunda metade do século XVIII, a escassez do ouro fez com que muitos mineradores saíssem da região central em busca de novas lavras e terras férteis para a prática agropecuária, já bastante difundida na capitania, fenômeno que evidenciava uma inevitável transição nas relações de poder. O ambiente de liberdade que se experimentou nos Setecentos gradativamente se perderia em boa parte do Oitocentos. A liberdade deu lugar à tradição, a instabilidade do ouro deu lugar à estabilidade da terra, e a imagem do mineiro passou a conformar-se com aquela de gente tipicamente rural.

Mesmo que estivessem declinantes, os viajantes que passavam pelas antigas vilas do ouro percebiam que a elas ainda afluía relevante fluxo comercial – embora sua população não tivesse o mesmo porte e perfil – e que nos arraiais se acumulava riqueza. O sul de Minas se desenvolvia e se diversificava economicamente, recebia migrantes da região central e articulava-se com São Paulo e Rio de Janeiro para seu abastecimento. Verificou-se a transição da atividade nuclear da mineração para um complexo de produção de alimentos, atividades artesanais e comércio, com desdobramentos no século XIX.

De qualquer maneira, a experiência mineira contribui de maneira primaz para a emancipação política e cultural do Brasil enquanto nação. Embora incipiente, é da ideia de nação – conquanto regional e restrita ao território mineiro – que surgirá a consciência nacional que culmina no movimento da Independência de 1822.

Este capítulo procurou demonstrar que o moderno esteve presente na capitania de Minas Gerais ao longo dos Setecentos. Um processo de modernização derivado da enorme riqueza minerária e do desenvolvimento de uma cultura urbana rebelde. Houve forte crescimento populacional, diversificação econômica e formação de uma rede de cidades, processos que tiveram como força motriz as oportunidades associadas à exploração de minerais preciosos. Havia, nas cidades mineradoras, uma paisagem cuja arquitetura se aproximava das cidades portuguesas da época. Abundavam riquezas e artigos luxuosos pelas ruas, trajava-se o vestuário em voga na Europa, circulavam doutores formados em Coimbra, difundiam-se ideias, falava-se sobre liberdade e progresso, irradiava-se influências que reforçavam a ideia de autossuficiência. É possível que, no contexto das colonizações europeias, não se tenha visto situação semelhante. Aos mineiros tornara-se urgente uma maior autonomia, liberdade no comércio e na indústria, algo percebido por Pombal, mas que se perdeu no reinado de Dona Maria I.

Além disso, a região central mineira exerceu importante função de articulação da rede de caminhos que se formava no Brasil, pois mobilizou os fluxos de toda a colônia para si. Viabilizou a expansão para o oeste e fortaleceu a posição do Rio de Janeiro como importante entreposto comercial. Num contexto em que o desenvolvimento econômico era barrado pelas estratégias de controle da Coroa Portuguesa, é natural se pensar que atos de inconfidência fossem comuns. A Inconfidência Mineira de 1789 foi a expressão máxima do desejo por liberdade espelhado nos ideais iluministas que tanta força tinham na Europa e América do Norte. Ainda que, por força da Lei, tais ideias não circulassem livremente, foram os seus fragmentos que alicerçaram o mais importante movimento emancipador do Brasil Colônia. Caso tivesse sucesso, é possível que Minas, e depois o Brasil, tivesse rumos semelhantes aos assistidos nos Estados Unidos, ou seja, tomasse as rédeas do seu desenvolvimento com vistas ao caminho da industrialização e consequente inserção no novo contexto global que se formatava.

Permaneceram no tempo e no espaço as marcas da Minas do Ouro: criativa, urbana, diversa, rica, rebelde e ousada. Características indispensáveis à construção da emancipação nacional.

REFERÊNCIAS

ALMEIDA, Carla Maria Carvalho de. **Ricos e pobres em Minas Gerais: produção e hierarquização social no mundo colonial, 1750-1822**. Belo Horizonte: Argvmentvm, 2010, 236 p.

ANASTASIA, Carla Maria Junho. **Vassalos rebeldes: violência coletiva nas Minas na primeira metade do século XVIII**. Belo Horizonte: Editora C/Arte, 1998.

ANDRADE, Leandro Braga de. A formação econômica de Minas Gerais e a perspectiva regional: encontros e desencontros da historiografia sobre os séculos XVIII e XIX. **Caderno Caminhos da História** (Universidade Severino Sombra), v. 6, p. 1-19, 2010.

AZEVEDO, Edeílson Matias de. **Minas Insurgente: conflitos e confrontos no século XVIII**. 2006, 220 f. Dissertação (Mestrado) – Curso de História, Instituto de História, Universidade Federal de Uberlândia, Uberlândia, 2006.

BARNABÉ, Israel Roberto. Elite, Classe Social e Poder Local. **Estudos de Sociologia** (São Paulo), Unesp/Araraquara, v. 1, n.7, p. 103-118, 1999.

BARRETTO, Vicente; PAIM, Antônio. **Evolução do pensamento político brasileiro**. Belo Horizonte: Itatiaia, 1989, 463 p.

BOSCHI, Caio César. A Universidade de Coimbra e a formação intelectual das elites mineiras coloniais. *In*: CENTENÁRIO DA UNIVERSIDADE DE COIMBRA, 7, 1991, Coimbra. **Actas do congresso História da Universidade**. Coimbra/Portugal: Universidade de Coimbra, 1990. v. 5. p. 133-150.

BOTO, Carlota. A dimensão iluminista da reforma pombalina dos estudos: das primeiras letras à universidade. **Revista Brasileira de Educação**. São Paulo: v. 15, n. 44, p. 282-299, 2010.

CARRARA, Ângelo Alves. **Minas e currais: produção rural e mercado interno em Minas Gerais, 1674-1807**. Juiz de Fora: Editora da UFJF, 2007. 364 p.

CARRARA, Ângelo Alves. O ouro e os portos do Brasil no século XVIII. *In*: CARRARA, Ângelo Alves; OLIVEIRA JUNIOR, Paulo Cavalcante de (Org.). **Alfândegas do Brasil: Rio de Janeiro e Salvador, século XVIII; estudos de administração fazendária**. 1. ed. Juiz de Fora: Editora da Universidade Federal de Juiz de Fora, 2016, v. 1. 408 p.

CARVALHO, José Murilo de. Ouro, Terra e Ferro – Vozes de Minas. *In*: GOMES, Ângela de Castro (Org.). **Minas e os fundamentos do Brasil moderno**. 1ed. Belo Horizonte: UFMG, 2005, v. 1, p. 55-78.

CASTILHO, Denis. Os sentidos da modernização. **Boletim Goiano de Geografia** (Online), v. 30, p. 125-140, 2011.

CLASTRES, Pierre. **Arqueologia da violência: pesquisas de antropologia política**. 3. ed. São Paulo: Cosac Naify, 2004, 384 p.

COSTA, A. **Modernização e reestruturações territoriais em Minas Gerais**. Belo Horizonte, 2018. Tese (Doutorado). IGC, Universidade Federal de Minas Gerais.

COSTA, Simona. **Economia, sociedade e urbanização em Minas Gerais (séculos XVIII-XIX): Vila Rica, futura Ouro Preto, e a sua rua principal**. Lisboa, 2017, 155 f. Dissertação (Mestrado) – Curso de História do Império Português, Faculdade de Ciências Sociais e Humanas, Universidade Nova Lisboa.

DE PAULA, João Antônio. **Raízes da modernidade em Minas Gerais.** 1ª. ed. Belo Horizonte: Editora Autêntica, 2000, 156 p.

DE PAULA, João Antônio. A mineração de ouro em Minas Gerais no século XVIII. *In*: RESENDE, Maria Efigênia Lage de; VILLALTA, Luiz Carlos (Org.). **História de Minas Gerais - as Minas Setecentistas**. Belo Horizonte: Autêntica/Companhia do Tempo, 2007, v. 1, p. 279-301. 377 p.

FAUSTO, Boris. **História do Brasil**. 2 ed. São Paulo: Editora da Universidade de São Paulo, 1995.

FERREIRA, Mário Clemente. O Mapa das Cortes e o Tratado de Madrid: a cartografia a serviço da diplomacia. **Varia História** (UFMG), Belo Horizonte, v. 23, n. 37, p. 51-69, janeiro-junho de 2007. Disponível em: < http://www.redalyc.org/articulo.oa?id=384434820015>. Acesso em: 7 jul. 2017.

FIGUEIREDO, Luciano Raposo de Almeida *et al.*. **Impressões Rebeldes: documentos e palavras que forjaram a história do protesto no Brasil**. 2016; Tema: Documentos históricos das revoltas no Brasil colônia (Site). Disponível em < http://www.historia.uff.br/impressoesrebeldes/?page_id=4>. Acesso em: 23 fev. 2018.

FIGUEIREDO, Luciano Raposo de Almeida. **Rebeliões no Brasil colônia**. Rio de Janeiro: Zahar, 2005, 87 p.

FILGUEIRAS, Carlos Alberto Lombardi. A Ciência e as Minas Gerais dos Setecentos. In: REZENDE, Maria Efigênia Lage de; VILLALTA, Luís Carlos (Org.). **História de Minas Gerais – as Minas Setecentistas**. Belo Horizonte: Autêntica/Companhia do Tempo, 2007, v. 2, p. 155-185, 444.

FONSECA, Cláudia Damasceno. **Arraiais e vilas d'el Rei – Espaço e poder nas Minas setecentistas**. Belo Horizonte: Editora UFMG, 2011. 731 p.

FONSECA, Cláudia Damasceno. Urbs e civitas: a formação dos espaços e territórios urbanos nas minas setecentistas. **Anais do museu paulista**. São Paulo, v. 20, n. 1, p. 77-108, Junho de 2012. Disponível em: <http://www.scielo.br/scielo.php?script=sci_arttext&pid=S0101-47142012000100004&lng=en&nrm=iso>. Acesso em: 29 out. 2017.

FURTADO, Júnia Ferreira. O outro lado da Inconfidência Mineira. Pacto colonial e elites locais. **LPH: Revista de História (UFOP)**, Ouro Preto, v. 4, p. 70-91, 1994.

GEIGER, Pedro Pinchas. **Evolução da rêde urbana brasileira.** Rio de Janeiro: Instituto Nacional de Estudos Pedagógicos, 1963. 455 p.

GOMES, Paulo César da Costa. **Geografia e Modernidade**. 1. ed. Rio de Janeiro: Bertrand Brasil, 1996, v. 1, 482 p.

GOMES, Paulo César da Costa; HAESBAERT, Rogério. O Espaço na Modernidade. **Revista Terra Livre**, v. 5, p. 47-67, 1988.

HARVEY, David. **A condição pós-moderna: uma pesquisa sobre as origens da mudança cultural**. 21. ed. São Paulo: Edições Loyola, 2011. 348 p.

HESPANHA, António Manuel. A constituição do Império português. Revisão de alguns enviesamentos correntes. *In*: FRAGOSO, João; BICALHO, Maria Fernanda; GOUVÊA, Maria de Fátima. **O Antigo Regime nos trópicos: a dinâmica imperial portuguesa (séculos XVI-XVIII)**. Rio de Janeiro: Civilização Brasileira, 2001, p. 163-188.

HIRSCH, Irene Ruth. A tradução e a Inconfidência. **Tradução em Revista** (Online), v. 5, p. 1-10, 2008.

KARNAL, Leandro. Estados Unidos, Liberdade e Cidadania. *In*: PINSKY, Jaime; PINSKY, Carla Bassanezi (Org.). **História da Cidadania.** São Paulo: Contexto, 2003, v. 1, p. 135-157.

LEMOS, Celina Borges. Século XIX na paisagem cultural ouro-pretana: cotidiano, arquitetura e modernidade imperial. *In*: SEMINÁRIO SOBRE ECONOMIA MINEIRA: ECONOMIA, HISTÓRIA, DEMOGRAFIA E POLÍTICAS PÚBLICAS, 12, 2006. Diamantina. **Anais...** Diamantina, 2006.

LIMA JUNIOR, Augusto de. **História da Inconfidência de Minas Gerais**. Belo Horizonte: Itatiaia, 2010, 232 p.

LUCAS, Fábio. **Luzes e Trevas – Minas Gerais no século XVIII**. Belo Horizonte: UFMG, 1998, 184 p.

MATHIAS, Carlos Leonardo Kelmer. O sistema de concessão de mercê como prática governativa no alvorecer da sociedade mineira setecentista: o caso da (re) conquista da praça fluminense em 1711. **Saeculum – Revista de História**. V. 14.26-38. João Pessoa, jan./jun., 2006.

MATOS, Ralfo. A discussão do antiurbanismo no Brasil colonial. **GEOgrafias (UFMG)**. Belo Horizonte: v. 7, n. 2, p. 40-55, 2011.

MATOS, Ralfo; COSTA, Alfredo. Por uma regionalização da Minas Oitocentista. **Revista GEOgrafias**. Belo Horizonte: v. 1, p. 114-136, 2016.

MAXWELL, Kenneth. **A devassa da devassa: a Inconfidência Mineira, Brasil-Portugal, 1750-1808**. Rio de Janeiro: Paz e Terra, 1985, 110 p.

MAXWELL, Kenneth. Conjuração mineira: novos aspectos. **Estudos avançados**. São Paulo: v. 3, n. 6, p. 04-24, 1989. Disponível em: <http://www.scielo.br/scielo.php?script=sci_arttext&pid=S0103-40141989000200002&lng=en&nrm=iso>. Acesso em: out. 2017.

MENESES, José Newton Coelho. Homens que não mineram: oficiais mecânicos nas Minas Gerais Setecentistas. *In*: RESENDE, Maria Efigênia Lage; VILLALTA, Luiz Carlos (Org.). **História de Minas Gerais - as Minas Setecentistas**. 1ª ed. Belo Horizonte: Autêntica/Companhia do Tempo, 2007, v. 1, p. 377-399, 377 p.

MONTE-MÓR, Roberto Luís de Melo. **A Fisionomia das Cidades Mineradoras**. Belo Horizonte: Cedeplar/Face/UFMG, 2001.

NOVAIS, Fernando Antônio. **Portugal e Brasil na Crise do Antigo Sistema Colonial (1777-1808).** 1. ed. São Paulo: Hucitec, 1979.

REIS, Liana Maria; VALADARES, Virgínia Maria Trindade. **Capitania de Minas Gerais em documentos: economia, política e sociedade**. 2. ed. Belo Horizonte: C/ Arte, 2012, v. 1. 159 p.

RODARTE, Mário Marcos Sampaio; PAULA, João Antônio; SIMÕES, Rodrigo Ferreira. Rede de Cidades em Minas Gerais no Século XIX. **História Econômica & História de Empresas.** São Paulo: v. 7, n.1, p. 7-45, 2004.

RODRIGUES, José Carlos. **Ideias Filosóficas e Políticas em Minas Gerais no Século XIX**. Belo Horizonte: Itatiaia; São Paulo: Editora da Universidade de São Paulo, 1986.

ROMEIRO, Adriana; BOTELHO, Ângela Vianna. **Dicionário Histórico das Minas Gerais**. 3a. ed. (Revista e ampliada). Belo Horizonte: Autêntica, 2013.

SILVA, Fabiano Gomes da. A construção da urbe. **Revista do Arquivo Público Mineiro**. Belo Horizonte: v. XLV, p. 104-119, 2009.

SILVA, Vera Alice Cardoso. Aspectos da fundação política das elites na sociedade colonial brasileira: o 'parentesco espiritual' como elemento de coesão social. **Revista Varia História**. Belo Horizonte: v. 31, p. 97-119, 2004.

STUMPF, Roberta Giannubilo. Remanejamento de identidades em um contexto de crise: as Minas Gerais na segunda metade do século XVIII. *In*: José Damião Soares Rodrigues. (Org.). **O Atlântico Revolucionário. Circulação de ideias e de elites no final do século XVIII**. V. 1. 1 ed. Lisboa: CHAM, 2012, p. 263-280.

VILLALTA, Luiz Carlos. Introdução. In: RESENDE, Maria Efigênia Lage de; VILLALTA, Luiz Carlos (Org.). **História de Minas Gerais – as Minas Setecentistas**. Belo Horizonte: Autêntica/ Companhia do Tempo, 2007c, v. 2, p. 551-554. 444 p.

VILLALTA, Luiz Carlos. Ler, escrever, bibliotecas e estratificação social. *In*: RESENDE, Maria Efigênia Lage de; VILLALTA, Luiz Carlos (Org.). **História de Minas Gerais - as Minas Setecentistas**. V. 2. Belo Horizonte: Autêntica/Companhia do Tempo, 2007a, p. 289-311, 444 p.

VILLALTA, Luiz Carlos. O Cenário Urbano em Minas Gerais Setecentista: Outeiros do Sagrado e do Profano. In: GONÇALVES, Andrea Lisly. et al. (Org.). **Termo de Mariana: história e documentação**. V. 1. 1 ed. Belo Horizonte; Mariana: BDMG; Editora UFOP, 1998, p. 67-86.

VILLALTA, Luiz Carlos. As origens intelectuais e políticas da Inconfidência Mineira. In: RESENDE, Maria Efigênia Lage de; VILLALTA, Luiz Carlos. (Org.). **História de Minas Gerais – as Minas Setecentistas**. V. 2. Belo Horizonte: Autêntica/ Companhia do Tempo, 2007b, p. 579-607, 444 p.

WEHLING, Arno. **Administração portuguesa no Brasil de Pombal a D. João (1777-1808)**. Brasília: Funcep, 1986, 246 p. (História Administrativa do Brasil).

ZEMELLA, Mafalda. P.. **O abastecimento da Capitania de Minas Gerais no século XVIII**. São Paulo: Hucitec Edusp, 1990, 247 p.

III

A REDE PROTOURBANA DA REGIÃO DO VALE DO JEQUITINHONHA NOS SÉCULOS XVIII E XIX

André Velloso
Ralfo Matos

Introdução

O conceito original de "rede de cidades" foi útil para designar conexões espaciais relativas ao sistema de comunicações e à existência de conjuntos estruturados de cidades, nos quais houvesse relações econômicas constantes e significativas. Em Geografia foram importantes os estudos sobre redes urbanas, notadamente a partir das contribuições de Christaller, Losh e Brian Berry, quando privilegiavam a utilização de métodos lógico-matemáticos, através dos quais procurava-se identificar características dominantes passíveis de mensuração, enfatizando aspectos funcionais, níveis de hierarquia e graus de influência entre as localidades.

No Brasil, tais estudos não são numerosos. Há um relativo desconhecimento da evolução da rede urbana brasileira, principalmente daquela constituída por cidades médias e pequenas do passado, mesmo do ponto de vista do tamanho populacional.[57] Em Minas Gerais, pesquisas empreendidas na década de 1970 se orientavam pela busca do conhecimento acerca das cidades médias. Acreditava-se, que através do incremento de alguns desses núcleos urbanos, poderiam ser minimizados problemas relacionados ao crescimento das grandes cidades mineiras[58], mas não se discutia a rede urbana.

A rede de cidades de Minas Gerais remonta ao século XVIII, após a descoberta do ouro e do diamante. Com a perda do dinamismo econômico estritamente ligado à atividade mineraria, ocorreu um movimento populacional centrífugo, que promoveu a ocupação de áreas periféricas à região central, o que fez expandir a fronteira da província tanto para o sul-sudoeste quanto para o norte-nordeste.

Tendo em vista o processo de formação e as "novas" inserções do Estado na economia nacional, surgiu uma série de arraiais, vilas e cidades, núcleos de povoamento pouco valorizados pela historiografia convencional. De certo modo, ficaram à margem do processo de contabilidade do desenvolvimento mineiro, não obstante o fato de várias terem desempenhado um importante papel histórico na estruturação socioespacial do território mineiro. Entre estas é possível destacar as que têm sua origem ligadas aos primórdios de Minas Gerais, "lugares urbanos"[59] localizados na porção mineira do Vale do Jequitinhonha, no nordeste do Estado.

Para pesquisar esses lugares, foram adotados cortes analíticos temporais e espaciais. Espacialmente foram escolhidas as fronteiras da antiga Macrorregião de Planejamento VII do Estado. Temporalmente, este trabalho se detém sobretudo nos séculos XVIII e XIX, quando diversas mudanças políticas, econômicas e sociais configuraram uma nova etapa da história do país (IGLÉSIAS, 1970).

Pretende-se tratar, de maneira genérica, do surgimento dos primeiros núcleos populacionais urbanos significativos da região, os lugares urbanos, tendo em vista a espacialidade que tais processos envolveram à época, uma vez que a configuração atual do Vale do Jequitinhonha é fruto desse processo histórico. As principais observações dirão respeito às atividades socioeconômicas envolvidas, principalmente às atividades minerária e garimpeira, bem como a pecuária de corte, de caráter extensivo, todas importantes enquanto vetores das primeiras entradas na região e da sua posterior ocupação, sendo fundamentais para a compreensão da dinâmica de estruturação da rede urbana e do meio rural.

A gênese da estrutura espacial

Em 1693 os territórios do Rio de Janeiro, São Paulo e Minas Gerais constituíam uma única Capitania. Em 1709 o Rio de Janeiro é separado de São Paulo e Minas. Finalmente em 1720 a Capitania Real de Minas Gerais é separada de São Paulo.[60] Os objetivos desta divisão administrativa estavam ligados à tentativa da Coroa de controlar mais efetivamente a região das minas. A guerra dos Emboabas e as revoltas de Vila Rica e Pitangui contra a cobrança do "quinto" no século XVIII deixaram claro a Portugal essa necessidade.

Entradas e caminhos

A região dos sertões, posteriormente denominada "das Minas", já era conhecida dos bandeirantes. Os diversos caminhos que davam acesso ao interior da Colônia eram trilhados periodicamente, seja em busca de nativos para serem escravizados, seja à procura de ouro e pedras preciosas. Embora o litoral tenha sido primeiramente povoado, boa parte do interior vinha sendo progressivamente ocupada (PETRONE, 1970, p. 127-58). As atividades econômicas ponta de lança desses processos foram principalmente a cana de açúcar[61] e o gado.

De fato, a pecuária bovina passara a representar um dos mais significativos vetores da ocupação do espaço brasileiro, ao penetrar lentamente no interior da Colônia.[62] A ligação da pecuária com a indústria açucareira foi muita estreita. A expansão dos engenhos pelo litoral nordestino vinha acompanhada da expansão da criação de gado *vacum*, essencial para o fornecimento de couro, carne e animais de tração. A partir principalmente da Bahia e de Pernambuco, os currais foram se estendendo, tanto para o norte quanto para o sul. O rio São Francisco, nesse sentido, teve um importante papel ao servir de aguada permanente, sendo as terras do seu grande vale uma importante fonte de sal.[63] Foi, sem dúvida, a estrada natural para o transporte do gado, facilitando a penetração para o interior, rumo às áreas à montante de seu curso. Assim, na última década do século XVI, a penetração da pecuária alcançava terras do sertão baiano e pouco depois atingia o norte de Minas Gerais. Com a mineração, no início do século XVIII, os espaços mineiros passam a ser efetivamente povoados.

Convém observar, conforme salienta Guimarães (1960, p. 73), que os caminhos raramente eram feitos em áreas carentes de água, daí a preferência pelos vales em detrimento das chapadas, que só foram utilizadas como caminho muito tempo depois. Os vales, além de serem rota segura contra os obstáculos do relevo, possuíam, com frequência, fontes de água perene, que demarcavam rotas que tendiam a se tornar permanentes. O gado, percorrendo e emoldurando tais rotas, torna-se então fundamental como suporte à vida daqueles que se aventuraram em busca do ouro (através dos fluxos procedentes da Bahia e das áreas ao sul da Colônia). O consumo anual de carne no período da mineração implicava o abate de cerca de 18 a 20 mil bois/ano. Isso estabelecia a necessidade de abastecimento permanente, obtido inicialmente por meio de contratos estabelecidos pelo governo local com fornecedores de outras regiões.[64] Na verdade a região de mineração encontrara nos muares, burros e mulas, os animais mais apropriados às imposições da atividade extrativa e mais adaptados aos difíceis caminhos da região. O transporte de cargas, inicialmente efetuado por escravos, passou posteriormente a ser feito por burros e mulas. Só muito depois as estradas tornam-se "carroçáveis".[65]

Atividades econômicas e rede de localidades centrais

A espacialização é uma condição fundamental dos processos históricos. A dimensão socioespacial como eixo de reflexão é não só enriquecedora como também primordial para a compreensão desses processos. Inicialmente, convém observar que a história do Brasil sempre salientou a grande importância dos "ciclos econômicos" para estruturação do seu território. Hoje, à luz dos novos estudos, faz-se necessária uma revisão de alguns desses processos, entendidos como formadores de nossa configuração geoeconômica.

A exportação, atividade à qual se encontram ligados esses "ciclos", sempre foi essencial na economia colonial. Mas exportar não era a única atividade econômica importante da Colônia. Desde a descoberta do ouro, e posteriormente do diamante, ou mesmo um pouco antes, a produção e circulação de mercadorias não era desprezível.[66] Nesse particular, o vale do Jequitinhonha apresenta características singulares. Ocupado o seu território e vinculado à lógica da exportação de riquezas minerais, de alto valor e fácil contrabando, a região, em face de sua localização e atributos geográficos, despertava suspeitas das autoridades coloniais. Outro aspecto notável que singulariza a região diz respeito ao seu processo de povoamento capilarizado (protourbanização) e à proximidade com a Bahia.

A rede urbana que surge nesse período será muito alterada no século seguinte. Os deslocamentos posteriores do eixo econômico modificaram a dinâmica interurbana de Minas. Não procede contudo, como parecia ser evidente em estudos anteriores, que o declínio da mineração ocorreu de imediato nas áreas centrais e nordestinas de Minas. Alguns autores contemporâneos afirmam que a economia mineira setecentista e oitocentista era razoavelmente mercantilizada e monetizada (PAULA, 1988). Só assim se explicaria a grande aquisição de escravos e o expressivo comércio de exportação e importação com áreas do Rio de Janeiro, São Paulo e Bahia, mesmo após o ápice do período minerador (PAIVA, 1996). Os fluxos de mercadorias justificariam uma estrutura urbana mais complexa e a existência de uma rede de lugares de certo destaque para a época.

Certamente, não obstante o declínio da mineração nas áreas centrais da Capitania, o período que se estende entre o final do século XVIII até a metade do século XIX é rico em um processo de diversificação econômica, inclusive a sul e nordeste, com a generalização mais efetiva da agropecuária, continuidade do desenvolvimento comercial e a introdução de práticas agrícolas que preparariam o território para experiências mais significativas na segunda metade do século XIX. Além disso, ainda era forte a perspectiva de novos surtos de geração de riqueza derivada da mineração, tanto por parte da Coroa, quanto por parte dos milhares de indivíduos dispersos pelas cabeceiras dos córregos, e que dominavam perfeitamente as técnicas mais usuais de extração de ouro e pedras preciosas. Na verdade, eram frequentes ainda tais achados, o que despertava grande desconfiança da Coroa, a ponto dela ter interditado durante muitos anos o acesso à Demarcação Diamantina.

A segunda metade do século XIX apresentou elementos novos decisivos que vieram afetar a estruturação da região, em face dos desdobramentos que tais mudanças globais produziram em favor de áreas meridionais do País e que resultaram na expansão sem precedentes da economia paulista. Entre tais elementos cabe destacar três: as alterações na estrutura da mão de obra com o fim da escravidão; o deslocamento do eixo dinâmico da economia nacional, da mineração para o café; e as alterações na política nacional, com o advento da República.

A expansão do centro de minas rumo ao vale do Jequitinhonha

A região do vale do Jequitinhonha, adjacente à região central mineradora, foi uma das primeiras a ser ocupada nas Minas Gerais. Localizada na porção nordeste da capitania, na divisa com a Bahia, tem uma história que remonta às primeiras Entradas e às descobertas de ouro e as pedras preciosas. Por meio das bandeiras seiscentistas, descobriu-se ouro na região do córrego do Tripuí, hoje Ouro Preto.[67] A partir de então, deu-se início à efetiva ocupação do interior da colônia. Esta ocupação, iniciada no séc. XVII e continuada durante todo o séc. XVIII, teve como principais vetores econômicos a extração mineral (na sua variante legal, a mineração; e na ilegal, o garimpo)[68] e a pecuária, atividade muito significativa quando permanente, que lenta mas constantemente ocupava os vales fluviais. A área central da Capitania e a região do Vale do Jequitinhonha, notadamente o Alto Jequitinhonha, passaram a partir de então a constituir importantes áreas de atração de população. Tudo isso viria estimular a urbanização *vis-à-vis* o desenvolvimento de uma economia gradativamente voltada para o mercado interno[69].

> Nenhuma atividade econômica teve (...) maior influência na criação e no desenvolvimento das cidades do interior e, portanto, na produção do fenômeno urbano do que a indústria mineradora, não só na região das "minas gerais", como, pelas suas repercussões, sobre o centro comercial e político que deslocou para o Rio de Janeiro (FERNANDES, 1975, p. 144).

Os caminhos para as Minas, importantes elos com a rede urbana em formação, inicialmente trilhados pelas bandeiras e posteriormente muito utilizados quando da mineração, resumiam-se a três: o de São Paulo (caminho velho); o do Rio de Janeiro (caminho novo); e o da Bahia, também antigo e que apresentava duas variantes, uma pelo Vale do São Francisco e outra pelo rio Gavião em direção ao atual município de Rio Pardo[70].

O surgimento de uma rede de lugares urbanos na região central de Minas, que se alongou até o Alto Vale do Jequitinhonha, vinculou-se, de outra parte, à necessidade de um controle mais efetivo das áreas mineradoras[71].

> Ao contrário do que se dá na agricultura e em outras atividades da Colônia, a mineração foi submetida desde o início a um regime especial de minuciosa e rigorosa disciplina (PRADO JÚNIOR, 1973, p. 174).

Isso levou à criação de 16 vilas e do Distrito Diamantino durante o período colonial, sendo 14 ainda no século XVIII. Convém notar que a relevância do povoado na rede pode não estar diretamente relacionada à sua posição na hierarquia jurídico-administrativa existente, embora esta posição seja um indicador da sua maior complexidade no que se refere aos serviços administrativos. Assim, o Tejuco (Diamantina), premido pelo Regimento da Demarcação Diamantina, continuou arraial durante todo o período colonial, sendo elevado a vila em 1831. "Com a criação do Distrito Diamantino, o Tejuco continuou arraial, e o Serro foi uma espécie de capital daquela área" (DE PAULA, 1988, p. 56-57).

A finalidade das vilas era fundamentalmente impor ordem à desordem existente em diversos povoados e, naturalmente, recolher os tributos. Duas localidades foram de importância estratégica nesse sentido: Ouro Preto, na região central, e Serro, a nordeste (nas cabeceiras do rio Araçuaí). Ambas surgiram no período compreendido entre o fim do séc. XVII e início do XVIII como fruto da busca por minerais preciosos. Vila Rica, atual Ouro Preto, foi uma das três primeiras vilas criadas nas Minas Gerais no ano de 1711. As outras duas seriam a do Ribeirão do Carmo, atual Mariana, única "cidade" mineira do período colonial, e a Vila Real de Nossa Senhora da Conceição de Sabará, hoje Sabará. Mais próxima do Rio de Janeiro, Vila Rica, cujo crescimento tornara-se muito expressivo, viria se tornar capital da Capitania em 1721 (DE PAULA, 1988, p. 55-65; COSTA, 1970, p. 16-21).

Serro, por outro lado (elevado à Vila do Príncipe e cabeça de Comarca em 1714)[72], localizada na Serra do Espinhaço, no Alto Vale do Jequitinhonha, tinha o seu acesso dificultado pelo relevo movimentado e grande distância em relação à região central da Capitania. A dificuldade de integração com o centro das Minas também associava-se ao interesse único da Coroa portuguesa na exploração de forma predatória, sem cogitar da criação de estruturas capazes de sustentar posteriormente um desenvolvimento socioeconômico mais consistente. Ao contrário, a manutenção de redes de acesso precárias e a obscuridade das rotas e da estrutura interna da região dos diamantes pareciam encontrar na política da metrópole todo o apoio.

Contudo, apesar dessas adversidades, surgiram alguns núcleos populacionais de importância. A estruturação de uma rede de lugares no alto vale do rio Jequitinhonha, que se configurava como periférica à da região central, veio se mostrar bem articulada internamente e integrada a outras localidades de fora da região. As trocas comerciais entre as localidades e o litoral, extremamente lucrativas para os tropeiros e comerciantes, mantiveram-se, a despeito das interdições da Metrópole. A Coroa entendia, por razões óbvias, ser o comércio um dos principais meios nos quais se processava o contrabando. Mas a persistência do comércio relacionava-se aos preços alcançados pelos produtos na região das Minas, muito superiores aos praticados nas outras áreas da Colônia, tendo no ouro em pó a sua moeda corrente.

A historiografia mineira contesta estudos anteriores que difundiram a ideia de falta de dinamismo próprio na região mineradora, na ausência do ouro e diamantes. Hoje sabe-se que apesar da importância dessas riquezas para a estruturação do Vale do Jequitinhonha, não seria possível compreendê-lo sem levar em consideração a agricultura e a pecuária, inicialmente voltadas para a subsistência, mas posteriormente engajadas num circuito comercial que visava ao mercado interno e mesmo ao externo ao Vale.

Apesar das grandes dificuldades impostas pelo meio geográfico, como o relevo, as duras condições climáticas e as de natureza econômico-social, a região conseguiu estruturar-se em uma rede de lugares relevante no contexto da Capitania. Esta rede, em grande medida ainda presente na atualidade, sofreu ao longo da história significativas mudanças. Algumas localidades, inicialmente importantes, hoje são apenas coadjuvantes na rede urbana; outras surgiram ou ressurgiram mais recentemente, envolvidas em distintas dinâmicas econômicas, como a pecuária, o café, a aguardente e até mesmo o turismo; algumas no entanto permaneceram em lugar de destaque durante toda a história da região, embora nem sempre tenham se mantido fiéis às mesmas atividades econômicas predominantes quando do seu surgimento.[73]

A rede de lugares da região do Jequitinhonha

Aspectos metodológicos

A análise subsequente foi empreendida a partir de consultas a documentos e mapas históricos tais como: o trabalho de Teophilo Feu (CARVALHO, 1922); o manuscrito de José Joaquim da Rocha de 1781, *Geografia Histórica da Capitania de Minas Gerais*, reeditado na *Coleção Mineiriana* em 1995; as tabelas sobre estimativas populacionais cedidas por Clotilde Paiva (PAIVA, mimeo.,1997); o censo demográfico de 1872; o trabalho de Maria C. S. Martins (Martins, mimeo., 1997); os dicionários histórico-geográfico e toponímico de Barbosa (1971) e Costa (1970); o mapa relativo ao início do século XIX de Carrato (1968); o tratado de geografia descritiva de José J. Silva de 1877, reeditado pela *Coleção Mineiriana* em 1997; outros mapas antigos editados nos séculos XIX e XX, a exemplo de Soares (1925); e sucessivas visitas de reconhecimento de campo feitas à região em estudo.

Trata-se de uma tentativa exploratória de construir cartogramas e mapas temáticos que absorvam informações dispersas em diferentes fontes documentais mediante a utilização de recursos modernos de geoprocessamento. As informações espacializadas visam trazer maior clareza, para os estudiosos e público em geral, sobre importantes fatos geoeconômicos que pertencem à história da formação de nossa rede de lugares. Por essa razão, privilegia-se sempre a inserção dos nomes dos povoados e lugares urbanos nos cartogramas segundo a denominação atual, deixando as denominações antigas em quadro anexo (Apêndice 1), da mesma forma que se utiliza simplificadamente de segmentos de reta como recurso para mostrar tão somente as articulações entre as localidades, como se representassem a estrutura de caminhos da região.

A consulta a documentos relativos à história administrativa de Minas foi útil para o conhecimento da hierarquização existente entre as localidades. Ao se adicionar a verificação de trilhas, caminhos e estradas existentes, no período em análise, foi possível estabelecer, por dedução, as categorias de lugares urbanos mais e menos importantes, constantes das legendas das Figuras 3.1, 3.2 e 3.3.

A definição de lugar de características urbanas foi, sem dúvida, uma das mais difíceis, em face não só das definições oficiais de Cidade e Vila, inadequadas à realidade dos fatos urbanos em Minas Gerais, mas também dos casos obscuros em que determinados povoados e arraiais situavam-se na condição de distritos, freguesias e termos sem contar, todavia, com o mínimo de equipamentos que pudessem qualificar uma localidade urbana. A justificativa mais detalhada da presença de cada uma das localidades na rede aqui comparece em outros trabalhos de pesquisa.[74] Resumidamente, os lugares urbanos envolvem a presença de: casario aglomerado em pequena área física; arruamento (ainda que mínimo); equipamentos relacionados à gestão territorial (como instituições administrativas, coletorias, postos de vigilância); comércio de mercadorias e eventuais sistemas de transportes. A consulta à rede de caminhos foi o recurso utilizado para a dissolução de algumas dúvidas com relação à definição e hierarquia desses lugares.

Com relação ao tamanho das populações, as consultas aos dados de Clotilde Paiva e aos do censo de 1872 foram relevantes como meio de se estabelecer a hierarquia dos pontos da rede. Todavia, cabe salientar que tais populações eram pouco expressivas ao se considerar os tamanhos populacionais de nossas cidades na atualidade. Examinar essa questão com os olhos da época é sempre um desafio, para não se incorrer em anacronismo. Convém notar que a definição do IBGE de lugar urbano é suscetível de controvérsias. Uma referência dos estudiosos sobre o assunto, a *Enciclopédia dos Municípios de 1958*, por exemplo, define como urbanas as localidades que reúnem mais de 500 pessoas residindo nas sedes municipais.

A formação e desenvolvimento da rede de lugares do nordeste mineiro

Os lugares mais importantes do Vale do Jequitinhonha que vieram se consolidar no século XVIII (ver Figura 3.1) foram: Serro, Cabeça da Comarca do Serro Frio em 1720 (CARVALHO,1922, p. 21-58); Diamantina (antigo Tijuco, arraial pertencente à Vila do Príncipe e elevado a vila em 1831), primeiro local onde foram descobertos diamantes, centro administrativo da Intendência dos Diamantes da Demarcação Diamantina (SANTOS,1976, p. 45-57; BARBOSA,1971, p. 162-63); e Minas Novas, arraial elevado à vila em 1729, judicialmente pertencente à Comarca do Serro Frio, mas administrativa e militarmente fazendo parte da Comarca da Bahia até 1757.[75] Esses três lugares constituíram os principais pontos da rede protourbana que se esboçava, quer pelo caráter administrativo que possuíam, quer pela expressão das suas lavras minerais, quer pelo significativo contingente populacional que se utilizava de tais localidades como referência comercial e de abastecimento.

Araçuaí, Berilo, Itacambira e Rio Pardo podem ser considerados como núcleos de povoamento de menor importância, embora funcionassem como pontos de ligação da rede com áreas mais distantes, internas ou externas ao Vale do Jequitinhonha. Berilo, um dos arraiais que surgiu nas proximidades de Minas Novas, "prosperou e foi elevado à freguesia" (BARBOSA, 1971, p. 70). Itacambira, situada numa região de ocupação antiga, cujo processo de exploração mineral iniciou-se por volta de 1698 (BARBOSA, 1971, p. 224-25), era um dos principais pontos das rotas do comércio regional e inter-regional. Ligava-se ao registro de Inhacica, por onde passavam pessoas e mercadorias vindas de povoações da margem direita do rio São Francisco (CHAVES, 1995, p. 117). Rio Pardo, freguesia criada em 1740, tornou-se próspera (BARBOSA, 1971, p. 409-10), servindo como importante ponto de ligação entre o vale do Jequitinhonha e o sertão baiano (ROCHA, 1995; CARRATO, 1968).

A Figura 3.1 explicita ainda a importância de três articulações que integravam a rede urbana em formação: a que ligava Diamantina e Serro com o centro de Minas; a que ligava Diamantina e Itacambira, e daí com o vale do São Francisco; e a que ligava Rio Pardo com o São Francisco (já na Bahia) e o sertão baiano pelas bacias dos rios Pardo e Gavião. Até 1730, das nove vilas criadas em Minas, duas estavam na Comarca do Serro (Serro e Minas Novas).

O número dos "registros" e a circulação de mercadorias indicam uma situação dinâmica em termos de trocas de mercadorias e fluxo de pessoas (CHAVES, 1995; MENESES, 1997; e DE PAULA, 1988). Assim, a materialização de uma rede protourbana associada ao extrativismo mineral e ao comércio no interior do Espinhaço (Serro, Diamantina, Itacambira, Minas Novas, Berilo e Rio Pardo) constitui uma característica singular que tipifica a região do Jequitinhonha à época. As dificuldades naturais de acesso, acrescidas às restrições impostas pela Demarcação Diamantina, não foram capazes de impedir o surgimento de um comércio significativo, que alicerçado na atividade mineradora começou a estruturar a rede de lugares urbanos que se articulavam à região central da Capitania.

A frente baiana, a rede de caminhos e a rede protourbana

A presença baiana no Jequitinhonha, desde o século XVIII, se comprova por evidências tais como: a) participação expressiva de baianos na guerra dos Emboabas, cujo palco de conflitos estendeu-se por diversas áreas das "Minas Gerais"; b) a existência de caminhos naturais, de fácil circulação (vales fluviais amplos), que ligavam diferentes localidades do Jequitinhonha à parte baiana dos vales dos rios Pardo, Jequitinhonha e São Francisco; c) maior antiguidade da economia baiana e consequente influência sobre conhecimentos dos territórios (incluindo o sertão e as áreas de matas ocupadas por tribos indígenas) e sobre atividades necessárias à sobrevivência (pecuária, agricultura e extrativismo) em áreas inóspitas da Colônia.

Os obstáculos à penetração das frentes de ocupação, vale dizer, eram de diversos tipos. Certamente a presença da mata Atlântica existente na Bahia e em áreas mineiras foi um deles. Inicialmente as áreas escolhidas para a criação do gado eram os campos, naturalmente mais "limpos", como em algumas regiões no vale do São Francisco. No sertão baiano, a carência de rios perenes que pudessem garantir o suprimento de água e o relevo constituído pelo Complexo do Espinhaço foram outros óbices dignos de nota. A precariedades das comunicações e os conflitos entre brancos e índios[76] pontuavam os amplos espaços de penetração e articulação entre o vale do Jequitinhonha, o centro mineiro e o sul-sudeste da Bahia. A favor da ocupação da região do Jequitinhonha e da penetração baiana pesou a condição de perenidade de seus rios, se comparados aos da Bahia.

A rede de caminhos que veio se estruturar ao longo dos vales fluviais foi, sem dúvida, um dos principais fatores que permitiriam a expansão da pecuária originária do Nordeste. Rios como o Jequitinhonha e o Pardo eram amplamente utilizados como vias de acesso do gado para o nordeste de Minas (ver Figura 3.1). Convém observar que esses caminhos eram ainda incipientes, não carroçáveis, apenas para uso de pessoas e animais (gado bovino, asininos e muares). Todavia, sua utilização em termos de comércio interno e externo tornar-se-ia frequente, como demonstram recentes estudos relativos a abastecimento, pautados nas pesquisas sobre "registros" e postos fiscais.[77]

Além disso, convém ressaltar que o contrabando, responsável pela abertura de caminhos das Minas para outras regiões da Capitania, processava-se de maneira intensa pelos rios navegáveis, em face da maior dificuldade de fiscalização. Entre essas dificuldades é possível destacar aquelas que se relacionam ao silêncio desse tipo de transporte, bem como à rapidez e pouca necessidade de víveres para se fazer a jornada (que podia ser executada por apenas duas ou três pessoas comandando uma canoa). Embora o estabelecimento de quartéis às margens desses cursos d'água pudesse ser relativamente eficiente (sendo levada a cabo a partir do século XIX), sua construção e funcionamento era uma tarefa desafiadora devido às distâncias dos centros de abastecimento e à obscuridade dos acessos. Em que pese todos esses aspectos, o estabelecimento desses quartéis e a posterior liberação da navegação do rio Jequitinhonha foram importantes vetores de ocupação da área e disseminação de núcleos de povoamento. Na primeira metade do século XIX, a expansão de localidades com características urbanas (Figura 3.2) associa-se primordialmente à consolidação de pequenos núcleos garimpeiros, que começaram a surgir ainda no século XVIII.

As proibições do Regimento Diamantino eram severas, e a perseguição aos garimpeiros dentro das áreas da "Demarcação" imprimia à atividade grandes riscos. Some-se a esses fatores, a relativa carência de ouro e diamantes, que começou a se esboçar na segunda metade do século e que tornou ainda mais penoso e ingrato o trabalho nas lavras. A procura de outras áreas, distantes dos lugares mais fiscalizados ou mesmo fora da área demarcada, resultou num movimento de parte da população, concentrada no alto vale do Jequitinhonha, em direção a outras áreas, notadamente aquelas localizadas nas proximidades de Minas Novas[78], no médio Jequitinhonha e mais distante da fiscalização. Alguns dos pequenos aglomerados que surgiram em sequência, após conquistarem maior consistência populacional e urbana, passaram a integrar a rede que começou a se esboçar no século XVIII. Com o relaxamento do Regimento Diamantino, esses povoados integraram-se mais facilmente à rede de lugares que emergia. O comércio, que vinha se consolidando durante o século XVIII, passa a representar no século XIX uma importante atividade econômica. Os lugares urbanos surgidos dessa expansão espacial terão, portanto, na atividade comercial um importante complemento à mineração e ao garimpo. O abastecimento interno, em grande parte suprido pelos produtores da região desde meados do século XVIII, imprime um significativo movimento aos caminhos existentes, forçando a abertura de novas rotas.

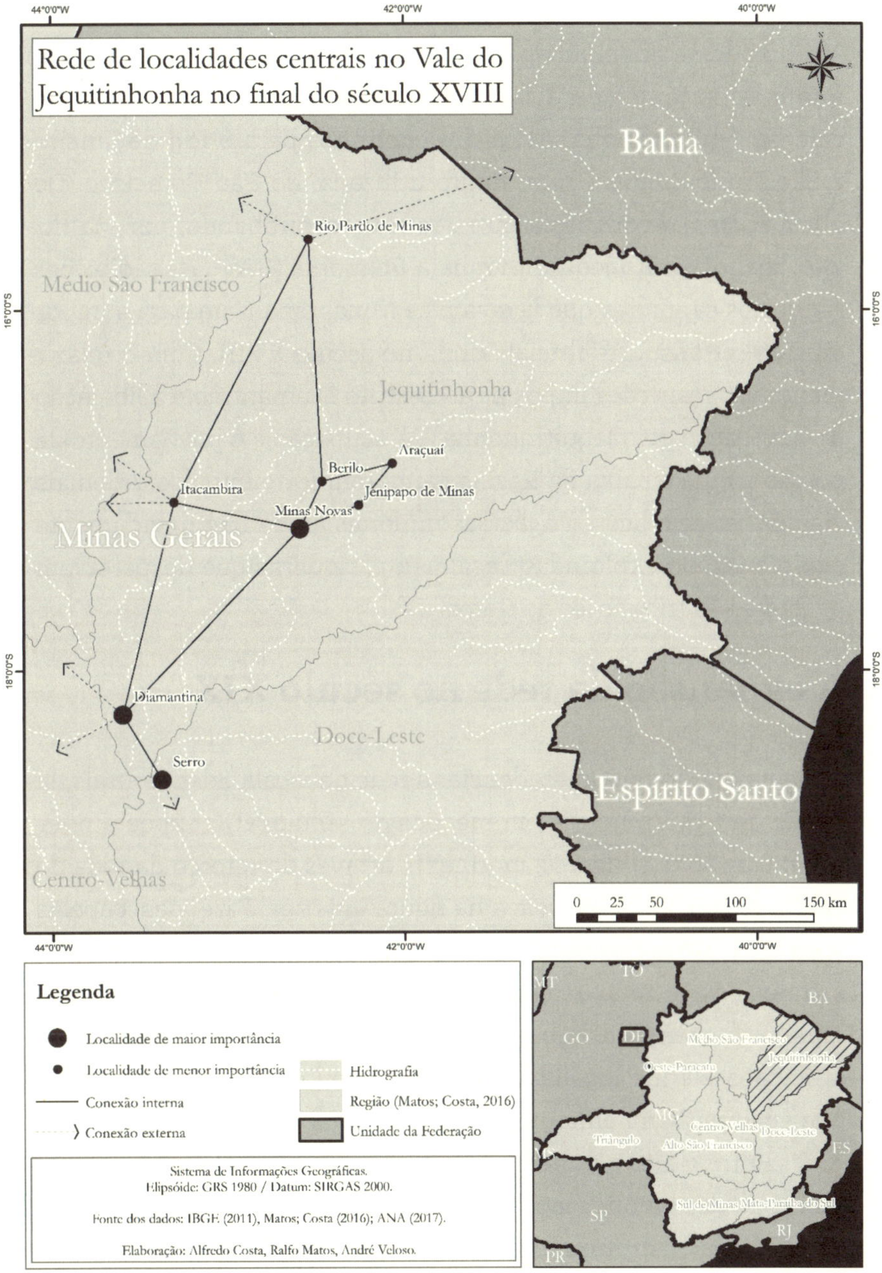

Figura 3.1: Rede de localidades principais no vale do Jequitinhonha no final do século XVIII

Pode-se concluir que, de fato, o comércio e o contrabando foram importantes para a indicação dos vetores de ocupação no vale do Jequitinhonha. Além dos caminhos para o Rio de Janeiro e São Paulo, havia a rota, muito utilizada, do São Francisco. De outra parte, se constituía outra rota de contrabando, por via fluvial, ligando o alto Jequitinhonha a Belmonte (BA)[79]. As proibições régias dos caminhos que levavam às Minas sinalizam para a importância do transporte fluvial, ainda no século XVIII. Com o relaxamento das restrições impostas ao Distrito Diamantino e a liberação da navegação pelo Jequitinhonha[80], a ocupação e o povoamento da porção média e baixa da Região ganharam forte impulso. Ademais, viabilizava-se o acesso a jazidas minerais ainda não devidamente exploradas, ou exploradas ilegalmente, riquezas que despertavam os interesses tributários da Coroa.

A expansão da rede no século XIX

A Figura 3.2, ao buscar evidenciar a rede de localidades centrais da região do Jequitinhonha em meados do século XIX, expõe a notável expansão dos lugares, mormente através do reforço da rede de caminhos que já se esboçava na figura anterior. Fazendas, capelas e povoados já existentes no século XVIII, localizados em pontos estratégicos da rede de caminhos, ganharam desenvoltura e assumiram características urbanas.[81]Além disso, ganhavam expressão as articulações entre localidades postadas ao longo do rio Jequitinhonha em direção à Belmonte, foz do rio no sul da Bahia.

Entre o alto e o médio Jequitinhonha, várias localidades vieram a se desenvolver ao longo do caminho entre Diamantina e Minas Novas, estruturando um subconjunto de localidades nas proximidades da confluência do rio Jequitinhonha com o rio Araçuaí, no médio curso do Jequitinhonha. Entre estes núcleos, considerados de primeira ordem, emergiam: Nossa Senhora da Penha, Itamarandiba, Turmalina e Chapada do Norte, todos tendo na mineração sua principal atividade econômica. No alto Jequitinhonha, Diamantina, Serro e Gouvêa se destacavam, deixando Milho Verde em posição secundária, juntamente com Datas.

Além desses lugares, outros surgiam e/ou se afirmavam na porção norte do vale do Jequitinhonha, embora Rio Pardo e Grão Mogol ainda mantivessem maior expressão demográfica que Salinas e Itacambira. No médio-baixo Jequitinhonha, Araçuaí, Jequitinhonha e Salto da Divisa (nomes atuais) já exibiam uma posição importante na rede urbana de meados do século XIX, não obstante a precariedade das comunicações por terra. Outros pequenos povoados já existentes, mas não constantes da Figura 3.2, sinalizavam para o sentido da expansão da ocupação territorial que viria, pouco depois, reorientar a rede de localidades centrais dessa porção regional. Exemplos dignos de nota são, certamente, os povoados de Pedra Azul, Águas Vermelhas, São João do Paraíso, Medina e Comercinho, já entrecortados de velhos caminhos ligados à Bahia, de onde vinham migrantes (especialmente de Vitória da Conquista e arredores) à procura de terras adequadas à agropecuária (algodão, cana e pecuária), conforme sugere o mapa de Rocha (1995).

A sul do médio-baixo Jequitinhonha, a presença de grandes extensões de florestas da Mata Atlântica, onde se localizavam tribos indígenas, constituía ainda um obstáculo de difícil transposição, conquanto já existissem incursões ocupacionais que viriam, a partir da segunda metade do século XIX, desalojar os indígenas, liquidar com a floresta e estender a rede urbana em direção ao que se esboçava ser, em breve, Philadelphia, atual Teófilo Otoni.

A Figura 3.3 exibe a conformação mais provável do que deve ter sido a rede urbana da região em fins do século XIX, momento em que o declínio regional já se iniciara, lado a lado com o declínio da ainda província de Minas Gerais. De todo o modo, a consolidação da densificação da rede de localidades na região fora importante, apesar de variar com a dinâmica oscilante das relações econômicas que vieram caracterizar as novas áreas incorporadas à rede.

No médio e baixo Jequitinhonha foi notável a expansão da pecuária a partir da instalação de fazendas por baianos, portugueses e mineiros, os quais beneficiaram-se de condições naturais favoráveis à formação de pastagens e expansão da pecuária de corte, além da presença de um comércio dinâmico ao longo do rio Jequitinhonha e da proximidade com o tradicional mercado de consumo baiano.

Figura 3.2: Rede de localidades centrais no vale de Jequitinhonha em meados do século XIX

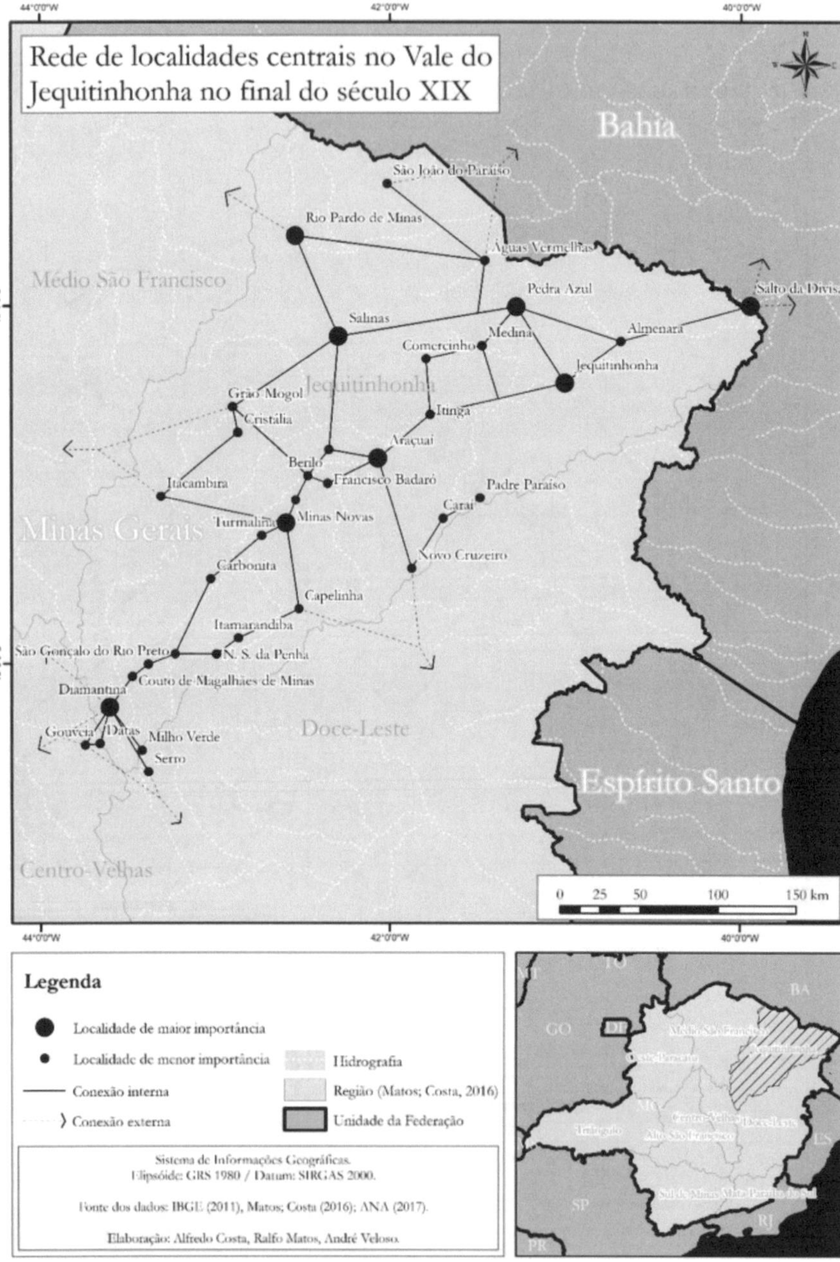

Figura 3.3: Rede de localidades urbanas no vale do Jequitinhonha no final do século XIX

Nesse sentido, Araçuaí, Jequitinhonha, Pedra Azul e Salto da Divisa comparecem na rede de lugares como áreas de importância estratégica, em face da função que passaram a desempenhar na pecuária de corte e no florescente comércio entre Minas e Bahia envolvendo gêneros alimentícios e tecidos, entre outros produtos.

Mais ao norte, o caminho que unia Rio Pardo, Salinas e Virgem da Lapa ao resto da rede surgia outro eixo estruturador articulado a Araçuaí e Minas Novas, favorecendo a consolidação destes lugares como nódulos de expressão econômico-espacial, por onde circulavam pessoas e mercadorias.[82] De outra parte, Grão Mogol e Cristália perdiam expressão, enquanto Itacambira caminhava para a mesma tendência, provavelmente devido aos acessos difíceis a estas localidades e à posição deslocada em relação aos eixos de circulação mais dinâmicos que surgiam.

Ao sul, evoluíam as articulações com os vales dos rios Doce e Mucuri, como resultado de processos econômicos de ocupação do leste mineiro. Os empreendimentos centralizados em Philadelphia e o avanço da criação de gado[83] foram decisivos para a articulação entre tais regiões naturais. Isto permitiria, mais tarde, no século XX, a materialização do caminho que viria sediar importante trecho da Rio-Bahia e a afirmação de Teófilo Otoni como centro urbano que polarizaria várias das localidades do médio e baixo Jequitinhonha. Embora a Figura 3.3 só mostre parcialmente os caminhos entre Novo Cruzeiro, Padre Paraíso, Araçuaí e Teófilo Otoni, cabe ressaltar que este seria um dos vetores que produziriam a articulação entre as redes de lugares das respectivas regiões, durante boa parte do século XX.

Conclusão

Este trabalho constitui um esforço exploratório de apresentar a rede de lugares urbanos da Região do Jequitinhonha, procurando salientar a sua importância no interior da economia mineira entre os séculos XVIII e XIX.

Foi necessário identificar as mudanças mais importantes que vieram impactar o processo de urbanização, além de mostrar suas articulações com os desdobramentos derivados da mineração, comércio e, paralelamente, com os fluxos populacionais originários da Bahia. O garimpo, a agropecuária e o comércio, fatores constitutivos da estrutura socioespacial, forçaram a materialização de caminhos terrestres e fluviais, que permitiriam introduzir maior vitalidade a rede de lugares do Jequitinhonha. Assim, atenção especial foi dada aos meios de transportes, pondo em relevo as limitações técnicas e as alternativas que se afiguravam na ocupação territorial, as quais foram desenhando, por assim dizer, o que viria a ser a estrutura da rede de localidades centrais da região.

Dessa forma, foi essencial assinalar os principais vetores da ocupação regional, sublinhando sua importância nos três momentos analisados no período. Os nexos de causalidade derivados dos arranjos institucionais protagonizados pela Coroa e população da área definida como "Demarcação Diamantina" resultaram em um movimento relevante de interiorização rumo ao baixo vale do Jequitinhonha. Introduzia-se com isso novas frentes minerárias de expansão, emoldurando paisagens urbanas típicas da região das minas nos séculos XVIII e XIX. Embora periférica à rede de cidades do centro de Minas, suas características singulares foram, e ainda o são em boa medida, capazes de realçar a identidade regional, diante da importância histórica da extração de diamantes e pedras preciosas, das articulações e trocas populacionais com a Bahia e da trajetória da agropecuária, no médio e baixo curso do vale. A pecuária extensiva contribuiu fortemente para a devastação da Mata Atlântica, eliminação de tribos indígenas anteriormente existentes e mudança das condições climáticas e ambientais do médio e baixo vale.

Finalmente, cabe observar que as estruturas espaciais uma vez delineadas ganham características inerciais que geralmente resistem ao tempo, não obstante as mudanças que vão recobrindo a vida de relações dos lugares e populações locais. Assim, ainda hoje é perfeitamente possível visualizar a importância da rede de lugares que se desenvolveu no passado. Quaisquer alternativas de solução para o quadro de pobreza, que qualifica o vale do Jequitinhonha, certamente deverão ter em conta a riqueza de seu processo de formação histórica.

REFERÊNCIAS

AMORIM FILHO, O. B.; TAITSON BUENO, M. E. & ABREU, J. F. Cidades de porte médio e o programa de ações sócio-educativo-culturais para as populações carentes do meio urbano em Minas Gerais. *In*: **Boletim de Geografia Teorética**. Rio Claro: AGETEIO, 1982, p. 33-46.

ANTONIL, A. J. **Cultura e Opulência do Brasil, por suas drogas e minas (Lisboa, 1711).** Rio de Janeiro: s. ed., 1839.

AVELLAR, H. A. **História administrativa e econômica do Brasil.** Rio de Janeiro: MEC/FENAME, 1970.

ÁVILA, A. (Coordenação e redação definitiva). **Minas Gerais: monumentos históricos e artísticos – Circuito do Diamante**. Coleção Mineiriana. Série Municípios e Regiões. Revista Barroco, nº 16. Fundação João Pinheiro. Belo Horizonte: Centro de Estudos Históricos e Culturais, 1994.

AZEVEDO, A. Vilas e Cidades do Brasil Colonial (Ensaio de geografia retrospectiva). *In*: **Revista Terra Livre**. Nº 10. São Paulo: AGB. 1994.

AZEVEDO, A. (org.) **Brasil: a terra e o homem**. Vol. II. A Vida Humana. São Paulo: Companhia Editora Nacional/Editora da Universidade de São Paulo, 1970.

AZEVEDO, ANTÔNIO C. A. **Dicionários de nomes, termos e conceitos históricos.** 2. ed. Rio de Janeiro: Nova Fronteira, 1997.

BARBOSA, W. A. **Dicionário Histórico-Geográfico de Minas Gerais**. Belo Horizonte: 1971.

BOTELHO, T. R. & PAIVA, C. A. População e Espaço no Século XIX Mineiro: algumas evidências de dinâmicas diferenciadas. *In*: **Anais do VII Seminário sobre a Economia Mineira. (Diamantina, MG).** Vol. l. Belo Horizonte: CEDEPLAR/UFMG, 1995.

CARRATO, J. F. **Igreja, Iluminismo e Escolas Mineiras Coloniais: notas sobre a cultura da decadência mineira setecentista**. São Paulo: Cia. Editora Nacional/EDUSP, 1968.

CARVALHO, T. F. **Comarcas e Termos: creações, supressões, restaurações, encorporações e desmembramentos de comarcas e termos, em Minas Gerais (1709 – 1915)**. Censo Demográfico de Minas Gerais de 1872. Belo Horizonte: Imprensa Oficial, 1922.

CHAVES, C. M. G. **Perfeitos Negociantes: Mercadores das Minas Setecentistas**. Belo Horizonte: 1995. Dissertação apresentada ao Curso de Mestrado na FAFICH/UFMG. Área de concentração: História das Relações Sociais de Dominação.

CORRÊA, R. L. Os Estudos das Redes Urbanas no Brasil até 1965. *In*: **Simpósio de Geografia Urbana**. Buenos Aires, Argentina. jun./ 1966. Publicação nº 274 do Instituto Pan-Americano de Geografia e História. Rio de Janeiro: 1968

COSTA, J. R. **Toponímia de Minas Gerais – Com estudo histórico da divisão territorial administrativa**. Belo Horizonte: Imprensa Oficial do Estado, 1970.

COUTO, J. V. **Memória sobre a Capitania das Minas Gerais; seu território, clima e produções metálicas (1799)**. Coleção Mineiriana. Série Clássicos. Belo Horizonte: Fundação João Pinheiro; Centro de Estudos Históricos e Culturais, 1994.

DE PAULA, J. A. **O Prometeu no Sertão: Economia e Sociedade das Minas dos Matos Gerais**. São Paulo: 1988. Tese de doutoramento apresentada à FAFICH da USP.

DIAS, L. C. Redes: emergência e organização. *In*: CASTRO, I. E.; GOMES, P. C. C. & CORRÊA, R. L. **Geografia: conceitos e temas**. Rio de Janeiro: Bertrand Brasil, 1995.

FERNANDES, F. (Org.). **Comunidade e sociedade no Brasil: Leituras básicas de introdução ao estudo macro-sociológico do Brasil**. 2. ed. São Paulo: Editora Nacional, 1975.

FERREIRA, J. P. (Planejamento e orientação). **Enciclopédia dos Municípios Brasileiros**. Rio de Janeiro: IBGE, 1957.

FRIEIRO, E. **Feijão, angu e couve: ensaio sobre a comida dos mineiros**. Belo Horizonte: Centro de Estudos Mineiros; Imprensa da UFMG, 1966.

VÁRIOS. **Vale do Jequitinhonha – Diagnóstico preliminar**. Belo Horizonte: Fundação João Pinheiro; CODEVALE, 1975.

GARDNER, G. **Viagem ao interior do Brasil, principalmente nas províncias do Norte e nos distritos do ouro e do diamante durante os anos de 1836-1841**. Coleção: Reconquista do Brasil. (Trad. Milton Amado). Belo Horizonte: Editora Itatiaia; São Paulo: Editora da Universidade de São Paulo, 1975.

GEIGER, P. P. **Evolução da Rede Urbana Brasileira**. Rio de Janeiro: Instituto Nacional de Estudos Pedagógicos – MEC, 1963.

GUIMARÃES, A. P. (Orientação). **Vale do Médio Jequitinhonha.** Publicação do Grupo de Trabalho para a Pecuária. Belo Horizonte: 1960.

HOLANDA, S. B. & CAMPOS, P. M. (Direção). **História Geral da Civilização Brasileira**. Tomo I. Do descobrimento à expansão territorial. V. 1. Administração, Economia e Sociedade. Vol. 2º. São Paulo: Difusão Européia do Livro, 1973.

IGLÉSIAS, F. Periodização da História de Minas Gerais. *In*: **Revista Brasileira de Estudos Políticos**. V. 29. Belo Horizonte: jul. 1970.

JACOB, R. (Org.). **Collectanea de Scientistas Extrangeiro (Assumptos Mineiros).** Vol. II. Tomo I. (Trad. Rodolpho Jacob). Belo Horizonte: Imprensa Official de Minas Gerais, 1930.

LOPES, M. A. A **memória** das tropas: recordações de tropeiros. *In*: **Cadernos da FAFIDIA**. Ano II. Nº 2. Vol. 1. Diamantina: jun./jul., 1993.

MARTINS, A. L. Breve História dos Garimpos de Ouro no Brasil. *In*: ROCHA, G. A. (Org.). **Em busca do ouro: Garimpos e garimpeiros no Brasil.** Rio de Janeiro: Editora Marco Zero, 1984.

MARTINS, M. L. Mineração, agricultura e degradação ambiental em Minas Gerais nos séculos XVIII e XIX. *In*: **Cadernos da FAFIDIA**. Ano II. Nº 2. Vol. 1. Diamantina: jun./jul., 1993.

MARTINS, M. C. S. & PAIVA, C. A. População de Minas Gerais no século XIX. *In*: MARTINS, Roberto Borges & MARTINS, Maria C. S. **Novos estudos sobre a escravidão em Minas Gerais**. Relatório de Pesquisa apresentado à FINEP, 1985.

MARTINS, M. C. S. **Tabelas sobre a divisão administrativa municipal de Minas Gerais**. *In*: MARTINS, mimeo.,1997.

MATOS, R. **Aspectos econômicos e retrospecto histórico das migrações em Minas Gerais**. *In*: Anais do VII Seminário sobre a Economia Mineira (Diamantina, MG). Vol. 1. Belo Horizonte: CEDEPLAR/UFMG, 1995.

MATOS, Ralfo; COSTA, Alfredo. **Por uma regionalização da Minas Oitocentista**. Revista GEOgrafias. Vol. 1. Belo Horizonte: 2016, p. 114-136.

MELO, H. P. **Ferrovias e café: Rio de Janeiro e Minas Gerais 1850/ 1910**. *In*: Anais do VII Seminário sobre a Economia Mineira (Diamantina, MG). V. 1. Belo Horizonte: CEDEPLAR/UFMG.,1995.

MENESES, J. N. C. **O Continente Rústico: o abastecimento alimentar na Comarca do Serro Frio, 1750-1810**. Belo Horizonte: jun. 1997. Dissertação de Mestrado em História apresentada ao curso de Pós-Graduação em História da FAFICH/UFMG.

PAIVA, C. A. **População e economia nas Minas Gerais do século XIX**. São Paulo: 1996. Tese de doutorado. FAFICH/USP.

PAIVA, Clotilde Andrade. **Tabelas sobre estimativas populacionais**. *In*: PAIVA, mimeo., 1997.

PEREIRA, W. **Cana, café & laranja – História econômica de Nova Iguaçu**. Rio de Janeiro: Fundação Getúlio Vargas/SEEC, 1977.

PETRONE, P. Povoamento e colonização. *In*: Azevedo, A. (Org.). **Brasil: a terra e o homem**. V. II. São Paulo: Companhia Editora Nacional/Editora da Universidade de São Paulo, 1970.

PRADO JÚNIOR, C. **Formação do Brasil Contemporâneo**. 13. ed. São Paulo: Brasiliense, 1973.

RAISON, J. P. **Migração**. *In*: Enciclopédia Einaudi. Vol. 8. Região. Porto, Portugal: Imprensa Nacional/Casa da Moeda, 1986.

RESENDE, M. E. L. & MORAES, A. M. **Atlas Histórico do Brasil**. Belo Horizonte: Editora Vigília, 1987.

ROCHA, J. J. **Geografia Histórica da Capitania de Minas Gerais (1781).** Coleção Mineiriana. Belo Horizonte: Fundação João Pinheiro, 1995.

SAINT-HILAIRE, A. **Viagem pelas Províncias do Rio de Janeiro e Minas Gerais**. (Trad. Vivaldi Moreira). Coleção: Reconquista do Brasil. V. 4. Belo Horizonte: Editora Itatiaia; São Paulo: Editora da Universidade de São Paulo, 1975.

SALOMÃO, E. P. O Ofício e a Condição de Garimpar. *In*: ROCHA, G.A. (Org.). **Em busca do ouro: Garimpos e garimpeiros no Brasil**. Rio de Janeiro: Editora Marco Zero, 1984.

SAMPAIO, T. **O rio de São Francisco e a Chapada Diamantina**. Coleção de Estudos Brasileiros; Autores Nacionais. Série 1ª. V.1. Bahia: Editora Cruzeiro, 1938.

SANTIAGO, L. & SOUZA, M. G. C. **Pedra Azul: cinco visões de uma cidade**. Pedra Azul: Prefeitura Municipal de Pedra Azul/Jornal Boca das Caatingas/FUMARC, 1996.

SANTOS, J. F. **Memórias do Distrito Diamantino da Comarca do Serro Frio**. Coleção Reconquista do Brasil. Belo Horizonte: Editora Itatiaia; São Paulo: Editora da Universidade de São Paulo, 1976.

SCLIAR, C. **Potencial Mineral do Alto Jequitinhonha**. *In*: Cadernos da FAFIDIA. Ano I. Nº 1. Vol. 1. Diamantina: out. 1992.

SILVA, J. **Tratado de Geografia descritiva especial da Província de Minas Gerais (1877).** Coleção Mineiriana. Belo Horizonte: Fundação João Pinheiro, 1997.

SILVA, L. V. **Redescobrindo as cidades mineiras oitocentistas**. *In*: Anais do VII Seminário sobre a Economia Mineira (Diamantina, MG). Vol. 1. Belo Horizonte: CEDEPLAR/UFMG, 1995.

SOARES, J. **Atlas Histórico-Geográfico**. Lisboa, Portugal: 1925.

SOL, O.F. **Salto da Divisa e outras considerações**. Belo Horizonte: s.ed., 1981.

SOUZA, J. M. **Cidade: momentos e processos – Serro e Diamantina na formação do norte mineiro no século XIX**. Belo Horizonte: 1991. Dissertação de Mestrado apresentada ao programa de Pós-Graduação em Sociologia da Faculdade de Filosofia da UFMG.

VASCONCELOS, D. P. R. **Breve descrição geográfica, física e política de Minas Gerais (1807).** Coleção Mineiriana. Série Clássicos. Belo Horizonte: Fundação João Pinheiro/Centro de Estudos Históricos e Culturais, 1994.

VON ESCHWEGE, W.L. **Brasil, Novo Mundo**. (Trad. Domício de Figueiredo Murta). Coleção Mineiriana. Belo Horizonte: Fundação João Pinheiro/Centro de Estudos Históricos e Culturais, 1996.

APÊNDICE 1

Quadro 3: Localidades Centrais da Região do vale do Jequitinhonha – Toponímia e evolução da divisão administrativa

Nome Atual	Nome Anterior	Data de Ocupação	Data de criação ("capela", "curato ", "paróquia"),
Águas Vermelhas	Água Vermelha	Meados Séc. XIX	1863/Rio Pardo
Almenara	São João da Vigia; Vigia	1811	1877 ou 1880/Araçuaí
Araçuaí	Calhau, Santo Antônio do Arassuahy	1830 / 1840	1857 / Minas Novas
Bandeira	Bandeira	Fins Séc. XIX inic. XX	1938/Almenara
Berilo	Água Suja; Conceição da Água Suja; Água Limpa	1ª metade Séc. XVIII	Paróquia 1745 / Freguesia 1778
Botumirim	Serrinha	1ª metade Séc. XVIII	1943/Grão Mogol
Cachoeira de Pajeú	Cachoeiras do Paichu; André Fernandes	Inic Séc. XX	1911/Salinas
Capelinha	Senhora da Graça da Capelinha	1810/1820	1858/Minas Novas
Caraí	São José do Caraí	1894/1900	1911/Araçuaí
Carbonita	Barreiras	Princípio Séc. XIX	1871 / Itamarandiba
Chapada do Norte	Chapada; Santa Cruz da Chapada	1ª metade Séc. XVIII	1823/Minas Novas
Comercinho	Comercinho	Meados Séc. XIX	1877 /Araçuaí
Coronel Murta	Boa Vista do Jequitinhonha; Itaporé	2ª metade Séc. XIX	1923/ Araçuaí
Couto de Magalhães de Minas	Rio Manso	Princípio Séc. XIX	1839/Diamantina
Cristália	Nossa Senhora da Conceição de Extrema	Princípio Séc. XIX	1831/Minas Novas-1880/Grão Mogol
Datas	Ribeirão da Datas	Princípio Séc. XIX	1839/Diamantina
Diamantina	Tijuco ou Tejuco	Princípio Séc. XVIII	1819/Serro
Felício dos Santos	Grota Grande	Séc. XVIII	1953/Diamantina
Felizburgo	Rubim de José Ferreira; Rubim	Inic Séc. XX	1923/Jequitinhonha
Francisco Badaró	Sucuriú	Meados Séc. XVIII	1833-35/Minas Novas
Gouveia	Santo Antônio de Gouveia	1ª metade Séc. XVIII	1873/Diamantina
Grão Mogol	Serrinha; Serra do Grão Mogor; Serra do Santo Antônio de Grão Mogol	Final Séc. XVIII	1840/Montes Claros/muni.vila e distr.
Itacambira	Tucambira; Santo Antônio de Itacambiruçu da Serra de Grão Mogol; Santo Antônio do Itacambira; Santo Antônio do Bom Retiro	Final Séc. XVII-inic. XVIII	1911/Grão Mogol
Itamarandiba	São João Batista; São João Batista de Minas Novas	1765	1862/Diamantina/munic.e vila
Itaobim	São Roque	Séc. XIX	1911/Araçuaí
Itinga	Santo Antônio do Itinga; Itinga	1805	1850/Minas Novas
Jacinto	Barra do Jacinto	Fins Séc. XIX	1938/Almenara
Jequitinhonha	Jequitinhonha; São Miguel da 7ª Divisão	1804	1850/Minas Novas
Joaíma	Bonfim dos Quartéis; Bonfim de Joaíma; Quartéis do Sr.do Bonfim	1ª metade Séc. XIX	1911/Araçuaí
Jordânia	Palestina	Inic Séc. XX	1938/Almenara

Medina	Santa Rita	1824	1877/Araçuaí
Minas Novas	Bom Sucesso; Fanado das Minas Novas; Fanado;	1727	1730/ Bahia (Serro 1757)
Milho Verde	Vila de N.S.ª do Bom Sucesso da Minas Novas do Araçuaí São José do Milho Verde; São Gonçalo do Milho Verde;	Séc. XVIII	1781/capela-1857/paróquia/Serro
Novo Cruzeiro	Nossa Senhora do Prazeres do Milho Verde Gravatá	Fins Séc. XIX inic.XX	1923/Araçuaí
Padre Paraíso	Água Vermelha	Meados Séc. XIX	1948/Caraí
Joaíma	Bonfim dos Quartéis; Bonfim de Joaíma; Quartéis do Sr.do Bonfim	1ª metade Séc. XIX	1911/Araçuaí
Jordânia	Palestina	Inic Séc. XX	1938/Almenara
Medina	Santa Rita	1824	1877/Araçuaí
Minas Novas	Bom Sucesso; Fanado das Minas Novas; Fanado;	1727	1730/ Bahia (Serro 1757)
Milho Verde	Vila de N.S.ª do Bom Sucesso da Minas Novas do Araçuaí São José do Milho Verde; São Gonçalo do Milho Verde;	Séc. XVIII	1781/capela-1857/paróquia/Serro
Novo Cruzeiro	Nossa Senhora do Prazeres do Milho Verde Gravatá	Fins Séc. XIX inic. XX	1923/Araçuaí
Padre Paraíso	Água Vermelha	Meados Séc. XIX	1948/Caraí
Pedra Azul	Fortaleza; Fortaleza da Salinas; Boca da Caatinga; N.S.ª da Conceição da Boca da Caatinga; Catingas	1830	1880/Araçuaí -1911/vila e muni./Salinas
Presidente Kubitschek	Pouso Alto; Pouso Alto de Diamantina; Tijucal	Séc. XVIII	1866/Diamantina
Rio do Prado	Barracão;	1929	1938/Jequitinhonha
Rio Pardo de Minas	Rio Pardo	1740	1833 / vila / Minas Novas
Rubim	União;	2ª metade Séc. XIX	1923/Jequitinhonha
Salinas	Santo Antônio das Salinas	Princípio Séc. XIX-1800	1833-35/Rio Pardo/1880-munic.e vila
Salto da Divisa	Salto Grande; São Sebastião do Salto Grande	1808	1840/Minas Novas
Santa Maria do Salto	Santa Maria do Salto	Inic Séc. XX	1948/Salto da Divisa
Santo Antônio do Jacinto	Santo Antônio	Inic Séc. XX	1948/Jacinto
São Gonçalo do Rio Preto	Felisberto Caldeira	Princípio Séc. XIX	1838/Diamantina
São João do Paraíso	Raposa	Final Séc. XVIII	1891/Rio Pardo
Senador Modestino Gonçalves	Araçuaí; Mercês do Araçuaí; Mercês de Diamantina;	2ª metade Séc. XVIII	1823/Minas Novas-1837/Diamantina
Serro	Nossa Senhora das Mercês do Arassuaí; Calabar Vila do Príncipe	Princípio Séc. XVIII	1720/Sabará (Vila do Príncipe)
Taiobeiras	Bom Jardim das Taiobeiras;	Fins Séc. XIX	1911/Rio Pardo
Turmalina	Nossa Senhora da Piedade; Piedade; Piedade de Turmalina	1755	1840/Minas Novas
Virgem da Lapa	São Domingos do Arassuaí	1728	1889/Araçuaí (paróquia em 1813)

IV

MODERNIZAÇÕES EM MINAS GERAIS NA SEGUNDA METADE DO SÉCULO XIX

Alfredo Costa
Ralfo Matos

Introdução

Este capítulo, com foco na segunda metade do século XIX, procura evidenciar aspectos geopolíticos intrínsecos à articulação das elites mineiras em favor de um projeto de industrialização, algo que só viria a se concretizar na segunda metade do século XX.

> Em 1850, várias ações governamentais influenciaram profundamente a história brasileira. A Lei de Terras[84] limitou o acesso da população à propriedade fundiária. A Lei Eusébio de Queirós proibiu o tráfico de escravos, pressionando a formação de mão de obra livre. O primeiro Código Comercial estabeleceu as bases das transações financeiras, inclusive a formação das companhias de sociedade anônima (LIMA, 2015, p. 63).

O ano de 1850 é de fato emblemático porque representa um marco na formação do Estado Nacional brasileiro e na constituição de um mercado capitalista moderno resultante de mudanças de largo alcance. A conjugação das reestruturações provocadas pela expansão cafeeira, pela criação do mercado de terras (Lei de Terras), pela proibição do tráfego negreiro e pela expansão do trabalho assalariado por meio do incremento da imigração estrangeira resultou no processo efetivo de constituição do mercado de trabalho no Brasil.

Tais inovações se associam aos quatro processos de longo prazo – muitas vezes incompletos e lentos – que marcaram a trajetória de modernização brasileira: a transição do trabalho escravo para o trabalho livre, o estabelecimento jurídico da propriedade privada com a Lei de Terras de 1850, a constituição de um sistema bancário, e a transição dos sistemas de transportes tradicionais por outros modernos e integrados (GODOY, 2009). É também de 1850 a lei de reforma da Guarda Nacional, que reforçou a centralização política imperial e contribuiu para fortalecer a posição do governo perante os proprietários rurais insatisfeitos com o fim do tráfico de escravos (CARVALHO, 2008).

No conjunto de iniciativas que se desenvolveram ao longo dos Oitocentos, defende-se aqui que Minas vislumbrou a modernização como meta e desejo, afetada pelo que se desenvolvia no velho continente. Mas também procurou concretizar esses ideais por meio de iniciativas e investimentos governamentais e privados em empreendimentos fabris. A ideia de que havia um desenvolvimento possível, via modernização dos meios de produção, se espalhava lentamente entre suas elites (CARVALHO, 2005; AGUIAR, 2006). Parte desse ideário pode ser notada nas alterações demográficas e econômicas relacionadas principalmente às atividades siderúrgica, têxtil e cafeeira, à chegada das ferrovias e da energia elétrica em Minas e à imigração de mão de obra estrangeira. Esse conjunto de elementos desaguaria na deflagração de um processo de reestruturação socioespacial, que culminou na mudança da capital sob a égide de um projeto positivista no final do século (SCHMIDT, 1979; MATOS, 1992; DULCI, 1999; CARVALHO, 2005; AGUIAR, 2006).

Ao longo do século XIX Minas Gerais passou por um processo de ruralização e rearticulação de sua rede urbana, agora dependente da grande agricultura, o que acarretou em uma grande diversidade interna, com sistemas econômicos regionais de autonomia variável e que dificilmente se conectavam (WIRTH, 1982; LANNA, 1986, PIRES, 2004), característica que levou o brasilianista John Wirth (1982) a denominar a província de "mosaico mineiro". De fato, as características das Minas Oitocentistas não foram suficientes para sustentar a região mineradora como centro polarizador capaz de promover a integração territorial, ao contrário do que se observara no contexto Setecentista[85], embora das Minas Setecentistas tenha restado um legado que impactou as configurações territoriais do século seguinte.

Vários estudos recentes confirmam: no século XIX a província mineira concentrava a maior população e mercado consumidor do Império (com crescimento superior ao nacional), o maior sistema escravista regional, a mais dinâmica economia de subsistência mercantil e o mais desenvolvido setor de transformação pautado na produção têxtil, siderúrgica e no beneficiamento de gêneros agropecuários. Além disso, possuía expressiva malha urbana capilarizada (a despeito dos obstáculos do relevo) e um sistema de circulação mercantil avançado. Havia em seu território abundância de matérias-primas essenciais à industrialização e abundância em recursos hídricos aproveitáveis para a geração de energia hidráulica e elétrica. As características geomorfológicas da província causavam uma forma de isolamento que, contraditoriamente, foi capaz de garantir a proteção e o desenvolvimento do mercado interno, algo que Douglas Libby denominou de "caráter insular" (LIBBY, 1988), haja vista o elevado custo dos transportes. Mesmo geograficamente isolada do litoral, sua dinâmica economia de subsistência mercantil viabilizou o abastecimento de gêneros alimentícios à Corte (LENHARO, 1993).

Defende-se aqui que, embora o perfil econômico da província tenha se tornado agrário no século XIX, houve ensaios de modernização em Minas Gerais que foram pioneiros no Brasil, incentivados por uma elite intelectual e política que se estabeleceu no século XVIII. Mas foram ensaios inequivocamente precoces, incompletos e excludentes[86].

A discussão da modernidade da segunda Revolução Industrial e seus reflexos no Brasil

Na história ocidental, o século XIX é marcado pela moderna ideia de progresso, já vislumbrado na Revolução Francesa (1789-1799), momento em que o progresso técnico e científico passou a ser visto como sinônimo de progresso moral e social. Essa ideia ganhou força em razão dos formidáveis avanços tecnológicos e das novas condições de vida tornadas realidade ao longo da Revolução Industrial. Os ideais democráticos, positivistas, liberais e a ampliação ao acesso à educação participaram desse momento de modernização capitalista.

Marshall Berman (1986), ao discutir a ideia de modernidade[87] traça uma interessante descrição da paisagem dos grandes centros urbanos europeus do século XIX:

> Se nos adiantarmos cerca de um século, para tentar identificar os timbres e ritmos peculiares da modernidade do século XIX, a primeira coisa que observaremos será a nova paisagem, altamente desenvolvida, diferenciada e dinâmica, na qual tem lugar a experiência moderna. Trata-se de uma paisagem de engenhos a vapor, fábricas automatizadas, ferrovias, amplas novas zonas industriais; prolíficas cidades que cresceram do dia para a noite, quase sempre com aterradoras consequências para o ser humano; jornais diários, telégrafos, telefones e outros instrumentos de mídia, que se comunicam

> em escala cada vez maior; Estados nacionais cada vez mais fortes e conglomerados multinacionais de capital; movimentos sociais de massa, que lutam contra essas modernizações de cima para baixo, contando só com seus próprios meios de modernização de baixo para cima; um mercado mundial que a tudo abarca, em crescente expansão, capaz de um estarrecedor desperdício e devastação, capaz de tudo, exceto solidez e estabilidade (BERMAN, 1986, p. 17).

Para Berman, a modernidade dá o tom da vida nos séculos XIX e XX, e é caracterizada pela fluidez e mudança, um processo dialético de constante reconstrução dos conhecimentos, das relações e dos meios de convivência e troca. É complementar à postulação de Soja (2003), que vê a modernidade formada por contexto e conjuntura, algo a ser experimentado, pensado e vivido, e que incorpora três dimensões formadoras da existência humana: o espaço, o tempo e o ser. O racionalismo e a visão cartesiana se expressavam na transformação da sociedade e do espaço visando à produção em grande escala, o que incluía a necessidade de se conhecer e dominar a natureza para a transformação dos seus recursos.

No século XIX estão presentes elementos das primeira e segunda revoluções industriais. Belluzzo & Tavares (2004) identificam na Primeira Revolução Industrial as influências do pensamento liberal na transformação da economia mercantil inglesa, e enxergam como consequência do domínio dos oceanos e da *Pax Brittanica* – que caracterizaram o Império Inglês no período seguinte ao final das Guerras Napoleônicas – o impulso à industrialização no velho e novo mundo, o fortalecimento dos Estados Nacionais e a criação de novas periferias econômicas mundiais, o que proporcionou mudanças significativas na divisão internacional do trabalho. Lima (2015) identifica no período profundas transformações no sistema capitalista, sobretudo em relação ao aperfeiçoamento da máquina a vapor e sua adaptação ao transporte sobre trilhos[88], o que imprimiu uma nova lógica de circulação de pessoas e riquezas pela Europa[89]. Outras importantes transformações são enunciadas por Souza (2015), entre as quais a modernização da agricultura[90], as mudanças nos usos e propriedade da terra, as modificações das relações de trabalho e a consequente urbanização e transição demográfica, com relevantes ondas de emigração para o novo mundo, considerado terra de oportunidades.

No último quartel do século XIX ganham força as transformações que vão caracterizar a Segunda Revolução Industrial. Belluzzo & Tavares (2004) e Hobsbawn (2015) identificam uma série de invenções que modificaram para sempre o panorama da indústria mundial. Se até então esta era pautada pelo ferro, carvão e máquina a vapor, agora contava com a eletricidade, o motor a combustão interna, o telégrafo, a indústria química pesada e o navio frigorífico, entre tantas outras novidades. A compressão do espaço-tempo se fez evidente (HARVEY, 2011). Verificou-se a adoção das ciências na organização dos processos produtivos, o que acarretou em aumento vertiginoso das escalas de produção, em novas relações de trabalho e no predomínio da estruturação da propriedade em ações de sociedades anônimas. Processou-se o estreitamento das relações entre bancos e indústrias, que culminou na fase financeira do capitalismo nas primeiras décadas do século XX. No campo geopolítico, Santos & Costa (2005) identificam o período como de disputa violenta entre os países industrializados por zonas de influência política e econômica, principalmente nos países de baixo desenvolvimento industrial. Em síntese,

> O final do século XIX foi marcado pelo desdobramento de cinco processos inter-relacionados: 1) a consolidação do sistema monetário e de pagamentos internacionais, mediante a

> adoção generalizada do padrão-ouro; 2) a metamorfose do sistema de crédito que ajusta suas funções e formas de operação à nova economia capitalista global; 3) a constituição de forças produtivas especificamente capitalistas, consubstanciada na crescente separação técnica e econômica entre o departamento de meios de consumo e o departamento de meios de produção; 4) o desenvolvimento da divisão internacional do trabalho entre um centro produtor de manufaturas e uma periferia produtora de matérias primas e alimentos; 5) a emergência das "novas" potências industriais, construídas à sombra das relações comerciais e financeiras proporcionadas pela hegemonia liberal britânica (BELLUZZO & TAVARES, 2004, p.113-114).

É possível que a maior realização do século XIX tenha sido a estrada de ferro. Foi um símbolo revolucionário, que, junto ao telégrafo e ao barco a vapor, viabilizou o capitalismo em escala planetária: sua expansão geográfica fez intensificar as transações comerciais por meio de uma vazão regular que proporcionava a circulação de enormes quantidades de mercadorias, pessoas e informações a baixo custo, fenômeno sem precedentes na história da humanidade (HOBSBAWN, 2015). Borges (2011) ressalta que as ferrovias foram impulsionadoras da indústria de bens de capital com patentes reflexos na indústria metalúrgica, o que permitiu que os países industrializados – sobretudo a Inglaterra – exportassem capital e tecnologia para todo o mundo. Nas Américas, a expansão das ferrovias viabilizou terras à ocupação dos imigrantes e reconfigurou as relações de produção (SOUZA, 2015), além de ter facilitado a eliminação de populações nativas em nome do progresso. Revelava-se, no mundo oitocentista, o poder da velocidade das trocas.

O ideal de progresso também circulava entre as elites instruídas latino-americanas que, influenciadas pelo pensamento positivista evolucionista, buscavam as vias para a modernização por meio da evolução material e moral (AGUIAR, 2006). Especificamente no Brasil, já se verificava em seus poucos centros urbanos da segunda metade do século XIX a existência de uma elite instruída que buscava o fim do trabalho escravo, a modernização produtiva e a República, cujos enfrentamentos políticos se davam em um contexto agrário-exportador de indiscutível importância da mão de obra escravizada, regido por uma monarquia centralizadora em que as províncias tinham pouca autonomia.

Para Lima (2015), havia uma ânsia das lideranças brasileiras em trazerem para o país as transformações da Revolução Industrial, sob o argumento de levar o país à luz do progresso e da modernização. O mito do progresso e a crença no desenvolvimento econômico faziam parte do imaginário brasileiro, e as elites buscavam compreender os caminhos para alcançá-lo. Compartilhava-se a noção de que o Brasil já possuía, na segunda metade do século XIX, dois dos três elementos-chave para realização de tal façanha, propiciados notadamente pela economia cafeeira: o capital e o trabalho. Faltava-lhes a tecnologia, que seria importada, e lhes permitiria queimar as etapas do processo de modernização e industrialização. Para o autor, "as inovações técnicas do século XIX permitiram a difusão da crença na expansão linear, contínua e irreversível do progresso industrial" (LIMA, 2015, p. 24), o que não ocorreu de fato, ou, pelo menos, como se esperava.

A ferrovia era vista como vetor de desenvolvimento e de integração política nacional. Lima (2015) relata que, a despeito de suas inúmeras contradições, a instalação da malha ferroviária – que iria atingir a sua maior extensão da história em 1925 –, procurou introduzir progresso socioeconômico e civilizar os sertões nacionais. O que se verificou, na verdade, foi que as ferrovias propiciaram uma parcial integração entre áreas produtivas e portos brasileiros, levaram à criação de novas cidades e reconfiguração das redes de abastecimento até então baseada no fluxo de tropeiros pelas estradas carroçáveis, cena que se repetiu em outros contextos latino-americanos[91].

No campo das representações, as ferrovias povoaram o imaginário brasileiro. O ideal de modernização através da estrada de ferro promoveu a ressignificação do sentido territorial dos sertões nacionais, que se transformariam em verdadeiros palcos de civilização (LIMA, 2015). Provavelmente o maior entusiasta dessa ideia foi o industrial Irineu Evangelista de Sousa, o Visconde de Mauá, que inaugurou o primeiro trecho ferroviário do país em 1854, com apenas 16 km, cuja função foi mais política do que econômica, na medida em que servia como propaganda ideológica de progresso. Mauá foi um entre tantos defensores[92] do progresso a enfrentar a elite da terra que defendia a manutenção do perfil agrário do país, ainda que não fosse contrária à industrialização[93] (LUZ, 1978).

Apesar de incentivos vários, desde concessões e premiações para exploração de determinados ramos produtivos, da importação de mão de obra europeia e de acontecimentos mundiais que fizeram surgir e fortalecer diferentes ensaios fabris brasileiros – tais como a guerra civil estadunidense ou a guerra do Paraguai (RENAULT, 1976) –, não se verificou no Brasil oitocentista o mesmo fenômeno urbano-industrial que reconfigurou o espaço europeu e norte-americano, exceto, talvez, em lugares como São Paulo, Rio de Janeiro ou Juiz de Fora, já no final do século.

O atraso brasileiro na formação de uma burguesia industrial e seus ecos em Minas Gerais

Para Schmidt (1981), o século XIX foi decisivo para a formação territorial brasileira, pois nesse período se constitui uma vida política independente, com formas e funções espaciais que perduram na contemporaneidade. Até a independência, viveu-se no Brasil um contexto desprovido de elementos que pudessem evoluir em direção à revolução industrial. Predominaram o trabalho escravo e uma série de proibições que visavam promover o consumo de produtos europeus, notadamente portugueses e ingleses.

A independência, declarada em 1822, não foi capaz de alterar a essência das relações sociais ou produtivas[94]. Carvalho (2008) observa que a elite brasileira à época caracterizava-se por sua homogeneidade ideológica, conferida por sua origem nos setores dominantes e treinamento obtido nas universidades portuguesas. A presença de um grupo de escolarização, carreira política e ocupações semelhantes fez com que a solução monárquica para o Brasil garantisse a manutenção de sua unidade e a construção de um governo estável. Para Dolnikoff (2008) e Freitas (2009), o arranjo político que se desenhou não ignorava a participação das elites provinciais, representadas na Câmara dos Deputados, que eram responsáveis pela formulação das políticas nacionais, a aprovação orçamentária anual e a fiscalização de sua execução. A organização do Estado funcionava de maneira análoga ao federalismo, em que as elites provinciais eram também elites políticas e contribuíam para a articulação do território brasileiro, ao mesmo tempo em que preservavam sua autonomia.

Permaneceram o clientelismo, o patrimonialismo e a dependência do trabalho escravo, que eram as bases seculares da sociedade, embora no contexto econômico internacional as elites e as classes médias urbanas que buscavam constituir uma sociedade moderna ao longo dos Oitocentos exigissem a transição para o trabalho livre (SOUZA, 2015). A atividade industrial só ganharia vulto em meados do século (LUZ, 1978), reflexo do momento de expansão econômica nacional e de uma crescente economia urbana movimentada por uma diversidade de empresas artesanais (MELLO, 2010), e dos impactos das medidas protecionistas da Tarifa Alves Branco de 1844[95], primeira expressão clara do desejo oficial imperial por medidas protecionistas e busca de maximização das receitas tributárias (VILLELA, 2005).

Havia, no contexto político brasileiro, uma disputa acirrada em relação às políticas fiscais e monetárias entre setores modernos e tradicionais que perdurou ao longo do Império, processo dual[96] que segundo Bobbio (1998) é comumente identificado em Estados nacionais à beira da industrialização. Na época, a escolha pela forma de taxação dos produtos estrangeiros implicava em desdobramentos automáticos na economia nacional, mesmo porque o sistema fiscal imperial articulava-se em torno da atividade portuária (CARRARA, 2016). De um lado, havia aqueles com inclinações liberais que defendiam o livre comércio e as vantagens da aquisição de máquinas e ferramentas a baixo custo, o que era considerado vantajoso para as empresas de importação e para as elites agropecuárias. De outro, a ala protecionista, que preconizava a industrialização nacional, a formação de mão de obra livre, a geração de divisas por via de impostos e a proteção dos capitais nacionais já empregados na indústria em formação (RENAUT, 1976; LUZ, 1978). Na mediação, havia o poder moderador com autonomia para interferir nas decisões dos poderes legislativo e executivo, cuja atuação afetava a formação e composição das elites e permitia a competição de grupos de interesses diferentes[97] (CARVALHO, 2008). Nesse contexto, a política fiscal imperial[98] oscilou para atender aos interesses de ambos os grupos, o que gerou fases de euforia e de depressão (GONÇALVES, 2001), ainda que as medidas protecionistas tenham, de fato, prevalecido para setores específicos (VILLELA, 2005). Tal instabilidade era vista com desconfiança pelas elites nacionais, que se apegavam às garantias que só a constância do trabalho da terra era capaz de oferecer. Segundo Luz (1978),

> Colocados nesse dilema — promover a industrialização do país, que reconheciam ser uma necessidade nacional, e atender ao mesmo tempo os interesses da lavoura — hesitariam, assim, os dirigentes brasileiros em adotar uma política francamente protecionista. Por outro lado, repousando o sistema tributário brasileiro na renda alfandegária, exigiam os interesses do fisco uma tarifa essencialmente fiscal. Nesse impasse permanecerá a política alfandegária brasileira, durante todo o período abrangido por este estudo, incapaz de satisfazer nem aos partidários de uma política protecionista, nem aos defensores de um regime de livre troca (LUZ, 1978, p. 26-27).

A análise das receitas e despesas do período imperial realizada por Carvalho (2008) revela que, apesar de toda instabilidade, o governo buscou elaborar um conjunto de ações com ênfase no desenvolvimento econômico por meio da maximização das vantagens da economia de exportação, principalmente do café. Sua ação era recorrentemente dificultada pela sua própria incapacidade de garantir uma eficiente arrecadação de impostos por meio da máquina burocrática, e também pelas reações políticas de grupos econômicos contra a criação de impostos ou a pressão para serem beneficiados nas escolhas das estratégias de alocação dos recursos (tais características implicaram, inclusive, baixa variação no valor total das arrecadações ao longo do período imperial). A saída encontrada para viabilizar os investimentos foi por meio da construção de estradas de ferro, não por serem um evidente caminho em direção à modernização, mas porque havia alta disponibilidade de linhas de crédito inglesas para esse tipo de empreendimento. Com efeito, até

1885 o Brasil foi o principal destino latino-americano dos investimentos ingleses, e 65% deles estavam alocados nas ferrovias.

Além da instabilidade fiscal[99], para aqueles que mesmo assim buscavam a via da industrialização havia todo tipo de obstáculo, entre os quais Luz (1978) enumera: a ausência de capitais, maquinário e de mão de obra qualificada; a proteção nacional inadequada da produção e o ambiente econômico de desconfiança; além da instabilidade política e falta de segurança pública, a concorrência de empreendimentos mais produtivos e lucrativos e a baixa duração dos entusiasmos iniciais dos investidores. Vale ressaltar, contudo, que o Governo Imperial buscava – de maneira não sistemática – proporcionar um ambiente favorável aos investimentos, por meio do incentivo à construção de estradas de ferro e de rodagem, da colonização por meio da imigração estrangeira[100], pela introdução de máquinas e incentivo à pequena lavoura, além da redução de tarifas aduaneiras entre 1857 e 1860.

Apesar das dificuldades, não se desistiu da modernidade. Em 1860 contabilizou-se no Brasil "62 empresas industriais, 14 bancos, 3 caixas econômicas, 20 companhias de navegação, 23 de seguro, 4 de colonização, 8 de mineração, 3 de transporte urbano, 2 de gás e finalmente 8 estradas de ferro" (GEIGER, 1963, p. 79). Em 1862 inicia-se a participação do Brasil nas Exposições Universais, locais em que se reuniam investidores de todo o mundo em busca de oportunidades comerciais. Nelas, o país buscava atrair investidores por meio da exposição, em mostruários, de seus recursos naturais e vegetais e de produtos relacionados ao setor agrícola. A década de 1860 também foi marcada pela Guerra Civil dos Estados Unidos (1861-1865), que propiciou um surto na produção algodoeira nacional e o renascimento da fabricação têxtil para abastecimento do mercado inglês; e pela Guerra do Paraguai (1864-1870), que gerou desafios de abastecimento capazes de viabilizar o desenvolvimento de uma gama de setores de transformação, alguns inexistentes no Brasil.

Na década de 1870, após o fim da Guerra do Paraguai, parte dos recursos antes aplicados na agropecuária deslocaram-se para a expansão industrial, algo que foi incentivado pela queda no preço de alguns produtos agrícolas, pelo aumento das tarifas de importação, pela valorização cambial e crescente entusiasmo pelo progresso associado a projetos modernizadores. Em 1874 são interligadas por cabo telegráfico as cidades do Rio de Janeiro, Salvador, Recife e Belém, que foi estendido em 1875 para João Pessoa e Natal, e também a Portugal. No período, a propaganda liberal ganhava força no Império e reivindicava o fim da escravidão[101], a reforma política e a busca pelo patamar de desenvolvimento das nações mais avançadas. Às transformações em curso acrescenta-se:

> A presença de um Estado Nacional, a ruptura do exclusivo comercial e do Antigo Sistema Colonial fazendo do café a primeira atividade exportadora não colonial, a diversificação da estrutura social, o incremento da vida urbana, tentativas de organização do trabalho livre, os crescentes investimentos ingleses em infraestrutura (basicamente desenvolvimento da rede ferroviária), a Lei de 1871 que tanto traça o fim do escravismo quanto indica os rumos de reorganização do trabalho com base na mão de obra livre, são elementos que indicam as profundas transformações em andamento (LANNA, 1986, p.74).

Carvalho (1981) ressalta que, apesar de tais transformações e do movimento do governo central em busca da implantação de uma economia de mercado, não havia apoio sólido das tradicionais elites nacionais, cuja crença na terra como fator de status mantinha grande parte da produção e da força de trabalho atrelada aos latifúndios. Como agravante, o progresso técnico europeu invadia o Brasil, espalhava suas mercadorias pelas recém-implantadas estradas de ferro e conquistava o mercado consumidor interno com prejuízos para a nascente indústria nacional, fenômeno que foi previsto por nacionalistas como Joaquim José Rodrigues Torres (Visconde de Itaboraí) e Manuel Alves Branco, que defendiam a industrialização como medida de precaução. Segundo Gonçalves (2001, p. 67), "apenas nos anos 1880 começou a surgir no Brasil um empresariado com interesses específicos na indústria, desvinculado do setor agrário e do comércio exportador-importador".

Tornaram-se claras as diferenças entre as realidades brasileira e europeia nas últimas décadas do Império, o que motivou a importação pelas elites nacionais de referências e modelos que constituíssem projetos de modernização, período em que surge também um movimento coletivo em favor da industrialização do país. Segundo Paula (2006), o movimento estava associado a uma série de fatores socioeconômicos e políticos integrados: há transferência de recursos do mercado externo para o interno, que induz e dinamiza a urbanização, a modernização dos transportes e a diversificação da oferta de serviços, além do fortalecimento do sistema financeiro. Surgia no Rio de Janeiro em 1880 a Associação Industrial com objetivo de defender os interesses da classe emergente. O momento pertencia à indústria, apesar da década ter sido marcada por uma atmosfera de insegurança promovida pela queda no preço do café e por manifestações nacionalistas que clamavam por políticas de intervenção e protecionismo. Em 1888 finalmente é abolida a escravidão, que impactou a estrutura agrária brasileira e provocou um ano depois a proclamação da República, momento em que o país contava com aproximadamente 54 mil trabalhadores empregados em 640 estabelecimentos industriais (HARDMAN & LEO-

NARDI, 1991, *apud* LIMA, 2015). Entre 1890 e 1895, já no contexto republicano, verifica-se a fundação de 452 fábricas (GEIGER, 1963).

É no advento da República e na instauração do federalismo que os projetos de integração nacional e modernização ganham força, facilitados pela transição do trabalho escravo para o livre e assalariado, o que propiciou a contínua formação de um mercado de trabalho com características cada vez mais urbanas. A nova dinâmica econômica, que deu maior liberdade aos Estados, produziu estímulos à urbanização das principais cidades brasileiras e à modernização dos transportes (MATOS, 1992). Observou-se, também, a afirmação da estrutura de poder de caráter técnico-burocrata, ainda que as elites da terra tenham garantido seu espaço político ao se organizarem em poderosas oligarquias rurais. Este último grupo, por meio de sua influência política e econômica, foi capaz de manter a maior parte do país atrasado em relação às sociedades industriais desenvolvidas, salvo São Paulo e Minas Gerais, cuja hegemonia política foi conservada pela "política de governadores", ou "política do café-com-leite" (MELLO, 2010). Em síntese,

> Abolição e República, portanto, colocaram em novas bases a vida política, econômica e social do país e deram novos sentidos à modernização brasileira em curso desde os anos 1860, marcada por um reformismo que pretendia superar a distância entre o Brasil e os países mais avançados da Europa e os Estados Unidos. Esse reformismo foi buscado por segmentos da elite imperial pelo menos desde 1865, quando ganhou vulto a campanha antiescravista que levou à aprovação da Lei do Ventre Livre, em setembro de 1871, e o debate pela adoção de um sistema de eleições diretas no Império. Essa primeira campanha abolicionista e a luta por eleições livres foram caracterizadas pela emergência de um novo pensa-

> mento liberal em meio ao dinamismo econômico e social que se seguiu à supressão do tráfico de escravos em 1850, com a expansão da economia agroexportadora, dentro de um quadro internacional promissor, com o crescimento das cidades e do mercado interno e com o lento, mas inexorável, incremento do trabalho assalariado. Ou seja, dentro de um processo de modernização no qual capitais egressos do mercado de escravos tiveram peso significativo (AGUIAR, 2006, p.63).

No contexto brasileiro oitocentista, Minas Gerais, ora em análise, era conhecida por sua estrutura agrária em que predominavam a lavoura e a pecuária, as vastas áreas de baixo desenvolvimento econômico e certas atividades de transformação – de domésticas a fabris, sobretudo relacionadas à fiação e à tecelagem – disseminadas pelo território, cuja caracterização do seu perfil econômico foi extensamente debatida nas pesquisas de Martins (1980), Lanna (1985), Slenes (1988), Libby (1988), Lenharo (1993), Paiva (1996) e Rodarte (1999). O diálogo aí estabelecido indica que Minas não entrou em decadência após a febre do ouro, já que não houve retração dos complexos agropecuários, que mantiveram abastecendo, por meio de tropas, o comércio intra e interprovincial com gêneros variados simples e transformados. Houve crescimento econômico ao longo do século com expansão urbana não negligenciável, especialização regional do trabalho, diferentes formas de propriedade da terra, setor exportador como centro dinâmico, e as maiores populações livre e cativa[102] do Império, esta última, dividida em pequenos plantéis[103] e com diversificado leque de ocupações[104]. O mineiro da terra, em oposição ao mineiro setecentista do ouro, é assim descrito por Carvalho (2005):

> Assim como a voz da Minas do ouro pode ser chamada de americana, a da Minas agrária pode ser vista como ibérica,

> tomando-se o vocábulo como significando, no mundo privado, apego à tradição, à hierarquia, à religião, à família, à moderação ao trabalho; no mundo público, aceitação de papel predominante do Estado em relação à iniciativa individual, ênfase na cooperação em oposição à competição, aversão ao conflito, tendência para resolver as divergências por arranjos consensuais, preferência para a conservação em vez de mudança (CARVALHO, 2005, p. 64-65).

Para Libby (1988), a agricultura mercantil de subsistência[105] foi o grande sustentáculo da economia mineira no século XIX, que denominou de "economia de acomodação". O autor identifica, no entanto, a existência de um variado leque de atividades de transformação de matéria-prima em produtos acabados, entre as quais tem maior vulto as atividades siderúrgica, têxtil e a mineração aurífera subterrânea coordenada por ingleses (à lista pode-se acrescentar a atividade agroaçucareira). Ademais, é possível observar, ao longo dos Oitocentos, os impactos da lenta transição do trabalho escravo para o livre[106]. Há algumas peculiaridades que se ressaltam na economia industrial mineira do século XIX, como a flexibilidade e diversificação da produção, a proletarização parcial do indivíduo livre, a manutenção do sistema escravista[107] e a relativa independência da província em relação às importações, cujas mercadorias atingiam preços proibitivos. Mesmo assim, até a ascensão do café como cultura de exportação – que entre 1829-30 adquire o lugar de mais importante produto de exportação em Minas –, a província se integrava à economia nacional através da produção de alimentos, minérios, tabaco e algodão (LANNA, 1986).

De toda maneira, na segunda metade dos XIX era possível verificar que a província ganhava maior dinamismo econômico por meio de políticas governamentais, melhoria da rede de transportes e da expansão da cafeicultura. O café foi tão decisivo na Zona da Mata e depois Sul de Minas, que provocou o deslocamento do núcleo dinâmico da rede de cidades do centro para o sul-sudeste-sudoeste. As cidades se viabilizavam pelo comércio em expansão e demais atividades econômicas. Não é à toa que, entre 1854-1855, havia 5.128 estabelecimentos comerciais em Minas, abaixo apenas do Rio de Janeiro, com 6.876, o que revela o perfil dinâmico da província (GRAÇA-FILHO, 2013).

Gonçalves (2001) chama atenção para dois fatores que atuaram como facilitadores do desenvolvimento das manufaturas em Minas: a abundância de matéria-prima e a existência de um mercado interno que consumia a maior parte da produção. Contribuiu para isso a melhoria das comunicações, com a abertura de estradas e implantação do correio, e o crescimento da atividade tipográfica e da imprensa: entre 1824 e 1897 foram editadas 863 gazetas que circularam por 118 localidades (GONÇALVES, 2011). Em 1861 foi finalizada na província a primeira estrada de rodagem do país – a União Indústria –, que representou papel relevante na dinamização da economia mineira ao aproximá-la do principal porto do Império; e em 1869 chega a primeira ferrovia, que avançou rapidamente para o interior nos anos seguintes e superou com vantagens os custos da estrada de rodagem. A estrada de ferro alcançou a capital Ouro Preto em 1889, mesmo ano em que se fundava em Juiz de Fora a primeira hidrelétrica do país. As ferrovias e a eletricidade dariam um impulso à economia mineira ao criar as condições para a expansão da cafeicultura[108], aceleração da urbanização e industrialização em Juiz de Fora. Logo, os egressos da Escola de Minas, em funcionamento desde 1876, contribuiriam para o avanço da siderurgia. Finalmente, em 1897 era inaugurada a nova capital do Estado, com projeto urbano arrojado sem precedentes na história do país.

Dulci (2013) observa que o governo mineiro permitiu a livre iniciativa, guardando para si as prerrogativas de regulamentação e incentivos fiscais, mesmo que fosse baixa a autonomia provincial. Para induzir o crescimento, buscou premiar invenções e indústrias pioneiras, promover feiras de exposição, divulgar material técnico voltado à agropecuária e à produção manufatureira, facilitar empréstimos e garantir juros e subvenções[109].

Evidentemente, mesmo na segunda metade do século XIX, Minas não poderia articular um projeto de desenvolvimento regional – dada a sua extensão geográfica – que acompanhasse o processo de modernização que o Rio de Janeiro e São Paulo estavam experimentando[110]. Na Minas rural, onde os interesses clientelistas prevaleciam, as relações com o Estado se faziam nos moldes do coronelismo, que ainda iria avançar muito na República, com a Política dos Governadores. Aparentemente, dada a relevância da agricultura, haveria certa insensibilidade com respeito ao potencial de transformação econômica da província, o que não procede, senão os mineiros não teriam projetada Belo Horizonte, um símbolo de modernidade único no Brasil da época. Talvez pela força da agropecuária mineira é que Godoy (2009) foi categórico em demasia ao afirmar que na Minas rural oitocentista houve um agravamento da concentração fundiária, com a abolição e transição para relações de trabalho não capitalistas, tendo ocorrido uma industrialização dispersa e pouco produtiva, em face dos altos custos de um transporte de baixo desenvolvimento técnico amarrado a um modelo radial[111]. Ora, uma visão mais geográfica que considere a articulação da rede de cidades mineiras conectadas pelo único grande polo brasileiro no século XIX permite concluir que o modelo de transporte ferroviário só poderia ser radial, já que o grande porto que polarizava as trocas de mercadorias permanecia sendo o Rio de Janeiro, relativamente próximo das regiões mais dinâmicas de Minas. Além disso, a industrialização só poderia ser dispersa, dada a falta de uma polaridade central, condição que só se consumaria com Belo Horizonte muitas décadas depois. Por fim, a forma de trabalho assalariada por excelência só veio inicialmente se generalizar no Estado de São Paulo, onde a massa trabalhadora migrante era extremamente numerosa.

A transição da Monarquia para a República em Minas Gerais, embora tenha sido tranquila (RODRIGUES, 1986), trouxe complicações para as elites regionais. Na reorganização do pacto federativo, os mineiros permaneceram com a maior força política, a despeito de o maior poderio econômico sediar-se no Rio de Janeiro e na emergente São Paulo.

A reorganização territorial, discutida no Congresso Constituinte Mineiro de 1891 e sacramentada no Congresso Industrial, Agrícola e Comercial de Minas Gerais de 1903, traria desdobramentos visíveis só na segunda metade do século XX. De toda maneira, ao longo do século XIX, Minas apresentou excepcionalidades que contribuíram para a constituição do Estado-nação brasileiro, sintetizadas por Mello e Matos (2012) em três fatores-chave: profusão de recursos naturais, atuação de um Estado forte e a presença de uma elite instruída, sendo a atuação desta o objeto de aprofundamento.

A presença decisiva em Minas Gerais de uma elite instruída ante os desafios da modernidade e os testemunhos de materialidades proeminentes

As elites instruídas mineiras começam a se formar no século XVIII. Na Minas do Ouro havia filhos de homens abastados que estudavam em universidades europeias, principalmente em Coimbra. Essas pessoas, na volta ao Brasil, passavam a participar da organização política, econômica e cultural da capitania, desencadeando inclusive o movimento inconfidente, além de dar origem a uma tradição de cálculo econômico pioneiro no país. Um exemplo notável nesse sentido é o do Intendente Câmara[112] e sua atuação em Diamantina e na luta pela produção de ferro em Morro do Pilar.

No século XIX, além da elite instruída na Europa, emergiram como núcleos de formação de lideranças o Colégio do Caraça e a Escola de Minas de Ouro Preto (EMOP)[113], cujos egressos tinham perfis distintos: no Caraça, formavam-se bacharéis de tradição conservadora; na EMOP, engenheiros de mentalidade investigativa e desenvolvimentista (CARVALHO, 2005; MATOS & MELLO, 2012). Segundo Carvalho (2013),

> Vistas as duas escolas em retrospectiva, o Caraça teve alcance muito maior do que a E. M. em razão do número de alunos que formou e das posições de poder que exerceram nas vidas religiosa e política. No entanto, o impacto da E. M., que é mais mensurável, foi, no longo prazo, mais profundo do que o do colégio. A E. M. retomou a tradição pombalina voltada para o uso da ciência em benefício do desenvolvimento via aproveitamento dos recursos naturais da Província, depois do estado. Pode-se dizer que ela fez uma ponte sobre o século XIX, quando a economia de Minas já se ruralizava, emendando o XVIII ao XX na mentalidade e na valorização da mineração. Emendou a Minas do Ouro à Minas do Ferro, por cima, embora não contra, a Minas da Terra (CARVALHO, 2013, p. 195-196).

Embebidos pelo "Espírito de Gorceix[114]", os egressos[115] da EMOP possuíam ideias de progresso semelhantes às dos inconfidentes, e em muito se diferenciavam dos egressos do Caraça[116], cuja formação era ligada ao conservadorismo, ao moralismo e à religiosidade (CARVALHO, 2013). Entretanto, é a voz do Caraça que irá predominar no Império e soar pelos palácios da República Velha, ao buscar unificar e disciplinar a bancada mineira sob as orientações do Partido Republicano Mineiro, representante das oligarquias rurais (WIRTH, 1982). No final do século XIX, o processo de implantação da nova capital fez surgir um conjunto de quadros técnicos – muitos deles oriundos das duas escolas –, que dariam uma nova tônica ao planejamento governamental e à gestão de recursos.

Outras escolas merecem destaque na formação da elite letrada de Minas, embora sua importância seja menor que a da EMOP e do Colégio do Caraça. Rodrigues (1986) relata que após as Revoltas Liberais de 1842[117] inicia-se na província um processo de constituição de liceus que rompiam com o ensino filosófico tradicional e o substituía por uma formação eminentemente humanista. Via de regra, seu corpo de professores era formado por políticos, advogados e jornalistas. Dentre os vários educandários, o autor destaca aqueles de caráter progressista que produziram periódicos com ideário republicano, tais como: o Liceu Mineiro (1842-1854, Ouro Preto-MG); o Ateneu São Vicente de Paulo (1853-1863), que depois se tornaria o Seminário de Diamantina (Diamantina-MG); o Colégio Barbacenense (1850, Barbacena-MG); o Colégio Roussin (1852, Mariana-MG); o Colégio Baependiano (1852, Baependi-MG); o Colégio Emulação de Sabará (1853); e o Externato de São João Del Rey (1861). O autor destaca que além desses e dos seminários do Caraça, Diamantina e Mariana, destacavam-se dois educandários particulares localizados em Congonhas do Campo e em Campo Belo. A posição geográfica de tais liceus permite verificar que a região central da província reiterava seu papel de formação intelectual e cultural dos mineiros na segunda metade do século XIX.

Aliás, Minas Gerais foi a província em que as ideias e a propaganda republicana circularam de maneira mais efetiva. Foram 33 jornais, 57 clubes e 61 partidos republicanos, que contribuíram na formação e projeção de lideranças políticas como João Pinheiro, Bias Fortes e Silviano Brandão, cujo discurso revolucionário de liberdade fazia referências recorrentes aos heróis da Guerra dos Emboabas (1707), da Inconfidência Mineira (1789) e das Revoltas de 1842 (VISCARDI, 2013). Havia, entre a população letrada, o desejo de participar da vida política da província, o que fez surgir centenas de impressos, cujo momento de maior expansão foi entre 1870 e 1880. Essa imprensa, muitas vezes efêmera, representou uma força tenaz por suas críticas à economia escravocrata e à monarquia (MOREIRA, 2013).

Parte dessa elite instruída, conquanto não possuísse a formação técnica necessária para implementar as transformações industriais vividas no noroeste europeu, defendia no campo político estratégias para a indução do progresso em Minas Gerais, com incentivos que vão desde as já mencionadas ofertas de prêmios, juros e subsídios (IGLÉSIAS, 1958), a efetivas políticas de atração de investidores e de mão de obra europeia especializada. Com efeito, parcela relevante dos empreendimentos fabris projetados na província foi encabeçada por estrangeiros, tais como o francês Jean Monlevade, o prussiano Wilhelm von Eschwege, ou os ingleses Henry Pigot e Charles Cumberland, e também pelas doze companhias inglesas que investiram na exploração aurífera subterrânea, como a Saint John d'El Rey Mining Company (1830-1957) e a Santa Bárbara Gold Mining Company (1862-1898) (DULCI, 2013). No final do século, a participação estrangeira na construção de estradas de ferro, de rodagem e de empreendimentos fabris se intensificou e passou a compor uma crescente classe de trabalhadores livres e assalariados, tendo a Zona da Mata como seu maior centro de confluência.

Por outro lado, não se pode perder de vista a importância dos empreendimentos de grandes fazendeiros mineiros, que sustentavam a economia provincial e o Império. Tais fazendeiros incorporavam às suas fazendas oficinas para transformação de matéria-prima, que atendiam tanto a si próprios quanto a um crescente mercado local. São eles também que fomentam a chegada de ferrovias de bitola estreita, que, apesar de suas limitações tecnológicas para a época, eram capazes de alcançar suas fazendas e fazer escoar a produção de maneira mais eficiente que as tropas.

De Paula (2000) é taxativo ao afirmar que a capitania de Minas Gerais inaugurou a modernidade no Brasil, com a produção efetiva de sistemas modernos, ainda que não tenha sido capaz de transformá-los ao longo do século XIX em vetores de desenvolvimento da produção em escala ampliada. De maneira não exaustiva, buscar-se-á enumerar os principais experimentos, ensaios, incursões e iniciativas que representaram realizações de vanguarda – mesmo aquelas de baixa duração – no contexto provincial agrário mineiro.

Siderurgia

As primeiras realizações de vanguarda iniciaram-se na área da siderurgia, cuja implantação na província foi muito requisitada no século XVIII[118] e compunha a pauta de desenvolvimento dos inconfidentes mineiros. O tema foi objeto de investigação de Libby (1988), que traçou um panorama da trajetória das pequenas fundições nas Minas oitocentistas. Segundo ele, a expansão da siderurgia na província ocorreu a partir da segunda década do século XIX e se deveu principalmente ao seu isolamento geográfico e aos altíssimos preços dos produtos de ferro importados. Durante seis décadas houve evolução do setor, com auge em 1860, quando passa a ser desestimulado por duas razões principais: a penetração das ferrovias pelo território mineiro, o que fez findar seu isolamento e propiciou a entrada de produtos siderúrgicos importados de baixo custo; e a abolição da escravidão, que privou o setor da sua única vantagem competitiva em relação ao produto internacional. Mesmo assim, suas estimativas apontam que entre 1855 e 1883 o número de forjas em funcionamento não foi inferior a 60, e em vários momentos ultrapassou a cifra das 100. O setor só ganharia força novamente em Minas Gerais no século XX.

Via de regra, a siderurgia mineira oitocentista era praticamente artesanal e possuía algumas características singulares que só foram se alterar efetivamente 13 anos após a instalação da EMOP, quando seus egressos passaram a participar e dar assistência técnica na implantação de pequenas fundições, o que ficou conhecido como Fase de Usinas (MATOS e MELLO, 2012). Ao longo dos Dezenove, o setor fornecia peças para a lavoura, mineração e construção, além de um grande sortimento de utensílios domésticos para a população. Operava em três níveis de complexidade: por meio de cadinhos[119], da forja italiana e da forja catalã. Utilizava carvão vegetal e energia hidráulica; dependia de africanos escravizados que dominavam o processo produtivo, denominados "escravos-fundidores"; e tinha baixíssima capacidade de fixação do homem livre (MARTINS, 1980; LIBBY, 1982). Consentino (2013) chama atenção para o fato de a siderurgia mineira se tratar de um caso inédito na história do escravismo moderno na medida em que se desenvolveu com base no trabalho escravo. Segundo Birchal (1998) e Paula (2002), este trabalhador serviu ao desenvolvimento da siderurgia tanto como catalisador quanto bloqueador. Ao mesmo tempo em que era capaz de fundir e suprir demandas locais com um produto de custo competitivo, desencorajava a adoção de métodos modernos. A presença maciça da mão de obra cativa é descrita por Martins (1980):

> Nas forjas do Girau, metade dos trabalhadores era escravos. Nas do Bonfim, o proprietário tinha tentado, sem sucesso, empregar apenas homens livres: ao tempo da visita de Saint-Hilaire a maioria da força de trabalho era servil. Eschwege também tentou utilizar só trabalho livre, mas logo recorreu a escravos, que foram treinados e empregados em todos os trabalhos da fundição. A força inicial foi de 20 cativos, aumentada, poucos anos depois, para 50. Morro do Pilar usava escravos alugados: durante um período a empresa tinha, além do pessoal regular, uma força suplementar de 120 escravos. Monlevade empregava 150 cativos em São Miguel do Piracicaba em 1853. Quando morreu, em 1872, seu espólio incluía nada menos de 200 escravos, muitos dos quais mestres fundidores (MARTINS, 1980, p. 49).

Embora a província tenha contado com extensa rede de forjas e manufaturas de ferro com maior concentração na região central, evidentemente, em razão da rigidez locacional de sua principal matéria-prima, alguns empreendimentos entraram para a história pelo seu pioneirismo e tecnologia empregada. Rodarte (2008), Mello (2010) e Baeta *et al.* (2012) destacam cinco: a primeira delas é a estatal Fábrica Real de Ferro no arraial do Morro do Pilar (então município de Conceição do Mato Dentro), estabelecida em 1808 pelo intendente geral das Minas e mineralogista Manuel Ferreira da Câmara Bittencourt e Sá, e que utilizava fornos suecos operados por técnicos alemães. Funcionou por seis anos e fechou as portas após prejuízos decorrentes de dificuldades e falhas no funcionamento e operação.

A segunda é a Usina Patriótica (Forjas do Prata), em Congonhas, iniciativa privada do Barão de Eschwege, que iniciou suas atividades em 1812 e gerou, pela primeira vez no país, partida de ferro liquido com qualidade industrial, além de laminação de aço. Já a terceira usina mineira foi implementada por Jean Monlevade, em sua fazenda em São Miguel do Piracicaba (atual município de Rio Piracicaba), no ano de 1825, e utilizou-se do método catalão, o mais avançado no Brasil à época. A usina foi administrada por Monlevade até 1872, ano de seu falecimento, e foi adquirida pelo Barão de Mauá em 1894, que modernizou seus equipamentos e instalou um sistema de energia elétrica de fonte hidráulica, com ganhos substantivos de produtividade. Segundo Carvalho (2010), nenhuma inovação técnica superior à forja catalã seria feita por iniciativa estatal ou privada até o último quartel do século XIX.

Em 1888, inaugura-se em Itabira do Campo (atual município de Itabirito) a Usina Boa Esperança, por Albert Gerspacher, Amaro da Silveira e Carlos da Costa Wigg. Trata-se da primeira usina com características modernas do Brasil, capaz de superar a produção de uma tonelada diária, além de ter sido pioneira no país na produção de tijolos refratários que eram utilizados nos altos-fornos. Assim como a usina de Monlevade, foi adquirida em 1892 por Mauá e, em 1900, passou para a Sociedade Queiroz Júnior. Por fim, em 1893, Carlos da Costa Wigg e Joseph Gerspacher abrem um segundo alto-forno nas proximidades da estação ferroviária de Miguel Burnier, em Ouro Preto, batizada de Usina Wigg, que encerraria suas atividades apenas em 1969. As Usinas Wigg e Esperança foram as únicas usinas brasileiras com altos-fornos a chegarem ao século XX.

Nesse ambiente, o setor foi agraciado com duas revistas especializadas na virada para o século XX, a *Revista Industrial de Minas Geraes*, que circulou entre 1893 e 1899, e a revista *Brazilian Engineering and Mining Review*, com edições de 1902 a 1908, ambas editadas por Alcides Medrado, tendo por objetivo divulgar as potencialidades das riquezas minerais do Estado e atrair investidores (SANTOS & LOPES, 2012). O próximo capítulo aprofunda a questão siderúrgica.

Indústria Têxtil

Em relação à indústria têxtil, Libby (1988) divide sua trajetória em Minas em duas fases: a inicial, que corresponde à primeira metade do século XIX, em que predominou a produção doméstica de tecidos, herança de um passado colonial que envolvia principalmente a população feminina e se aproveitava da abundância de algodão; e a final, referente às duas últimas décadas do Império, com o desenvolvimento maquinofatureiro e a utilização majoritária de trabalhadores livres. Segundo ele, o setor representou o maior ramo das atividades de transformação de Minas no século XIX, cuja organização fabril observada ao final do século possuía traços paternalistas na medida em que agregou mão de obra jovem e órfã e viabilizou uma lenta e gradual transição do trabalho escravo para o livre.

O autor chama atenção para algumas características do setor. Era comum o cultivo e venda de algodão em rama por toda a província, o que aponta para a ampla difusão da atividade. Sua análise dos Mapas de População de 1831-1840 indica que o conjunto de fiandeiras profissionais superava em larga medida a de tecedeiras. Além disso, verificam-se evidências de laços de integração regional entre distritos especializados em fiação, que supriam outros especializados em tecelagem, ao mesmo tempo em que existiam lugares especializados em certos tipos de confecção. Evidência do crescimento do setor é vislumbrada em 1846, quando foi registrado no Relatório do Presidente o pedido de quatro municípios com relevante fabricação têxtil – Piranga, Barbacena, São João d'El Rei e Aiuruoca – reivindicando a construção de estradas para escoamento da produção. A despeito de a paulatina entrada de tecidos estrangeiros na província ter causado o declínio da produção têxtil doméstica, a enorme difusão da produção artesanal e seu enraizamento na cultura popular fizeram com que os tecidos estrangeiros não fossem capazes de acabar de vez com a prática no século XIX.

> A característica que marca a trajetória do setor têxtil e reforça o seu significado na industrialização mineira é a descentralização espacial dos investimentos. As mineradoras e forjas de ferro se localizavam, por razões óbvias, na região central, que veio a se chamar Zona Metalúrgica. Já as companhias de tecidos, ao contrário, se localizaram em vários pontos da Província. A marcha dos investimentos industriais acompanhava a desconcentração da população, que resultou na fundação de cidades e no estabelecimento de fazendas em grande parte do território mineiro durante o século XIX (DULCI, 2013, p. 358).

Iglésias (1958) e Libby (1988) relatam também que entre 1830 e 1870 foram registradas apenas duas experiências fabris têxteis no Brasil, a primeira em Sabará, em 1838, com a Companhia Industrial Mineira, e a segunda em Conceição do Mato Dentro, entre 1842 e 1843, denominada Fábrica de Tecidos Cana do Reino, de propriedade dos ingleses Pigot e Cumberland. Para Vaz (1977), a experiência de 1838 é relevante porque pela primeira vez há uma tentativa de instalação de uma fábrica com o objetivo de desenvolver tecnologia própria diferente das técnicas artesanais até então em prática. O mesmo autor relata que o setor têxtil fabril se desenvolveu concentrado na Zona Metalúrgica e que, em 1865, 46% dos empreendimentos ali se concentravam, mesmo considerando a crescente população de regiões como a Zona da Mata, Triângulo e Sul. A desconcentração só se daria quando a dependência da energia hidráulica e da proximidade com a matéria-prima fosse resolvida com a chegada das ferrovias e da energia elétrica.

Libby (1988) relata que o ano de 1872 marca o início da efetiva produção industrial de tecidos na província[120], com a instalação de duas fábricas, a Cedro, em Sete Lagoas, e a Brumado, em Pitangui. A partir de então outras fábricas entraram em operação: em 1873 a Industrial Machadense, em Alfenas; em 1876 a Fábrica Cachoeira, em Curvelo; em 1877 a Fábrica de Beri-Beri (atual Biribiri), em Diamantina; e 1879 a Companhia União Itabirana, em Itabira, seguida de tantas outras em locais como Santo Antônio do Machado, Sabará, Curvelo, Pará, Oliveira, Tamanduá e Dores do Indaiá. Como estratégia de aquecimento do mercado, a presidência de Minas ordenou que fossem privilegiadas as manufaturas mineiras para vestimenta dos "praças" do Corpo Policial e dos presidiários (IGLÉSIAS, 1958).

Em 1885 Minas Gerais liderava as províncias em número de fábricas têxteis, com 13 ao todo, e no início do século XX 25% delas já utilizavam energia elétrica (VAZ, 1977). Eram mais comuns as fábricas de pequeno porte, o que se associava tanto às dificuldades em se levar equipamentos ao mesmo tempo pesados e delicados para o interior de Minas, quanto pelo predomínio de um mercado consumidor essencialmente local, o que não impediu que os tecidos mineiros circulassem nas lojas do Rio de Janeiro. Do contexto das fábricas de pequeno porte excetuavam-se aquelas instaladas na Zona da Mata mineira, que se comparavam às grandes indústrias nacionais da época.

Vaz (1997) pondera que, apesar de o maquinário adotado pelas fábricas instaladas a partir de 1870 ter sido considerado de ponta para a época, as estratégias produtivas adotadas por grande parte das fábricas, frente à busca pela máxima obtenção de lucros, não priorizaram a modernização e substituição dos bens de produção, o que resultou, na primeira metade do século XX, em um processo paulatino de degradação e obsoletismo. Até mesmo os lucros gerados pela Segunda Guerra Mundial não foram incentivo suficiente para a mudança desse perfil.

Ferrovias

Havia uma preocupação explícita do governo central em resolver a questão da integração viária[121] em Minas Gerais, cujo alto custo dos transportes onerava o sistema produtivo e influenciava diretamente no dinamismo do comércio interno e externo da província. Segundo Batista *et al.* (2012):

> No período imperial, os três planos viários elaborados para Minas Gerais objetivaram modernizar a infraestrutura de transportes[122]. Os planos de 1835, elaborados por Bernardo Pereira Vasconcelos, de 1864, pelo engenheiro Henrique Gerber, e o de 1871, pelo engenheiro Modesto Faria Bello, destacam-se por dupla preocupação: ligar a economia mineira a mercados externos, especialmente ao do Rio de Janeiro, e superar o problema da desarticulação interna. As políticas viárias convergiram para a combinação entre múltiplas modais, sem desconsiderar a modernização dos transportes tradicionais (BATISTA *et al.*, 2012, p. 168-169).

A instalação de ferrovias na província, símbolo maior do progresso mundial nos Oitocentos, impactou intimamente seu perfil produtivo. Segundo Lima (2015), as motivações para a escolha de traçados, localização de estações ferroviárias, mão de obra empregada e perfil das locomotivas foram determinantes para a ocupação do interior mineiro e, consequente, para o aparecimento e fortalecimento de centros urbanos com geração de riqueza, ainda que tenham sido mantidos no território verdadeiros vazios demográficos, que só seriam ocupados na segunda metade do século XX. As ferrovias vão alterar as formas de abastecimento das cidades litorâneas brasileiras e fortalecer o perfil agroeconômico que sucedeu a economia mineira após o fim da exploração aurífera. Batista *et al.* (2012) assim sintetizam a Era Ferroviária em Minas:

> A era ferroviária mineira começa com os primeiros trilhos assentados em 1869 e em 1940 já está praticamente encerrada. Marcada por seis períodos: 1869-1878, 1879-1898, 1899-1907, 1908-1916, 1917-1928 e 1929-1940, a malha mineira se tornou a maior rede ferroviária estadual do Brasil. Seus principais desenvolvimentos ocorrem durante os anos de 1879 a 1898, quando mais de 3.000 km são assentados, e no período que se estende de 1908 a 1916, quando são assentados mais de 2.000 km de trilhos. Para além do diferencial de velocidade de crescimento da malha, tais períodos se distinguem pela forma de atuação do capital público. Enquanto nos anos de 1879 a 1898 o capital público aparece com uma atuação relativamente passiva, uma vez que apenas sofre com os encargos referentes às garantias de juros, subvenções quilométricas e empréstimos, no período compreendido entre 1908 a 1916, sua atuação é direta e ativa, tanto enquanto proprietário de grande parte da malha como administrador de companhias ferroviárias (BATISTA *et al.*, 2012, p. 198).

No século XIX atuaram em Minas Gerais seis grandes companhias ferroviárias. A primeira é a Estrada de Ferro Dom Pedro II (Estrada de Ferro Central do Brasil), ferrovia pioneira a chegar à província em 1869. A segunda é a Rede Sul Mineira (Estrada de Ferro Sul de Minas), cuja história inicia-se em 1874 e é fruto do sucessivo encampamento e fusão de diversas companhias ferroviárias que se articularam no sul da província. Recebeu esse nome em 1931, resultante da fusão entre a Central do Brasil, a Oeste de Minas e a Sul de Minas, tornando-se a maior rede ferroviária da história mineira. A terceira, por sua vez, é a Estrada de Ferro Oeste de Minas, oriunda da fusão da Rede Sul Mineira e da Estrada de Oeste de Minas, com concessão obtida em 1873 e inauguração do seu primeiro trecho em 1881. A quarta é a Estrada de Ferro Mogiana, empresa paulista fundada em 1872, que chega a Uberaba, no Triângulo Mineiro, em 1889, e um ano depois em Araguari. A quinta é a Estrada de Ferro Bahia a Minas, concretização de projeto político de Teófilo Ottoni para povoar e desenvolver o nordeste de Minas, que tem sua concessão em 1880. Por fim, a sexta é a Estrada de Ferro Leopoldina, cujas operações iniciaram-se no sudeste mineiro em 1874, que era caracterizada principalmente por sua rede irregular, pela sua desorganização e pela competição com as demais companhias que operavam na Zona da Mata. Apesar disso, por muitos anos teve superávits graças ao transporte de café para o Rio de Janeiro. Cabe mencionar uma sétima companhia, a Estrada de Ferro Vitória a Minas, concebida em 1890, inaugurada em 1903, e que chega a Minas em 1907. Originalmente, deveria ser estendida até Diamantina, entretanto, por pressão de investidores britânicos, foi redirecionada à região das jazidas de ferro, no centro do Estado.

As ferrovias mineiras registraram extensão de 4.048 quilômetros em 1909 (similar à de São Paulo na mesma época, de 4.296) e chegaram a percorrer 8.160 quilômetros em trilhos pelo território mineiro em 1938 (WIRTH, 1982). Tal extensão não foi observada em nenhum outro Estado do Brasil até o início de sua desarticulação, na segunda metade do século XX, por serem onerosas aos cofres públicos, dependentes de tecnologia estrangeira e incapazes de integrar o mercado interno regional por seu perfil radial. A malha ferroviária mineira era caracterizada pela ausência de planejamento, marcada pela variação e incompatibilidade de bitolas, traçado irracional e incompatível com as especificidades econômicas e naturais regionais, administração ineficiente e desarmônico apoio do poder público[123]. Para Blasenheim (1996), é marcante também em seu processo de expansão a atenção excessiva de ricos fazendeiros na realização de lucros em curto prazo, que não se preocupavam com articulação regional dos trilhos e seus impactos socioambientais.

Lima (2015) esclarece que a questão do tamanho das bitolas é somente técnica, proporcional à dimensão da ferrovia, número de passageiros e capacidade de carga. A adoção da bitola estreita em detrimento da larga era comumente justificada por seu baixo custo e capacidade de atender a produções modestas em contextos de relevo movimentado, e por suas curvas em raios menores. Embora pudesse ser alargada para suportar cargas mais elevadas, a diferença de bitolas acabou trazendo obstáculos às adequações, inclusive entre locomotivas e vagões. Tais diferenças geravam constantes atrasos e prejuízos, dada a necessidade de constante baldeação de cargas entre trechos de 0,76 metros e 1,00 metros, até de 1,40 metros no caso da Estrada de Ferro Pedro II. Inicialmente vantajosa, a bitola estreita revelou seus custos a médio prazo.

Não obstante todos os percalços, é indiscutível a importância das ferrovias para a estruturação dos territórios mineiro e brasileiro, na medida em que reorganizou a produção e viabilizou a economia do café, costurou a passagem do sistema mercantil-escravista para o industrial-capitalista, estimulou a criação de novos agentes produtivos e contribuiu para a atração e fixação de grande contingente populacional estrangeiro, com expressiva mão de obra especializada (BORGES, 2011).

Industrialização de Juiz de Fora e a primeira experiência hidrelétrica da América do Sul

Para além da siderurgia, da indústria têxtil e das ferrovias, a compreensão da modernidade em Minas Gerais no século XIX requer um olhar atento sobre dois processos: a industrialização de Juiz de Fora e a transferência da capital para Belo Horizonte. A inauguração da estrada de rodagem União-Indústria em 1861 – infraestrutura pioneira no Brasil, que marcou o início da modernização dos transportes em Minas Gerais – e a chegada de ferrovias na Zona da Mata quase uma década depois contribuíram para a urbanização e industrialização de Juiz de Fora, cidade que já se firmava como importante entreposto comercial e de armazenagem do café produzido na região. Ali, a concentração e circulação de divisas oriundas da economia cafeeira criou um ambiente propício para a diversificação econômica e para industrialização.

Aliás, as grandes obras de infraestrutura viária[124] colaboraram para o surgimento de indústrias derivadas da contribuição de imigrantes que chegaram a Juiz de Fora. Utilizava-se mão de obra estrangeira e trabalho predominantemente assalariado. A maior cidade de Minas à época crescia e abria oportunidades para que parte dos operários, ao final das obras, se fixassem na cidade e criassem estabelecimentos de caráter manufatureiro-industrial. A reunião de uma série de condições favoráveis resultou em um complexo econômico autônomo, o que incluía a cafeicultura, mas com participação indireta. O parque industrial ali instalado rendeu à cidade o epíteto de "Manchester Mineira".

Dulci (2013) relata que a contribuição definitiva ao desenvolvimento de Juiz de Fora foi obra de Bernardo Mascarenhas, que criou a Companhia Mineira de Eletricidade[125] (CME), um empreendimento revolucionário e pioneiro na geração de energia hidrelétrica na América do Sul, inaugurado em 1889 com capacidade de 250 kW. Seu objetivo era de fornecer energia para a iluminação pública, para uso doméstico e para as indústrias, meta cumprida em 1898, quando atingiu a marca de 600 kW. O esforço pela eletrificação da cidade teve desdobramentos diretos na evolução urbano-industrial local, que transformou Juiz de Fora em um dos principais polos industriais brasileiros nas primeiras décadas do século XX. Os desdobramentos da circulação do capital cafeeiro e da diversificação produtiva acarretaram:

> (...) na criação e modernização dos meios de transporte rodoferroviários, com destaque para a Cia. Mineira, Cia. Ramal do Rio Novo e a Cia. E. F. Juiz de Fora-Piau; na criação de bancos como o Banco Territorial e Mercantil, fundado em 1887, e o Banco de Crédito Real, fundado em 1889; na criação e melhoria dos transportes urbanos, como por exemplo a Cia. Ferrocarril de Porto das Flores e Pará e a Cia. Ferrocarril de Bondes de Juiz de Fora; na construção civil/industrial; na indústria propriamente dita, com destaque para os setores têxtil, mecânica, química e alimentos; no setor de energia elétrica, com a criação da Cia. Mineira de Eletricidade, além dos setores de serviços diversos como escolas secundárias, hospitais etc. (PAULA, 2002, p.12).

Por tudo isso, Juiz de Fora se tornou uma cidade efetivamente capitalista no século XIX, industrializada, urbanizada, com predomínio de mão de obra livre e assalariada, cuja modernidade é equiparável à da jovem e próspera cidade de São Paulo da época.

O Congresso Constituinte Mineiro de 1891, a mudança da capital e o arrojado projeto de integração regional de Minas Gerais

Após a proclamação da República, ocorreu em 1891 o Congresso Constituinte Mineiro, com o objetivo precípuo de promulgar a carta constitucional estadual e organizar os rumos do Estado em seu novo contexto federalista. Ali foram discutidas as crises de mão de obra vivenciadas com o fim da escravidão e os desafios logísticos para escoamento da produção cafeeira para o exterior – reclamados principalmente por representantes das regiões Sul e Mata –, além de estratégias para promoção da modernização como via para superação do atraso das diversas regiões mineiras e garantia de autonomia do novo Estado frente a União. Aguiar (2006) observa que, desse congresso, saíram três encaminhamentos principais: o desenvolvimento das redes ferroviárias e hidroviárias por meio de subvenções; o estímulo à atração de imigrantes e colonos europeus tutelados pelo governo mineiro para suprir a mão de obra da cafeicultura, modernizar o campo e diversificar sua produção; e a transferência da capital[126], sonho dos inconfidentes[127] do século XVIII.

Aguiar (2006) relata, ainda, que o desejo das elites mineiras[128] era de que a nova capital fosse delineada como símbolo de superação do mundo escravocrata, com arquitetura e infraestrutura compatíveis com as das novas cidades europeias e americanas. Tratava-se de um projeto político que visava à promoção da modernização em alicerces urbanos e industriais, sensível ao estímulo do planejamento e desenvolvimento regional e à aproximação com mercados internacionais, em contraste com Ouro Preto, então sinônimo da decadência da economia mineira (MATOS, 1992).

Das cinco localizações consideradas pela Comissão Técnica composta em 1892 para a construção da "Cidade de Minas Gerais[129]"

– Belo Horizonte (distrito de Sabará); Várzea do Marçal (distrito de São João Del Rei); Paraúna (Distrito de Diamantina); Barbacena e Juiz de Fora –, a primeira venceu a segunda em reunião do Congresso mineiro em 1893 por diferença de apenas dois votos (30 a 28, com 14 ausências). A chefia da comissão construtora ficou a cargo do engenheiro civil e geógrafo Aarão Leal de Carvalho Reis, egresso da Escola Politécnica do Rio de Janeiro. A escolha por uma região geográfica central aquietou as tendências separatistas[130] verificadas ao longo do século, ainda que os políticos do Sul e Mata tivessem clara inclinação para a escolha da Várzea do Marçal (ALMG, 1989).

O projeto da nova capital espelhou-se nos exemplos da Paris de Haussmann, da Washington de L'Enfant e da La Plata, de Benoit, cujas concepções urbanísticas refletiam a visão positivista de progresso em voga[131]. A nova capital deveria ser capaz de articular as várias regiões de Minas, e para isso era essencial que se localizasse em região central, com situação geográfica adequada à sua expansão, para onde deveriam afluir esforços políticos para que sua função de centralização fosse viabilizada por melhorias na rede de transportes e incentivo à indústria (MATA-MACHADO, 1987). O propósito maior era de se alcançar o equilíbrio do poder político e econômico do Estado através da industrialização e da polarização de seus fluxos produtivos.

> Belo Horizonte, em mais de um aspecto, é a síntese da própria trajetória da modernidade mineira. A cidade nascida do avanço científico e tecnológico, das novas técnicas construtivas, das inovações urbanísticas de Haussmann, da ruptura política com a velha ordem colonial-imperial. Cidade contemporânea das grandes transformações do auge do modernismo europeu – as vanguardas artísticas, o cinema, a emergência das sociedades de massas, da velocidade e da explosão urbana. Cidade sintonizada com os novos termos da urbanização modernista – amplas

> avenidas, amplos espaços públicos, parques e jardins, espaços distribuídos funcionalmente. E, no entanto, por detrás desta fachada moderna, como um cenário de Potenkin, a mesma continuidade da exclusão, os pobres interditados, a terra urbana privatizada e concentrada, a velha sonegação de direitos sociais que acompanha, como uma sombra, a luz, por vezes intensa, da modernidade mineira (DE PAULA, 2000, p. 65).

Apesar do sucesso da transferência da nova capital, Schmidt (1981) pondera que o ensejo dos constituintes de rearticular a rede urbana mineira por meio de um nódulo artificial que fosse capaz de exercer a hegemonia sobre as diferentes regiões do Estado demoraria décadas para se realizar. As primeiras estratégias que viabilizariam tal feito foram traçadas em 1903, no I Congresso Agrícola, Comercial e Industrial de Minas Gerais (I CACI), realizado na nova capital.

Articulado e presidido pelo ex-presidente do Estado João Pinheiro (1980) e organizado pelo então governo estadual presidido por Francisco Sales, o evento tinha por objetivo elaborar estratégias econômicas para enfrentar a perda de dinamismo econômico verificada desde 1897, pautado na crença de que o desenvolvimento deveria ser politicamente orientado. Contou com expressiva participação da elite política do Estado, de empresários da indústria (convidados nominalmente) e representantes municipais da agropecuária e do comércio. Escolheu-se simbolicamente o dia 13 de maio – quando se comemora a abolição da escravidão – para início do evento (BARBOSA, 2008).

Do congresso resultou um projeto político de desenvolvimento regional, apresentado ao governo, que solicitava a intervenção estatal para a promoção da modernização por meio de incentivos aos investidores privados e da elaboração de políticas tarifárias capazes de proteger a produção regional. As 119 recomendações que o compunham delinearam as políticas públicas governamentais do Estado e enfatizaram a pauta de estímulos da diversificação econômica agrária e industrial, de modernização da agricultura e da elaboração de uma política mineral arrojada, sendo o poder público o condutor ideal de tais projetos. Além dos impactos positivos para o Estado, acreditava-se que os desdobramentos de tais ações sustentariam e dariam força à bancada política mineira no espaço político federal. Por fim, cabe ressaltar que os direcionamentos do I CACI fundamentaram o programa econômico de João Pinheiro, que assumiria a presidência do Estado em 1906.

> Embora a concretização dos projetos apresentados pelo I CACI não tenha acontecido imediatamente após sua realização, nem mesmo por completo ao longo dos anos, o evento propiciou a unificação dos interesses regionais em torno de um planejamento estratégico, definido na órbita política e mediado pelo poder público. Além disso, fomentou a inserção de um novo grupo a essa esfera, o grupo técnico, especialmente formado por engenheiros e que, no limite, configurava-se por ser o portador de um discurso que lenta, mas efetivamente, se formulava como autorizado: a ciência e a técnica (BARBOSA, 1993, *apud* BARBOSA, 2008, p. 4).

Batista *et al.* (2012) ponderam que nem a transferência da capital, nem o I CACI, e nem a consolidação em 1906 dos interesses das elites regionais em torno do Partido Republicano Mineiro foram suficientes para provocar a recuperação da economia mineira e seu atraso relativo em relação a São Paulo e Rio de Janeiro na primeira metade do século XX. No entanto, as bases foram criadas para que, na segunda metade do século XX[132], a Minas do Ferro tomasse as rédeas da Minas da Terra no desenvolvimento do Estado.

Conclusão

Procurou-se demonstrar neste capítulo que Minas Gerais não só apresentou desenvolvimento econômico em grande parte do século XIX, como foi palco de uma série de ensaios modernos evidenciados pela instalação de empreendimentos característicos do mundo industrial e pioneiros no Brasil. Inequivocamente, as elites agrárias brasileiras foram resistentes às novas regras que orientavam o capitalismo nos países industrializados e continuaram apostando no enriquecimento por meio da exploração de vantagens competitivas locais e da mão de obra escrava. Nas cidades, entre as elites e classes médias urbanas, já era claro que o progresso era indissociável da industrialização e da abolição da escravatura. O difícil e moroso debate sobre os destinos do país e as indefinições sobre a política fiscal do Império apresentam-se como os mais claros motivos de desconfiança e repulsão de investidores industriais.

Contribuíram também uma série de outros fatores, a exemplo da indisponibilidade de mão de obra livre e disciplinada, essencial para o funcionamento de fábricas. A Lei de Terras, que buscou limitar o acesso à terra pelo homem comum e assim motivar a criação de uma massa de indivíduos disponíveis para o trabalho assalariado, não foi eficiente, talvez pela extensão geográfica do país e a impossibilidade de garantir a fiscalização de sua ocupação, o que permitia aos indivíduos livres ocuparem terras devolutas, organizarem-se em comunidades e se dedicarem-se à agricultura de subsistência. A solução para o problema de mão de obra por meio da imigração estrangeira ao final do século foi capaz de atrair contingentes populacionais, entretanto tardia para alterar a posição do Brasil na disputada divisão internacional do trabalho. Mesmo no país, a região centro-sul foi privilegiada com a maior diversificação de empreendimentos manufatureiros, o que resultou em uma diferenciação regional que se intensificou no século XX.

Em Minas Gerais, a contínua formação de homens letrados, a circulação de jornais e a formação de clubes e partidos progressistas contribuíram para manter viva a atuação de uma elite intelectual e política que participou intensamente da condução do país. Conquanto fossem típicos defensores do interesse das elites da terra, expressavam desejo pela industrialização modernizadora. Diversos embates documentados mostram que havia, entre os mineiros, aqueles que batalhavam pela intervenção do Estado em prol da criação e fixação de indústrias. Esse discurso se fortalece quando os primeiros egressos da Escola de Minas chegam à vida política com uma visão pragmática e sistêmica do mundo e um desejo inabalável pelo progresso.

Conforme demonstrado, Minas abrigou ao longo dos Oitocentos fábricas, usinas e estradas de ferro, entre outros inequívocos símbolos de modernidade. Mesmo que seu porte e envergadura não sejam equiparáveis àqueles vistos na Europa e nos Estados Unidos, é impressionante a presença de maquinário moderno em um isolado território da periferia mundial. O exemplar esforço de conjuntos de indivíduos permitiu que em vários municípios se vivenciasse, ainda que de maneira muito limitada, reverberações das revoluções industriais que agitavam o mundo norte-ocidental. Certamente, tais experiências contribuíram para a construção de um imaginário popular sobre um outro mundo possível, rico e dinâmico, semelhante à Europa.

As excepcionalidades mineiras – Estado forte, matéria-prima e elites instruídas – fizeram-se valer no seu desenvolvimento industrial, reforçadas pelas contraditórias vantagens de isolamento territorial. Reforça-se que seu caráter geográfico insular conjugado ao maior contingente populacional do Império foram decisivos para a formação de uma constelação de mercados consumidores locais que justificavam e incentivavam o desenvolvimento de atividades manufatureiras, ainda que muitas vezes rudimentares e pouco modernas. Não se pode ignorar também que o mercado consumidor interno se beneficiava muito de relações comerciais estabelecidas com a Corte, cujos lucros circulavam pela província e viabilizavam a sofisticação das formas de consumo.

Ocorreram pioneiramente na Minas Gerais oitocentista a primeira partida de ferro líquido com qualidade industrial, a primeira laminação de aço, a primeira planta siderúrgica moderna com capacidade superior a uma tonelada diária, a primeira fábrica de tijolos refratários, as primeiras experiências fabris têxteis, a primeira usina hidrelétrica da América do Sul e a maior rede ferroviária do país. Tais feitos seriam impossíveis em um contexto de baixa dinamização econômica e/ou de elites iletradas conservadoras.

Apesar de tais experiências, é inegável que a maior parte do extenso território mineiro permaneceu agrário e de baixo desenvolvimento. Os empreendimentos de maior vulto concentraram-se primeiramente na região central e depois ganharam força nas regiões Sul e Mata, com a cafeicultura e o notável desenvolvimento urbano-industrial de Juiz de Fora, que se transformou em uma cidade efetivamente capitalista, pioneira na província. A quantidade de riquezas geradas nas duas últimas regiões, associada à insatisfação com o governo provincial, ressalte-se, gerou movimentos separatistas que, embora não lograssem êxito, revelavam a fragilidade da coesão regional do mosaico mineiro.

A proclamação da República, o pacto federativo e os dividendos de uma próspera cafeicultura deram aos mineiros maior autonomia governamental para redesenhar o destino de Minas Gerais. Entre as deliberações do Congresso Constituinte Mineiro, decidiu-se pela transferência da capital e pela criação de uma cidade que pudesse guiar Minas novamente ao seu esplendor. Seu projeto arrojado, inspirado nas reformas urbanas dos países industrializados, imprimiu na região central de Minas uma nova paisagem moderna, de traçado cartesiano, apta à industrialização e à expansão urbana. Belo Horizonte trouxe novo equilíbrio ao cenário político e lentamente proporcionou a desejada articulação das economias regionais, guiada pelas recomendações do I CACI.

O conjunto de evidências arroladas permite afirmar que são muitas as chaves da modernidade capitalista no Brasil que surgiram em Minas Gerais. Verificou-se entre as elites mineiras pioneirismo, ousadia e senso de oportunidade, marcas difíceis de se reproduzirem por tempo indeterminado, talvez por sua faceta criativa, mas também excludente, fora do alcance da grande maioria da população mineira de mestiços, despossuídos e iletrados.

REFERÊNCIAS

AGUIAR, Tito Flávio Rodrigues de. **Vastos subúrbios da nova capital: formação do espaço urbano na primeira periferia de Belo Horizonte**. Belo Horizonte: 2006, 443 p.) Tese (Doutorado) – Programa de Pós-graduação em História da Faculdade de Filosofia e Ciências Humanas, Universidade Federal de Minas Gerais.

ANDRADE, Mariza Guerra de. Colégio do Caraça: a formação escolar e política das elites. *In*: RESENDE, Maria Efigênia Lage de; VILLALTA, Luiz Carlos (Orgs.). **História de Minas Gerais: a província de Minas**. V. 2. Belo Horizonte: Autêntica Editora; Companhia do Tempo, 2013, 444 p.

ASSEMBLEIA LEGISLATIVA DE MINAS GERAIS (ALMG). **As Constituintes mineiras de 1891, 1935 e 1947: uma análise histórica**. Belo Horizonte: ALMG, 1989, 313 p.

BAETA, Alenice; PILÓ, Henrique; NEVES, Marcus Duque. **A Usina Wigg e a Siderurgia em Escala Industrial nas Minas Oitocentista. Ouro Preto, Minas Gerais-Brasil**. *In*: COLÓQUIO LATINO AMERICANO: RECUPERAÇÃO E PRESERVAÇÃO DO PATRIMÔNIO HISTÓRICO INDUSTRIAL, 6. Vol. 1. São Paulo: TICCIH, 2012.

BARBOSA, Daniel Henrique Diniz. Desenvolvimento econômico e pensamento desenvolvimentista: o caso de Minas Gerais (1933-1968). *In*: **Encontro de Pós-Graduandos da FFLCH/USP, 4**. V. 1. São Paulo: Universidade de São Paulo, 2008.

BATISTA, Felipe Alvarenga; BARBOSA, Lidiany Silva; GODOY, Marcelo Magalhães. Transportes, modernização e formação regional-Subsídios a história da era ferroviária em Minas Gerais, 1870-1940. **Revista de História Regional**. Ponta Grossa: 2012, v. 17, n. 1, p. 162-203.

BELLUZZO, Luiz Gonzaga; TAVARES, Maria Conceição. A mundialização do capital e a expansão do poder americano. *In*: FIORI, José Luís. **O Poder Americano**. Petrópolis: Vozes, 2004, p. 113-117.

BERMAN, Marshall. **Tudo que é sólido se desmancha no ar**. São Paulo: Companhia das Letras, 1986. 347 p.

BIRCHAL, Sérgio de Oliveira. O mercado de trabalho mineiro no século XIX. **História Econômica & História de Empresas**. Belo Horizonte: 1998, v. 1, n. 1, p. 31-63.

BORGES, Barsanufo Gomides. Ferrovia e modernidade. **Revista UFG**. Goiás: 2011, v. 13, n. 11, p. 27-36.

CARRARA, Ângelo Alves. O ouro e os portos do Brasil no século XVIII. *In*: CARRARA, Ângelo Alves; OLIVEIRA JUNIOR, Paulo Cavalcante de (Org.). **Alfândegas do Brasil: Rio de Janeiro e Salvador, século XVIII; estudos de administração fazendária**. 1. ed. Vol. 1. Juiz de Fora: Editora da Universidade Federal de Juiz de Fora, 2016, 408 p.

CARVALHO, José Murilo de. **A construção da ordem: a elite política imperial. Teatro de sombras: a política imperial**. 4. ed. Rio de Janeiro: Civilização Brasileira, 2008, 459 p.

CARVALHO, José Murilo de. **A escola de Minas de Ouro Preto: o peso da glória** [online]. Rio de Janeiro: Centro Edelstein de Pesquisas Sociais, 2010, 196 p.

CARVALHO, José Murilo de. A modernização frustrada: a política de terras no Império. **Revista Brasileira de História**. São Paulo: 1981, v. 1, p. 39-57.

CARVALHO, José Murilo de. Ouro, Terra e Ferro – Vozes de Minas. *In*: GOMES, Ângela de Castro (Org.). **Minas e os fundamentos do Brasil moderno**. 1ed. Belo Horizonte: UFMG, 2005, v. 1, p. 55-78.

CARVALHO, José Murilo de. Trajetórias republicanas. **Revista do Arquivo Público Mineiro**, 2008, v. XLIV, p. 22-35.

CARVALHO. José Murilo de. A Escola de Minas de Ouro Preto. *In*: RESENDE, Maria Efigênia Lage de; VILLALTA, Luiz Carlos (Orgs.). **História de Minas Gerais: a província de Minas**. V. 2. Belo Horizonte: Autêntica Editora; Companhia do Tempo, 2013, 444 p.

COSENTINO, Daniel do Val. A economia mineira no século XIX e a transição do trabalho escravo para o trabalho livre. **Revista Debate Econômico**. Alfenas: v. 1, n. 2, p.28-53, dez. 2013. Semestral. Disponível em: <https://publicacoes.unifal-mg.edu.br/revistas/index.php/revistadebateeconomico/article/view/119/pdf>. Acesso em: 11 dez. 2018.

DE PAULA, João Antônio. **Raízes da modernidade em Minas Gerais.** 1. ed. Belo Horizonte: Editora Autêntica, 2000, 156p.

DOLHNIKOFF, Miriam. Império e governo representativo: uma releitura. **Caderno CRH**. Salvador: v. 21, n. 52, p.13-23, abr. 2008. Quadrimestral. Disponível em: <https://portalseer.ufba.br/index.php/crh/article/view/18953/12311>. Acesso em: 11 dez. 2018.

DUARTE, Regina Horta. Introdução (Política e Espaço público). *In*: RESENDE, Maria Efigênia Lage de; VILLALTA, Luiz Carlos. **História de Minas Gerais: A província de Minas 2**. Belo Horizonte: Companhia do Tempo/Autêntica, 2013, cap. 2, p. 23-26.

DULCI, Otávio Soares. **Política e recuperação econômica em Minas Gerais**. Belo Horizonte: UFMG, 1999, 303 p.

FREITAS, Ana Paula Ribeiro. **Diversidade Econômica e Interesses Regionais: as Políticas Públicas do Governo Provincial Mineiro (1870-1889).** São Paulo: 2009, 312 f. Dissertação (Mestrado) – Programa de Pós-graduação em História Econômica, Departamento de História, Universidade de São Paulo.

GADELHA, Regina Maria d'Aquino Fonseca. A lei de terras (1850) e a abolição da escravidão: capitalismo e força de trabalho no Brasil do século XIX. **Revista de História**. São Paulo: 198, n. 120, p. 153-162, 1989.

GEIGER, Pedro Pinchas. **Evolução da rede urbana brasileira.** Rio de Janeiro: Instituto Nacional de Estudos Pedagógicos, 1963, 455 p.

GODOY, Marcelo Magalhães. Minas Gerais na República: atraso econômico, Estado e planejamento. **Cadernos da Escola do Legislativo**. Belo Horizonte: Assembleia Legislativa do Estado de Minas Gerais, v. 11, n. 16, p. 5-6, jan./jun. 2009.

GONÇALVES, João Luís Traverso. **A geografia da imprensa em Minas Gerais no século XIX: uma conexão com as redes de cidades da província**. Belo Horizonte: 2001. 188 p. Tese (Doutorado) – Programa de Pós-graduação em Geografia do Instituto de Geociências, Universidade Federal de Minas Gerais.

GRAÇA FILHO, Afonso de Alencastro. Riqueza e negócios na primeira metade do século XIX. In: RESENDE, Maria Efigênia Lage de; VILLALTA, Luiz Carlos (Orgs.). **História de Minas Gerais: a província de Minas.** V. 1. Belo Horizonte: Autêntica Editora; Companhia do Tempo, 2013, 377 p.

HARVEY, David. **A condição pós-moderna: uma pesquisa sobre as origens da mudança cultural**. 21. ed. São Paulo: Edições Loyola, 2011, 348 p.

HOBSBAWM, Eric. **A era das revoluções: 1789-1848**. São Paulo: Paz e Terra, 2015.

IGLÉSIAS, Francisco. **Política econômica do govêrno provincial mineiro (1835-1889)**. São Paulo: Editora Revista dos Tribunais, 1958, 231 p.

LANNA, Ana Lúcia Duarte. O café e o trabalho livre em Minas Gerais 1870-1920. **Revista Brasileira de História**. São Paulo: v. 6, n. 12, p. 73-88, 1986.

LENHARO, Alcir. **As tropas da moderação: o abastecimento da Corte na formação política do Brasil, 1808-1842**. 2ª ed. Rio de Janeiro: Secretaria Municipal de Cultura, Turismo e Esportes, Departamento Geral de Documentação e Informação Cultural, Divisão de Editoração, 1993, 136 p.

LIBBY, Douglas Cole. Novas considerações sobre a protoindustrialização mineira dos séculos XVIII e XIX. **Revista do Departamento de História**. Belo Horizonte: 1989, n. 9, p. 149-160.

LIMA, Pablo Luiz de Oliveira. **Ferrovia, sociedade e cultura, 1850-1930**. 2 ed. Belo Horizonte: Fino Traço, 2015.

LUNA, Francisco Vidal. **Minas gerais: escravos e senhores: análise da estrutura populacional e econômica de alguns centros mineratórios (1718-1804).** São Paulo: 1980. 142 f. Tese (Doutorado) - Curso de Economia da Faculdade de Economia e Administração, Universidade de São Paulo.

LUZ, Nícia Villela. **A Luta Pela Industrialização do Brasil**. 2. ed. São Paulo: Editora Alfa-Ômega, 1978.

MARTINS, Roberto Borges. **A economia escravista de Minas Gerais no século XIX.** Belo Horizonte: Cedeplar/UFMG, 1980, 72 p.

MATA-MACHADO, Bernardo. O poder político em Minas Gerais: estrutura e formação. **Análise e Conjuntura.** Belo Horizonte: 1987, v. 2, n. 1, 68 p.

MATOS, Ralfo. **Evolução urbana e formação econômica de Belo Horizonte**. Texto para discussão nº 64. Belo Horizonte: Cedeplar/UFMG, 1992, 33 p.

MATOS, Ralfo; COSTA, Alfredo. Por uma regionalização da Minas Oitocentista. **Revista GEOgrafias**. Belo Horizonte: 2016, v. 1, p. 114-136.

MATOS, Ralfo; MELLO, Ediméia Maria Ribeiro de. As condições estruturantes da siderurgia mineira: recursos naturais, Estado e elite instruída. **Revista GEOgrafias**. Belo Horizonte: 2012, v. 8, n. 2, p. 60-75.

MELLO, Ediméia Maria Ribeiro de. **As condições estruturantes da siderurgia mineira: recursos naturais, Estado e elite instruída**. Belo Horizonte: 2010, 252 p. Tese (Doutorado) – Programa de Pós-graduação do Instituto de Geociências, Universidade Federal de Minas Gerais.

PAULA, Ricardo Zimbrão Affonso de. Indústria em Minas Gerais: origem e desenvolvimento. *In*: SEMINÁRIO SOBRE A ECONOMIA MINEIRA, 10., 2002, Diamantina. **Anais...** . Diamantina: Cedeplar, 2002, p. 1 - 18. Disponível em: <http://www.cedeplar.ufmg.br/diamantina2002/textos/D13.PDF>. Acesso em: 11 dez. 2018.

PAULA, Ricardo Zimbrão Affonso de. **E do Caminho Novo das Minas dos Matos Gerais emerge a "Manchester Mineira" que se transformou num "baú de ossos" - História de Juiz de Fora: da vanguarda de Minas Gerais à "industrialização periférica"**. Campinas: 2006, 426 p. Tese (Doutorado) – Instituto de Economia, Universidade Estadual de Campinas.

PAIVA, Clotilde Andrade. **População e Economia nas Minas Gerais do Século XIX**. São Paulo: 1996, 254 p. Tese (Doutorado) – Programa de Pós-graduação em História Econômica da Faculdade de Filosofia, Letras e Ciências Humanas, Universidade de São Paulo.

PIRES, Anderson. **Café, finanças e bancos: uma análise do sistema financeiro da Zona da Mata de Minas Gerais: 1889/1930**. Juiz de Fora: 2004, 424 p. Tese (Doutorado) – Programa de Pós-graduação em História Econômica da Faculdade de Filosofia, Letras e Ciências Humanas, Universidade de São Paulo.

RENAULT, Delso. **Indústria, escravidão, sociedade: uma pesquisa historiográfica do Rio de Janeiro no século XX**. Brasília: Civilização Brasileira, 1976, 186 p.

RODARTE, Mario Marcos Sampaio. **O caso das Minas que não se esgotaram: a pertinácia do antigo núcleo central minerador na expansão da malha urbana da Minas Gerais Oitocentista**. Belo Horizonte: 1999, 179 p. Dissertação (Mestrado) – Programa de Pós-graduação em Economia do Centro de Desenvolvimento Regional e Planejamento Regional, Universidade Federal de Minas Gerais.

RODRIGUES, José Carlos. **Ideias Filosóficas e Políticas em Minas Gerais no Século XIX**. Belo Horizonte; Itatiaia; São Paulo: Editora da Universidade de São Paulo, 1986.

SANTOS, Paulo Coelho Mesquita; COSTA, Adilson Rodrigues da. A Escola de Minas de Ouro Preto, a" Sociedade de Geographia Economica de Minas Geraes" e as Exposições Universais do final do século XIX e início do século XX. **Rem.:** Revista Escola de Minas. Ouro Preto: 2005, v. 58, n. 3, p. 279-285.

SANTOS, Paulo Coelho Mesquita; LOPES, Maria Margaret. **Os periódicos Revista Industrial de Minas Geraes e Brazilian Engineering and Mining Review e a participação do Brasil nas Exposições Universais de Santiago (1894) e Saint Louis (1904).** *In*: COLÓQUIO LATINO AMERICANO RECUPERAÇÃO E PRESERVAÇÃO DO PATRIMÔNIO INDUSTRIAL, 6., 2012, São Paulo. **Anais**... São Paulo: TICCIH, 2012, v. 1.

SANTUÁRIO DO CARAÇA. A Educação Caracense. Disponível em <http://www.santuariodocaraca.com.br/o-colegio-e-seminario/a-educacao-caracense/>. Acesso em: 5 mai. 2018.

SCHMIDT, Benício Viero. A modernização e o planejamento urbano brasileiro no século XIX. **Ensaios FEE**. Porto Alegre: 1981, v. 2, n. 1, p. 19-40.

SINGER, Paul. **Desenvolvimento econômico e evolução urbana: análise da evolução urbana de São Paulo, Blumenau, Porto Alegre, Belo Horizonte e Recife**. São Paulo: Companhia Editora Nacional, 1974, 377 p.

SLENES, Robert W. Os Múltiplos de Porcos e Diamantes: A Economia Escrava de Minas Gerais no Século XIX. **Estudos Econômicos**. São Paulo: 1988, v.18, n. 3, p. 449-495.

SOJA, Edward William. **Geografias Pós-modernas: a reafirmação do espaço na teoria social crítica**. Rio de Janeiro: Jorge Zahar, 1993.

SOUZA, Cassiano Ricardo de. **Atlas digital da província de Minas Gerais de 1872: uma análise comparativa por gênero e condição social**. Belo Horizonte: 2015, 454 p. Dissertação (Mestrado) – Programa de Pós-graduação em Geografia, Pontifícia Universidade Católica de Minas Gerais.

VAZ, Alisson Mascarenhas. A indústria têxtil em Minas Gerais. **Revista de História**. São Paulo: 1977, n. 111, p. 101-118.

VILLELA, André Arruda. Política Tarifária no II Reinado: evolução e impactos, 1850-1889. **Nova Economia** (UFMG. Impresso). Belo Horizonte: 2005, v. 15, p. 35-68.

VISCARDI, Cláudia Maria Ribeiro. O movimento republicano: formas de estruturação e valores políticos. *In*: RESENDE, Maria Efigênia Lage de;

VILLALTA, Luiz Carlos (Orgs.). **História de Minas Gerais: a província de Minas**. V. 2. Belo Horizonte: Autêntica Editora; Companhia do Tempo, 2013, 444 p.

WIRTH, John Davis. **O fiel da balança: Minas Gerais na Federação Brasileira, 1889-1937**. São Paulo: Paz e Terra, 1982.

V

ESTRUTURAÇÃO, MODERNIZAÇÃO DA SIDERURGIA MINEIRA E AÇÕES DO ESTADO E DA ELITE INSTRUÍDA NOS SÉCULOS XIX E XX

Ralfo Matos
Ediméia M. R. Melo

Introdução

Este capítulo procura compreender, em linhas bem gerais, alguns dos determinantes que atuaram na constituição do espaço siderúrgico na Zona Metalúrgica de Minas Gerais, processo intrínseco à região das minas desde o Setecentos, mas implementado sobretudo na segunda metade do século XX, quando o Estado alcança sua recuperação econômica como desejada por suas elites desde o século anterior. A análise retrocede à Minas colonial e se encerra na década de 1960, quando fora inaugurada a Usiminas. A ideia central é identificar fatores decisivos que perpassam os efeitos de encadeamento do minério de ferro nos subespaços de mineração do Estado, cujos efeitos desenham uma situação tipicamente "weberiana", preenchida pela indústria minero-siderúrgica, ao incorporar a região definida pelo eixo da Estrada de Ferro Vitória a Minas (EFVM) à economia mundial. A abordagem dessas problemáticas articula conhecimentos de economia, geografia e história, num esforço transdisciplinar de entendimento do espaço mineiro.

Fatores excepcionais explicam a fisionomia típica de boa parte do Estado, o que inclusive contribuiu decisivamente para a constituição do Estado-nação brasileiro, desde a sua condição agrário-oligarca do século XIX até a sua feição mais desenvolvimentista industrial no século XX. Em todo o período, o caráter fortemente centralizador e autoritário é uma característica distintiva que marca as estruturas de poder estaduais e brasileiras. A influência de Minas, pautada em suas singularidades, colabora para o Estado nacional republicano positivista, que evolui até o último governo militar, na década de 1980. Os fatores-chave explicativos da excepcionalidade mineira são a peculiar convergência geográfica de recursos naturais, a presença duradoura de um Estado forte, colonial ou independente, e de um segmento proeminente das classes dominantes, a elite mineira instruída, versada em leis e técnicas.

Nas três seções, a seguir, são examinados dois grandes períodos da história político-econômica do Estado de Minas Gerais. O primeiro compreende o século XVIII até a última década do século XIX[133]. Esse longo período é marcado pela exploração mineral, 120 anos de colonialismo, os decênios do 2º Reinado e pela proclamação da República. O modelo de gestão português da riqueza mineral acaba introduzindo segmentos da sociedade local com mentalidade comprometida com o progresso da região das minas. Nesta sociedade desponta uma liderança, instruída e bem informada relativamente, cujas ações irão alcançar todo o país, deixando suas marcas na modernidade estadual e nacional. Os acontecimentos que assinalam esse período são: a formação da oligarquia rural e surgimento de uma elite econômica, a inauguração da Escola de Minas de Ouro Preto (EMOP) e a adoção de uma mentalidade moderna. Os egressos da EMOP instalam a pequena siderurgia mineira, cujas dificuldades exigem a intervenção estatal, modelo defendido por João Pinheiro, no período republicano.

O segundo período se inicia com a Proclamação da República e finaliza com a implantação da Usiminas, na década de 1960, tornando irreversível a constituição de um espaço siderúrgico avançado no centro de Minas Gerais, amplamente consolidado, no final da década de 1980. Esse período é abordado segundo as perspectivas econômica e política, influenciadas pela situação de subdesenvolvimento de Minas Gerais, Estado ameaçado pelo separatismo territorial. Essa conjuntura inspira a escolha da localização da nova capital, Belo Horizonte, em região geograficamente central, com vistas a construir uma forte centralidade política, administrativa e econômica. Em 1920, a implantação da Companhia Belgo Mineira, em Sabará, introduz dinamismo econômico à recém-implantada Belo Horizonte, contribuindo para formar a Zona Metalúrgica mineira, especializada na produção de bens intermediários. A capital mineira torna-se uma cidade nacional integrada ao parque industrial do centro-sul.

A outra perspectiva analítica focaliza as elites instruídas e seu poder político e econômico. As escolas do Caraça e de Ouro Preto formam dois tipos de liderança, uma oligárquica conservadora e outra técnica modernizadora, ambas influem na transformação do Estado republicano em sujeito do desenvolvimento regional. Politicamente reunidas no Partido Republicano Mineiro, no qual conservadorismo e modernidade se misturam, elas fundam as bases do Estado planejador desenvolvimentista, a partir de ideias liberais como as de João Pinheiro. Pinheiro inaugurou em Minas a gestão pública a favor do desenvolvimento, orientada por planos governamentais. Esse novo modelo de gestão da coisa pública é apropriado pelo Estado forte da Era Vargas para comandar a industrialização incentivada e se sustenta até a redemocratização do país. Em 1940, Minas perde a Companhia Siderúrgica Nacional (CSN) para o Rio de Janeiro e ganha a Companhia Vale do Rio Doce (CVRD), que reconfigura o espaço da Zona Metalúrgica de Minas Gerais (ZMMG), conectando-a ao mundo. Em 1960, é criada uma potente estrutura estatal mineira de apoio à indústria, que burocratiza a atividade de atração de investimentos, e é implantada a Usiminas, marco de uma nova etapa da economia mineira.

Breve síntese entre os séculos XVIII e o final do século XIX

A inserção do território das Gerais no mundo "civilizado" decorre das descobertas de ouro, em 1693, e de seus desdobramentos subsequentes. A atração exercida pelo ouro funda a sociedade regional, exposta aos rigores da gestão centralizada metropolitana portuguesa. A Capitania de Minas Gerais é estabelecida em 1720, quando recebe o primeiro governador para restaurar a ordem e a paz em uma região conturbada. Sua delimitação fronteiriça obedece à conveniência da Coroa de isolar a região das minas, impedindo a evasão de divisas em ouro. É implantada uma completa infraestrutura fiscal e de governo para controlar o acesso e produzir o espaço de acordo com os interesses metropolitanos.

Desde então, a região torna-se foco de fluxos migratórios intensos de portugueses, burocratas e comerciantes, que estabelecem fortes laços com a região e com o longo tempo de exploração mineral, acabam desenvolvendo uma mentalidade relativamente progressista. Assim, a sociedade regional é fundada em "[...] um complicado mosaico de grupos e raças" (MAXWELL, 1977, p. 114). Sua elite busca educação para os filhos fora da Capitania, uma vez que uma das poucas instituições de ensino regionais é o Seminário de Nossa Senhora de Boa Morte (1750). Para o ensino de nível superior, essas famílias enviam os seus filhos para a Europa, onde ganhariam notoriedade, como Vicente Coelho de Seabra Silva Teles, que desponta na vanguarda das ciências químicas em Portugal, e Manuel Ferreira da Câmara Bethencourt e Sá (o Intendente Câmara), um dos pioneiros da siderurgia no Brasil e que teve uma ação modernizadora de largo alcance na Demarcação Diamantinense. Filgueiras (2007) e Bethell (2001) referem-se a um número superior a mil brasileiros formados em Coimbra e em França, no período de 1760 a 1792. Grande parte procede de Minas Gerais: são 430 graduados em filosofia natural: química moderna, física, história natural, mineralogia, metalurgia, geologia e outras disciplinas.

Esses jovens, transformados pela educação formal e pela experiência de vida junto às civilizações mais avançadas, retornam ao Brasil e passam a difundir, nos frequentes encontros sociais na Capitania, o debate acadêmico e político europeu contemporâneo. Nessas oportunidades, não deixam de abordar a Independência dos Estados Unidos (1776) e os movimentos que precipitaram a Revolução Francesa (1789). São as "vozes do ouro" de Carvalho (2005), que se elevam contrárias à condição colonial, particularmente na Inconfidência Mineira. Essa conspiração foi apoiada por homens ricos e influentes da região (vários endividados): magistrados, fazendeiros, comerciantes, contratadores de impostos, advogados, padres e oficiais do exército regular.

A excessiva severidade com que é tratada a sociedade da Capitania de Minas Gerais forja um ambiente local de instabilidade, que deflagrava frequentes revoltas libertárias, como a Revolta de Felipe dos Santos e a Inconfidência Mineira[134]. A política de colonização antidesenvolvimentista insufla os ideais libertários dos jovens educados na Europa. Aqueles envolvidos com a Inconfidência Mineira associam viagens de estudo aos objetivos de libertação do País.

Estudantes de Medicina, em Montpellier, entre eles os mineiros Joaquim S. Brandão e Inácio Ferreira Câmara (graduados entre 1767 e 1785), iniciaram negociações comerciais entre a futura nação independente e representantes da república norte-americana. O médico Domingos Vidal Barbosa Lage (1761-1793), de Juiz de Fora, transfere-se de Montpellier para Bordeaux para abrir mercado para as exportações brasileiras. O mineiro de Vila Rica, José Álvares Maciel, químico/mineralogista graduado em Coimbra e entendido de técnicas fabris desenvolvidas na Inglaterra, obtém o apoio de negociantes ingleses para um Estado independente no Brasil e defende a importância da siderurgia (SOUZA, 1985). O português Thomaz Antônio Gonzaga e os mineiros Cláudio Manuel da Costa e Cônego Luís Vieira elaboram o projeto do novo Estado republicano, que, dentre outras propostas e medidas, previa a dissolução do distrito diamantífero, a implantação de manufaturas, o estímulo à exploração do minério de ferro, a gestão nacionalista dos recursos e a substituição de importações (MAXWELL, 1977).

A derrota dos inconfidentes neutraliza parcialmente os ideais patrióticos. Vão ressurgir por meio de lideranças políticas, que irão atuar na consolidação do Estado-nação brasileiro. José Aparecido de Oliveira sintetiza a importância da sociedade mineira frente a esse Estado:

> Dessa importância cultural e do isolamento que lhe imprimia um caráter tão próprio, Minas herdara dois traços que se conservam inalterados ao longo de sua história: o de ser uma região brasileira com marcante sentido de autonomia e o de manter vivo o seu espírito liberal, decisivo desde a época da Independência (OLIVEIRA, apud WIRTH, 1982, p. 15-16).

O fato é que a economia mineral produziu muitas décadas de prosperidade. A extração de ouro aluvional durou cerca de 70 anos, e a produção mais intensiva de diamantes durou 40 anos. Com isso a economia mineira se dinamizou, mas sem assistir efeitos multiplicadores de desenvolvimento de grande vulto[135], certamente em decorrência de sua dependência colonial (PINTO, 2000).

Já o minério de ferro da longilínea Serra do Espinhaço, promissor para metas de progresso, tem sua transformação expressamente proibida por D. Maria I, ao ratificar o Tratado de Methuen[136]. A falta de fábricas de ferro na Colônia é problema para a mineração, conforme relato encaminhado à Metrópole, antes da derrota inconfidente, por D. Rodrigo José de Meneses e Castro.

O governador da Capitania justifica a necessidade de implantação de uma siderúrgica, em razão dos elevados custos dos equipamentos de ferro importados e dos riscos de suspensão de suprimento (CARVALHO, 2002). Esses argumentos são renegados pelos neomercantilistas, herdeiros do modelo de gestão pombalina (MAXWELL, 1977).

O episódio da Inconfidência Mineira mostrou ao governo português a insatisfação social e a extensão dos efeitos da independência das colônias inglesas e francesas sobre a elite esclarecida brasileira. Isto levou à implementação de reformas liberalizantes e à indicação de brasileiros para cargos elevados nas burocracias metropolitanas e coloniais. Iniciou-se, então, a ascensão da elite mineira instruída à estrutura portuguesa de poder, animada por uma visão de progresso da Capitania. Carvalho (1978) contabiliza, ao fim do período colonial, 34 cientistas em postos públicos na Capitania de Minas Gerais. Entre eles, Manuel Ferreira da Câmara Bethencourt e Sá, mineiro de Araçuaí e bacharel em direito por Coimbra, que, ao retornar ao Brasil de uma viagem de estudos técnicos na Europa[137], é promovido Intendente-Geral das Minas (1801). Árduo defensor da questão siderúrgica, em 1808 é designado por D. João VI como presidente e responsável pela implantação da primeira fábrica de ferro brasileira, no Serro.

Com a vinda da corte para o Rio de Janeiro, a economia de Minas Gerais, fornecedora de produtos alimentícios para o Rio de Janeiro, vê fortalecido o setor primário, previamente já estabelecido pela economia do ouro. Perde poder a elite mineral e ascendem os oligarcas rurais como base de sustentação política do Imperador. Estas elites do Sul de Minas e da Região da Zona da Mata, conservadoras e conciliadoras, querem "[...] manter as estruturas econômicas e sociais coloniais baseadas na agricultura, na escravidão e na exportação dos agrícolas tropicais para o mercado europeu" (BETHELL, 2001, p. 213).

Após a Independência, D. Pedro I dispensa o apoio ruralista, mas a sua abdicação reaproxima os fazendeiros mineiros (escravocratas, liberais e moderados) do poder central. Estes defendem o regime monárquico, mas demandam reformas constitucionais, com descentralização do poder (BETHELL e CARVALHO, 2001). O mineiro Bernardo Pereira de Vasconcelos (graduado em Coimbra) lidera a maioria opositora à Regência Una de Feijó.

Teófilo Benedito Ottoni, engenheiro natural do Serro, participa das lutas liberais da Regência, insufla o povo da região a apoiar a coroação de D. Pedro II (1842) e luta na revolta liberal de São Paulo e Minas contra o monopólio da oligarquia rural junto ao poder central. Ottoni destaca-se entre os liberais urbanos. Entusiasta da democracia norte-americana e leitor de Jefferson, difunde em seu jornal – *Sentinella do Serro* – as ideias republicanas. Dedicado à sua região, funda Nova Filadélfia (1853) às margens do rio Mucuri, em terra doada pelos índios. Nesta cidade tentará imprimir seus ideais democráticos.

Em meados do século XIX, em Minas há uma economia rural sustentada pela cafeicultura e uma economia urbana alicerçada por empresas artesanais de dinamismo mediano. É época da ascensão de uma nova elite formada por banqueiros provenientes da elite dos comerciantes urbanos credores dos fazendeiros (WIRTH, 1982). Contudo, a dependência brasileira em relação à Inglaterra inibia o desenvolvimento do mercado interno.

A ambição siderúrgica continua perseguida pelos burocratas mineiros. A inauguração da Escola de Minas de Ouro Preto por

D. Pedro II, em 1876, é um avanço na direção dessa meta. A Escola imprime, na cultura mineira, valores que orientam "[...] a ciência para as necessidades do desenvolvimento econômico, sobretudo pela exploração dos recursos naturais [...]" (CARVALHO, 2005, p. 66). Porém, no início de seu funcionamento, a demanda regional por seus técnicos é retraída pela estagnação da mineração e pelo desaparecimento da siderurgia pioneira (ALFONSO-GOLDFARB *et al*, 1993).

Treze anos depois de inaugurada a EMOP, seus egressos promoveram a "fase das usinas" [138], ao participarem da implantação de pequenas fundições na região da Escola, dotadas de capacidades produtivas maiores e melhor posicionadas competitivamente que as pioneiras da época de D. João VI. Este é ainda um esboço incipiente do futuro de dinamização espacial que a região viria experimentar mais à frente.

A abolição da escravatura (1888) e a expansão dos transportes ferroviários para o escoamento do café afetam sobremaneira essa pequena siderurgia. O fim da escravidão eleva os custos de operação, mas, por outro lado, aumenta a demanda agregada, com a constituição do mercado de trabalho assalariado. A implantação da ferrovia incrementa a demanda por produtos siderúrgicos, porém sua operação passa a requerer produtos de aço mais competitivos. Sobrevivem as usinas com "[...] uma escala de produção ajustada à nova conjuntura [e] um sentido mais econômico na industrialização do ferro" (BAETA, 1971, p. 66). Assim, à medida que são removidos os impedimentos ao desenvolvimento industrial, os efeitos da concorrência externa tornam-se evidentes. Daí a necessidade de proporcionar condições especiais para a indústria nascente, por meio de instrumentos de proteção tributária e/ou monetária, necessidade plenamente compreendida na República pelo pioneiro João Pinheiro.

Economia, estado forte e elite mineira na república: baixo dinamismo econômico e carência de infraestrutura

A República encontra Minas na segunda posição em termos de produção agrícola e industrial bruta do País, com baixo crescimento e ameaçada de ser superada pela economia rio-grandense. O setor industrial era o de menor dinamismo. Diversos eram os fatores de subdesenvolvimento: baixa renda per capita, baixa produtividade, sistema de transportes ultrapassado e desintegração econômica regional. Além disso, suas regiões periféricas integram-se ao dinamismo dos Estados vizinhos, São Paulo, Rio e Bahia (WIRTH, 1975 e 1982). Este quadro tornava o Estado mais povoado do Brasil cada vez mais dependente de São Paulo, que vivia um acelerado crescimento econômico (ultrapassaria economicamente o Rio de Janeiro ainda nos anos de 1920).

As regiões mais dinâmicas submetiam-se a mudanças profundas, inserindo-se no padrão capitalista de produção industrial, embora Minas não partilhasse dessa tendência. O fato é que, premido pela condição geográfica insular, o Estado carecia de meios de integração. É por isso que, desde o século XVIII, setores da elite mineira apontavam como imprescindível a implantação de uma nova capital, ao norte de Ouro Preto, com potencial de articulação inter-regional e com uma situação geográfica favorável à sua expansão. O plano visa transformar a capital em polo econômico e político por meio de melhorias na rede de transportes e do incentivo à indústria.

A escolha da localização de Belo Horizonte em zona econômica, estagnada naquele momento, dissocia centralidade político-administrativa de centralidade econômica. Sustenta-se em expectativas de atração de recursos públicos para a infraestrutura integradora do "mosaico mineiro" e no incentivo a uma economia moderna baseada no minério de ferro (WIRTH, 1982). Um dos defensores da ideia de transferência da capital para a região do Curral d'El Rei era João Pinheiro, presidente do Estado em 1890. A oligarquia rural, ao aderir ao projeto, ironicamente, introduz "[...] um cavalo de Tróia moderno [em] seu reino conservador" (WIRTH, 2005, p. 64). Dulci (2005, p. 117) destaca, na mudança, os seguintes interesses estratégicos: "i) foi um projeto decidido e executado [...] por razões de Estado [...], que procurava modernizar de cima para baixo [...]. E, nesse sentido, afastava-se significativamente da ortodoxia liberal então professada pelos grupos dirigentes [mineiros e nacionais]; ii) o projeto estava claramente associado a metas desenvolvimentistas. Esperava-se que a nova capital viesse efetivamente exercer o papel de centro de integração política e econômica do 'mosaico mineiro' [e] que a iniciativa da mudança contribuísse firmemente para colocar Minas Gerais na trilha do progresso. Afonso Pena (presidente da Província, em 1892/94) deixa clara a intenção, compartilhada pela elite, de o plano de Belo Horizonte atrair para Minas parte do fluxo de capitais que vai para o Rio de Janeiro e São Paulo. Por outro lado, o pacto mineiro para a construção da nova capital pretendia conter o ímpeto separatista das diferentes zonas e estabelecer um 'minissistema federal' para que [se alcançassem] os interesses regionais [a partir] de uma concepção razoável do todo" (WIRTH, 1982, p. 67).

Belo Horizonte, na inauguração, em 1897, abrigava 12 mil habitantes e era ligada ao Rio de Janeiro pela Estrada de Ferro Central do Brasil (EFCB). Sua proximidade das economias dos vales do Rio das Velhas e do Alto São Francisco e a presença da estação da EFCB proporcionam-lhe uma centralidade restrita ao comércio regional. Nessa época, a cidade destaca-se, no setor terciário, em virtude dos empregos públicos, das escolas e do comércio. Sua fundação coincide com a primeira crise do café. Mas a reversão das forças centrífugas atuantes sobre a Província ainda estava longe de acontecer.

Ao início do Novecentos, o vale do rio Doce emerge como uma nova região de expansão demográfica no Estado, decorrente do avanço da Estrada de Ferro Vitória Minas (EFVM). Nesta região se instalaram agricultores que produziam excedentes destinados à região central. Essa ferrovia passou a interessar ao capital estrangeiro, dado seu potencial de escoar o minério de ferro do Quadrilátero Ferrífero para o exterior. Na primeira década do século XX, empresários ingleses associados ao Brazilian Hematite Syndicate (BHS), donos do direito de lavra do minério de Itabira, adquirem o controle da ferrovia. Instalou-se, então, um complexo problema político-econômico, na forma de um sistema produtivo integrado: mina-ferrovia-siderúrgica-porto, que certamente envolvia os governos estadual e federal. No contrato assinado por Epitácio Pessoa e o BHS, surge um plano siderúrgico avançado, com base na disponibilidade local do minério.

Após marchas e contramarchas, em 1920 implantava-se a Companhia Belgo Mineira[139] em Sabará, que junto com a indústria extrativa mineral (ouro, ferro e manganês) passou a promover o dinamismo da recém-implantada Belo Horizonte.

Os efeitos dessas inovações introduziriam mudanças radicais na estrutura produtiva, com a fixação das raízes da especialização industrial e atração de novas indústrias tradicionais, impulsionadas pela demanda por bens de salário. A capital política tornava-se gradativamente uma capital econômica e avançava para uma centralidade mais complexa, aglutinadora dos setores industrial, comercial e financeiro. Viria formar um grande mercado de consumo articulado por 15 mil km de rodovias. Assim, entre 1920/47, redistribuía-se o valor da produção industrial estadual: a Zona da Mata perde participação de 36% para 20%, enquanto a Zona Metalúrgica cresce de 32% para 45%.

Com respeito às exportações agrícolas, em 1937 Minas sofreu queda significativa. A perda de dinamismo econômico que se arrastava desde fins do século XIX gerava evasão de população e falta de recursos para manutenção e investimento no complexo infraestrutural.

> A falta de energia elétrica e a desconcentração das atividades econômicas impunham a muitas empresas industriais e de mineração a instalação de seu próprio sistema energético, o que dificultava e encarecia os investimentos (DINIZ, 1981, p.38).

A situação financeira do governo, descrita por Benedito Valadares, é muito difícil: quase 35% da receita pública estão comprometidos com juros, e a economia debilitada diminuía a renda e a receita dos impostos, inclusive por causa de transferências para o Instituto Mineiro do Café e para a cobertura dos déficits da Rede Mineira de Viação.

Entre as duas Grandes Guerras,

> "delineava-se [...] uma divisão inter-regional do trabalho que vinculava a Zona Metalúrgica mineira à estrutura industrial do país como área especializada na produção de bens intermediários (o ferro gusa, o aço, o cimento etc.)" (DULCI, 2005, p.118).

Crescia significativamente a produção de ferro e aço, todavia sem que o país atingisse a autossuficiência em siderúrgicos. Contudo, a região central de Minas, por empenho do governo estadual, iniciava um processo de reversão do ciclo depressivo em que se encontrava. Espaços e tempos mais velozes se materializavam com a definição da capital mineira como cidade integrada ao parque industrial do centro-sul, fornecedora de bens intermediários.

Economia, estado forte e poder político e econômico da elite mineira

Com a afirmação da República, a elite mineira instruída se envolveu com a edificação de um Estado, sujeito do desenvolvimento regional, poderoso o suficiente para centralizar competências dinamizadoras e reverter o quadro restritivo da economia. Segundo Wirth (1982), essa elite funda-se economicamente em sua aptidão para o trabalho e tino para os negócios. Seus ideais desenvolvimentistas, que remontam à Inconfidência Mineira, são reassumidos nos governos estaduais e influenciam os projetos da República.

A elite dos coronéis, chefes políticos rurais, é responsável por boa parte da intitulada "política dos governadores". Políticos astutos, localistas por devoção, vivem em isolamento relativo. Crispim Jacques Bias Fortes (1847-1917), por exemplo, bacharel pela Escola de Direito de São Paulo, exerce a presidência de Minas Gerais (1894-1898) sem se apresentar à capital federal (MANTUA, *apud* WIRTH, 1982). Wenceslau Brás Pereira Gomes, presidente do Estado (1909/13) e do país (1914/18), aposenta-se e torna-se pescador em Itajubá. Em suas cidades, cultivam a ordem, são orgulhosos de sua origem e desprezam as inovações sociais.

Ressalte-se que, no setor educacional, atua, em Minas, a Escola do Caraça, que educa alunos selecionados com base na posição social. Fundada no modelo de educação acadêmica francês, centrado nas humanidades clássicas, privilegiava a hierarquia e a preparação para a vida pública, eclesiástica ou a magistratura (ANDRADE, 2006, p. 2). Essa Escola desenvolve nos filhos dos ruralistas as habilidades da negociação e conciliação. Seus egressos não ambicionam grandes projetos modernizadores, mas são prudentes, astutos e hábeis politicamente.

As vozes do Caraça ressoam na política dos governadores, instituída em 1897 pelo presidente Campos Salles e pelo governador mineiro Silviano Brandão. Visava desbancar antigas lideranças estaduais, submeter os coronéis, limitar os poderes municipais e unir a política do Estado sob a batuta de um partido único, o Partido Republicano Mineiro (PRM), recém-criado, representante das oligarquias rurais. Seus membros constituem a disciplinada bancada mineira no Congresso, em apoio a Campos Salles (WIRTH, 1982).

Note-se que, ao final do século XIX, surgiram organizações intersetoriais do comércio, da indústria, da lavoura e das finanças, tais como a Associação Comercial de Juiz de Fora (1896) e a Associação Comercial de Minas (1901), para encaminhar ações políticas do interesse privado. Instâncias setoriais criam a Sociedade Mineira da Agricultura (1909), o Centro Industrial de Juiz de Fora (1926) e a Federação das Indústrias de Minas Gerais (1933).

A política Salles-Brandão sustenta Minas como o pilar do sistema presidencial, como o fora na Monarquia. "A coesão interna era a chave desta influência nacional" (WIRTH, 1982, p. 154). Durante quase toda a República Velha, o PRM adapta o coronelismo à política clientelista dos chefes rurais, orquestrada pela câmara estadual. Governista, conservadora e cautelosa, "a elite do Estado [se vê] como o [...] ponto de equilíbrio do país nos momentos de instabilidade" (CARVALHO, 2005, p. 63).

É intrigante ver o PRM, de tradição agro-oligárquica tão arraigada, amparar uma figura moderna como João Pinheiro. Na prática, a atuação do partido é estrategicamente orientada para os objetivos de desenvolvimento do Estado. Desde a decadência mineral, buscava-se outro setor produtivo que emparelhe Minas com o dinamismo da economia paulista ou sulista. A ação partidária supera as ideologias e torna o PRM coeso para apoiar um governador inovador como Pinheiro (1906-1908); e flexível para sobreviver às divergências entre os chefes regionais, como Silviano Brandão e Bias Fortes. Além disso, firmava-se poderoso para acomodar os novos chefes da Zona da Mata, como Artur

Bernardes e Raul Soares. Assim, o partido suporta a voz crítica de João Pinheiro diante da "adormecida" política oligárquica-rural das Gerais.

O progressista João Pinheiro defende "[...] princípios do livre comércio [...] adaptados às necessidades de 'países novos' [...]" (DULCI, 2005, p. 114 e 121). Tendo passado pela EMOP, conheceu as ações práticas para o progresso. Estudante de Direito da Faculdade de São Paulo, articulava a causa republicana e julgava a ação governamental, segundo diferentes graus de intervenção, mediante articulações com as classes sociais e as elites políticas, econômicas e intelectuais do país, como condição para o progresso. Convidado por Francisco Salles (presidente de Minas, 1902-1906), organiza o Congresso Agrícola Industrial e Comercial (1903), evento que está na origem do plano de restauração econômica, com base em instrumentos protecionistas e nas potencialidades regionais (PINHEIRO, *apud* DULCI, 2005).

A ascensão política do mineiro Afonso Pena, com suas prioridades focadas no mercado interno, é atribuída às repercussões do Congresso de 1903. Sua eleição à presidência do país (1906) fragmenta a hegemonia política paulista (PAULA, 2004). Partidário das ideias de João Pinheiro, Afonso Pena cria o Serviço Geológico e Mineralógico do Brasil (1907), cujos técnicos, muitos egressos da EMOP, mapeiam o potencial brasileiro de ferro e manganês para fundamentar a política mineral federal e desenvolver a siderurgia nacional.

O modelo de desenvolvimento, defendido por João Pinheiro, se aprofunda nos governos estaduais seguintes, com vistas à superação dos entraves ao desenvolvimento mineiro. Concentra-se na localização mediterrânea, em topografia acidentada, distante do litoral e dos maiores mercados; na reunião de regiões heterogêneas com tendência à fragmentação; na deficiência de meios de transportes. Por outro lado, são mobilizados os seguintes recursos: (a) presença de uma elite instruída, atualizada e combativa; (b) forte coesão dos grupos econômicos e políticos reunidos em torno de metas de desenvolvimento; (c) riqueza em recursos minerais.

João Pinheiro, senador de 1905 a 1906 e presidente de Minas Gerais em 1890 e de 1906 a 1908, inaugura no país a gestão pública a favor do desenvolvimento. Esse "liberal" explica sua adesão ao protecionismo: "Eu sou protecionista *ad tempora*. [...] a indústria deve ser protegida decididamente, [e transitoriamente], enquanto não está aparelhada para lutar com a concorrência. [...] no nosso caso atual, [esta] é uma necessidade de defesa [...]" (PINHEIRO, 1906, *apud* GOMES, 2005, p.16). O manifesto positivista de lançamento de sua candidatura ao governo incita a população a promover o progresso do Estado: "O povo de Minas Gerais tem sido governado dentro da Liberdade e da Ordem. [Necessita do] progresso em meio de uma paz digna, [e] de lutas fecundas [...] sem se sobrepor às leis" (PINHEIRO, *apud* DULCI, 2005, p. 126). Sua agenda política[140] torna Minas pioneira na adoção da prática desenvolvimentista. Este modelo é, posteriormente, adotado pelo Estado brasileiro.

> Combinando capacidade empreendedora, espírito público e liderança política de primeira linha, João Pinheiro ensaiou o projeto de desenvolvimento que, *malgré tout*, e com as diferenças devidas, foi experimentado no Brasil, seja em sua vertente nacional desenvolvimentista, seja na versão de desenvolvimentismo associado, seja durante a ditadura militar em sua versão autoritária do desenvolvimentismo (PAULA, 2004, p.274).

A Primeira República se inspira no Estado federativo descentralizado norte-americano, contudo isto se realiza apenas "[...] episodicamente, na história republicana" (MATOS, 2008, p. 142). O renitente conservadorismo nacional ressurge na política dos governadores e torna a constituição antirrepublicana e antifederalista.

A autonomia estadual sucumbe ao empenho unificador, que confunde unidade nacional com integridade territorial e introduz o federalismo da Guarda Nacional. A posição privilegiada de Minas se sustenta na unidade política legitimadora e na influência junto ao governo federal. Esta unidade é legado da elite mineradora do século XVIII, dotada de uma cultura política que mescla patriotismo regional com experiência política e valores cívicos (WIRTH, 1975).

A permanência dos agentes políticos mineiros em mandatos ministeriais (finanças, justiça e obras públicas) já era notável desde 1889 até 1930. Nas comissões relevantes da Câmara dos Deputados, a presença mineira assegurou que, em 40 anos, Minas fosse citada, entre outros seis Estados, em 59% das comissões temáticas de obras públicas e finanças – supondo uma por ano (WIRTH, 1982). Assim, Minas foi atendida em várias de suas reivindicações pelo governo central, a exemplo: da compra das estradas de ferro deficitárias e a construção de novas; da proteção tarifária e a uniformização dos fretes ferroviários para os cereais, tornando os produtos mineiros competitivos; e da devolução ao Estado de uma grande quantia em direitos alfandegários e impostos de consumo.

Os republicanos mineiros positivistas multiplicaram centros estaduais de ensino para qualificar pessoas comprometidas com o seu modelo de desenvolvimento. Em Belo Horizonte, fundaram as Faculdades de Direito (1898), Odontologia (1907), Medicina, Engenharia e Farmácia (1911). Os professores ocupavam cargos políticos e administrativos, e os alunos contavam com amplas perspectivas de inserção no setor público (WIRTH, 1982). A Escola de Viçosa, criada em 1920 por Artur Bernardes (1918-1922), introduziu a modernização técnica e sociocultural no campo, por meio do ensino e da extensão rural. "[...] Viçosa foi o celeiro de uma *intelligentsia* agronômica que ganharia espaço [...] na administração pública, estadual e federal, [...] no setor privado [e] na área acadêmica" (DULCI, 1999, p. 52).

Os investimentos estaduais em educação são basicamente de origem estadual e implantaram o modelo universal americano. "Na década de 1890, o Estado liderou o país em número de escolas fundadas [...]", principalmente para a educação primária (WIRTH, 1982, p. 141). Mas as crises econômicas retraem o setor: na depressão de 1898, Brandão fecha quase 400 escolas, e a crise de 1929 desacelera a reforma educacional, época em que o PRM retira o apoio a Washington Luiz, rompe com a política dos governadores e encerra, definitivamente, a aliança entre Minas e São Paulo.

De todo o modo, a história dos anos de 1889 a 1937 não foi boa para Minas Gerais. A Revolução de 1930 transformou Minas em cliente do poder central e assegurava a participação da elite mineira na burocracia, o que favoreceu a canalização de recursos econômicos para o Estado. Inicia-se, assim, a fase clientelista da política mineira, antes de ser implantada a ditadura. A situação política/econômica estadual incita à aliança com o Estado Novo de Vargas, mas imperava a desorganização das instituições e o decrescimento econômico, por falta de competência política para a modernização. Ressurgia o oportunismo dos coronéis, em disputa por cargos nas burocracias estadual e federal, em troca de favores políticos.

O governador Olegário Maciel prestava a colaboração de que Vargas necessitava para superar as correntes contrárias ao Governo Provisório (1930/34). Outra vez, Minas legitima e faz funcionar o sistema federal, com base em sua relevante representatividade nas casas parlamentares, na habilidade de seus políticos e na expertise em gestão pública desenvolvida no Estado pelos técnicos mineiros, lotados na burocracia federal. Em troca, Minas Gerais usufrui das benesses que aquele governo podia proporcionar, como, por exemplo, a administração dos pagamentos da dívida estrangeira e o aval ao crédito obtido no exterior.

A essa altura, os egressos da EMOP ocupavam cargos públicos ministeriais e políticos, sendo responsáveis pela elaboração dos códigos de minas e de águas de 1934. Engenheiros civis, de minas e metalurgia lideraram o Departamento de Pesquisas Minerais, o Serviço Geológico e Mineralógico do Brasil e o Conselho Nacional do Petróleo. Segundo Diniz (1981, p. 40), esses profissionais infiltrados "[...] no aparelho de Estado, especialmente [no] Serviço Geológico e Mineralógico do Brasil, utiliza[m] pela primeira vez no Brasil independente o controle da informação técnica como recurso político [...]".

Benedito Valadares, alçado ao governo estadual (1933-1945), ganhou a confiança de Getúlio. Premido pela situação financeira estadual alarmante, o governador apoiou a ditadura Vargas, dando continuidade à tradicional política mineira de governo. Os mineiros ocupam postos em quase todos os órgãos e carreiam para Minas muitas verbas federais. Dessa forma o Governo criou um mercado interno sustentável e melhorou as ligações das regiões produtoras aos portos. Iniciavam-se as bases para a compressão têmporo-espacial. Viabilizavam-se os tempos curtos da dinamização dos recursos minerários na Zona Metalúrgica.

A EFVM, depois de alcançar Itabira na década de 1930, conectou-se com as minas de ferro do Quadrilátero Ferrífero e interligou-se aos trilhos da atual Ferrovia Centro-Atlântica, estabelecendo definitivamente a ligação de Belo Horizonte ao porto de Vitória. Essa integração das duas ferrovias viabilizou o transporte de insumos para as siderúrgicas mineiras em ampla extensão geográfica. O minério do Quadrilátero Ferrífero, o carvão de pedra escoado pelo porto de Vitória e o carvão vegetal das florestas do vale do rio Doce passaram a influir na matriz energética das usinas por muito tempo. À medida que a ferrovia era modernizada e aumentada, toda a sua área lindeira transformava-se, e uma nova rede urbana se desenvolvia na Zona da Mata[141] (Figura 5.1).

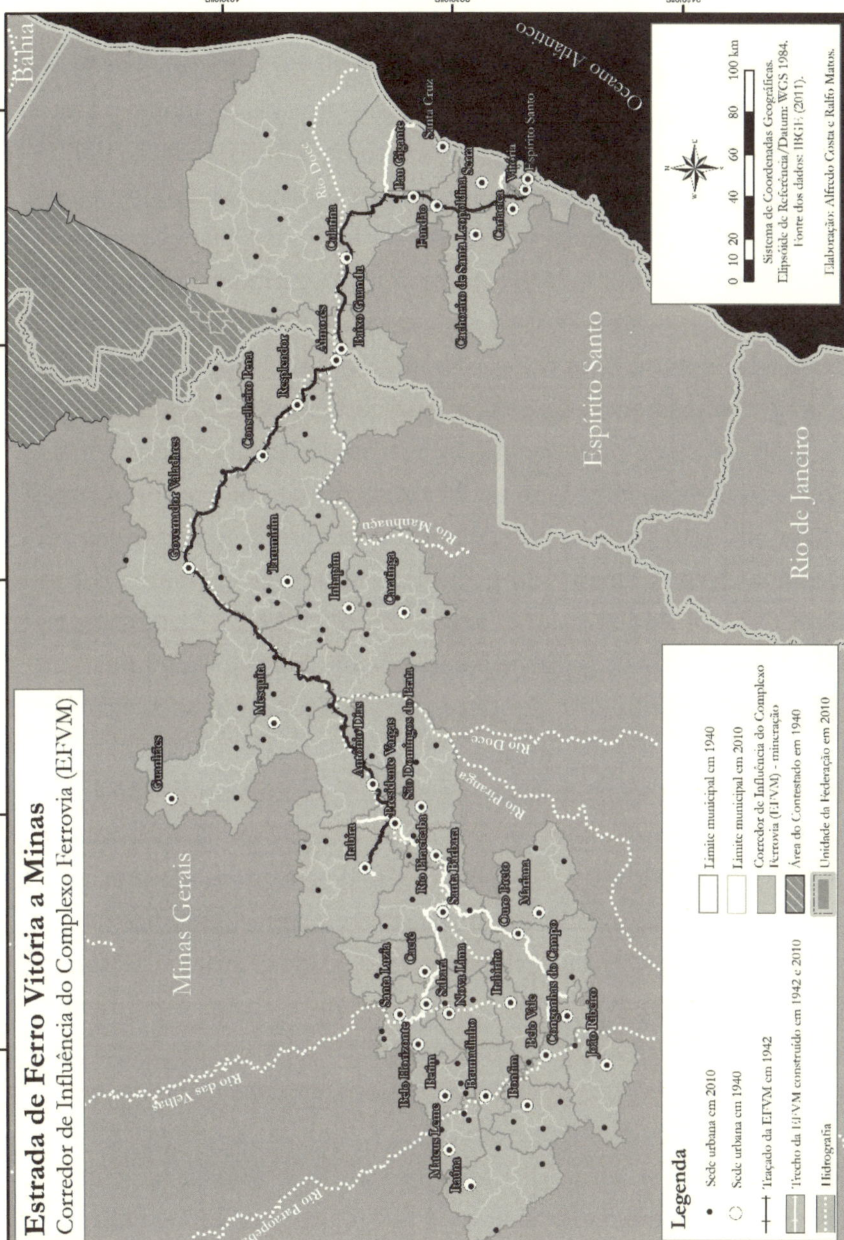

Figura 5.1: Mapa da Estrada de Ferro Vitória a Minas – corredor de influência do complexo ferrovia (EFVM)

O Estado forte da Era Vargas apropriava-se da concepção de desenvolvimento de João Pinheiro e da estratégia de planejamento de Valadares para introduzir o processo de industrialização deliberada comandado pelo Estado. Preencheu o vazio federal nesta área por meio da importação da expertise mineira em planejamento. O Estado centralizador e de viés economicista promovia: (1) a parceria técnica modernizante entre o Estado e o empresariado, restringido financeiramente a uma posição secundária; e (2) a perda de autonomia do planejamento estadual, enquadrado à política federal.

Trata-se do processo de unificação do Brasil como propõem Santos e Silveira (2001), no qual cabia a Minas Gerais um protagonismo indireto por meio de sua influência junto ao poder central. Desde a década de 1930, a prioridade siderúrgica, "marca distintiva dos países industriais 'adiantados'" (FERNANDEZ, 2005, p. 217), compõe a agenda do governo federal, defendida pelos militares com argumentos nacionalistas estratégicos. Em consequência, em 1937, o Estado Novo substituiu "[...] a 'classe política' tradicional, dominada pelos coronéis e pelos bacharéis, [...] por uma nova elite governamental [:] os indivíduos de formação 'técnica', em aliança com os militares" (DINIZ, 1981, p. 39), em defesa dos recursos naturais.

Em Minas, o setor empresarial, sem capacidade financeira para implantar a grande siderurgia no Estado, atuava de forma polivalente: ocupava funções empresariais, técnicas e políticas e encarregava o Estado da implantação da siderurgia e da infraestrutura necessária. O governador Valadares delegou a coordenação do esforço industrializante a Israel Pinheiro da Silva (filho de João Pinheiro e ex-aluno da EMOP), como Secretário da Agricultura, Indústria, Comércio e Trabalho (1933-1942). A tecnocracia mineira empenhou-se em desenvolver em Minas um polo industrial de vulto a partir do aproveitamento econômico dos recursos minerais e da promoção da siderurgia de maior porte, entre outros projetos. O governador Valadares centrou o planejamento na indústria, fundando a Cidade Industrial de Contagem (1941), enquanto Juarez Távora, ministro da Agricultura, criava o Departamento Nacional da Produção Mineral (DNPM, 1934), órgão responsável pela implantação do projeto tenentista de regulação das concessões minerais.

Nessa época, as nações europeias sinalizavam para a perda da influência dos velhos argumentos liberais. As siderúrgicas mundiais, que, até então, "[...] relutavam [...] em contribuir para o desenvolvimento de indústrias 'antinaturais' entre as nações importadoras de aço [...]" (WIRTH, 1973, p. 76), passam a apoiar iniciativas de Estados mineradores para a solução do problema siderúrgico.

Em 1937, há forte pressão para que se concretizasse um plano definitivo de exportação parcial e transformação nacional do minério, cerne do problema siderúrgico, então, na órbita federal. Visava-se a um projeto integrado de grande porte, para o qual não havia capital suficiente no país ou no exterior. Em 1940, é instalada a Comissão Executiva do Plano Siderúrgico para orientar a implantação da grande siderurgia, que, apoiada pela Sociedade Mineira de Engenheiros, desvinculou a exportação do minério de sua transformação local, duas metas tornadas independentes (DINIZ, 1981, p. 48). Nesse mesmo ano, os Acordos de Washington viabilizavam, com aportes financeiro e tecnológico, a CSN (1946), implantada em Volta Redonda. Esta localização é uma vitória da técnica.[142] "O planejamento de corte econômico ganhou presença institucional e passou a desenhar ações voltadas para espaços supra estaduais como o das Grandes Regiões" (MATOS, 2008, p. 144). Tais Acordos viabilizaram, também, a estatização da EFVM e da extração mineral, em Itabira, com a fundação da Companhia Vale do Rio Doce (1942).

Israel Pinheiro coordenou a implantação da CVRD e exerceu a sua primeira presidência. Na gestão da CVRD estatal (1942/97), presidentes graduados em universidades mineiras (EMOP, UFMG,

EFEI/Itajubá e UFV/Viçosa) figuravam em sua gestão. Eliezer Batista, mineiro de Nova Era, ocupou o cargo por mais tempo (oito anos). Ao longo dessas administrações foi implantada no eixo da EFVM uma grande intervenção: um complexo minerador – mina-ferrovia-porto – que alcançava as regiões centro/leste de Minas Gerais e central do Espírito Santo; um espaço formador de uma zona de elevadas densidades, dotado de maior fluidez e engajado à economia internacional por meio da adaptação das rugosidades preexistentes aos novos investimentos em infraestrutura, mais ou menos como postula Milton Santos no tocante às áreas de grandes concentrações técnicas e informacionais.

A planificação avançou no Governo de Milton Campos, com a implantação do Plano de Recuperação Econômica e Fomento da Produção (PREFP, 1947), elaborado sob a coordenação do futuro secretário da Agricultura Américo Renê Giannetti. O PREFP contempla metas destinadas à indústria, à agricultura e à área social e introduz uma metodologia de planejamento que apropria o estoque de conhecimentos acumulados e aproveitava as realizações passadas para a atualização dos objetivos.

Na década de 1950, Juscelino Kubitschek empreende esforços para concretizar algumas recomendações do PREFP, ainda em projeto, avançando nas metas de infraestrutura, o que viria a provocar, mais tarde, um desequilíbrio entre o campo e a cidade. No setor de energia elétrica, seu Plano de Metas inovava com a constituição das Centrais Elétricas de Minas Gerais (CEMIG) e a elaboração do Plano de Eletrificação de Lucas Lopes.[143]

A década de 1960 consolida uma potente estrutura estatal de apoio à industrialização em Minas, com a presença do Banco de Desenvolvimento de Minas Gerais (BDMG, 1962), do Instituto de Desenvolvimento Industrial (INDI, 1968) e da Companhia de Distritos Industriais. O BDMG produziu o Diagnóstico da Economia Mineira e o 1º Plano Mineiro de Desenvolvimento. O Estado recebeu 25% dos investimentos industriais realizados no Brasil na década de 1970, sendo que aqueles realizados em Belo Horizonte e vizinhança ensejavam "[...] um novo tipo de organização, necessariamente compreendendo vários municípios conurbados, que, no conjunto, definiram uma outra escala urbana: a região metropolitana [...]" (MATOS, 1992, p. 34).

Em cerca de 70 anos, sucessivos esforços do Estado transformaram Belo Horizonte em poderoso polo comercial regional e no mais importante núcleo industrial do Estado, em decorrência da presença de uma siderurgia diversificada e produtiva (com destaque para a Usiminas), da operação da CEMIG e dos investimentos[144] estrangeiros, decorrentes da nova ordem internacional do trabalho (MATOS, 1992). A implantação da Usiminas, marco de uma nova etapa da indústria mineira, consolida o eixo da EFVM como o espaço siderúrgico estadual por excelência, que se expande, posteriormente, para sudeste e oeste.

Conclusão

A elite mineira instruída, especialmente a elite técnica, foi responsável pela configuração singular do desenvolvimento econômico de Minas Gerais no país, ao articular fatores-chaves excepcionais disponíveis no Estado, quais sejam: as valiosas reservas minerais (ouro e minério de ferro) e o Estado forte (desde o início da exploração mineral).

Esses três fatores-chaves articulados determinaram o surgimento de: (a) um espaço urbano no centro de Minas Gerais; (b) uma economia industrial fundada na indústria de base; e (c) uma participação substantiva de mineiros nos órgãos políticos decisórios, conquistando poder perante a instância federal.

Essa singularidade mineira resultou em desdobramentos notáveis, com influência decisiva sobre a prática do planejamento adotada pelo Estado-nação brasileiro, em virtude tanto da presença dos representantes das elites instruída técnica e política na burocracia federal, quanto pelas realizações de ações planejadas em Minas Gerais. Desde a Inconfidência, bem antes das outras capitanias, Minas Gerais pensava em ações do Estado que envolveriam algum tipo de planejamento econômico. Isso se associava à evolução de uma sociedade liderada pela elite instruída que pode ser vislumbrada em três níveis: (1) o primeiro, originário da nata da sociedade política rural, aglutinava a elite egressa da Escola do Caraça, cujas orientações pedagógicas reforçavam a tradição conservadora; (2) o segundo corresponde aos formados pela EMOP, um modelo de educação inovadora e distinta da Escola do Caraça, que oferecia instrumentos para a industrialização do país, introduzia uma educação prática, mobilizadora dos recursos naturais em Minas Gerais, e forjava uma nova mentalidade, ao introduzir uma divisão entre o ideal do progresso e a tradição conservadora; (3) o terceiro associava-se à implantação da capital planejada (Belo Horizonte), que fez surgir quadros técnicos, cujas funções estão relacionadas ao planejamento governamental: segmentos da elite técnica que iria desenvolver a expertise em planejamento, coordenação e gestão dos recursos públicos.

O período focalizado mostra a consolidação da Região Central de Minas Gerais como um espaço mínero-siderúrgico, articulado com o país e o mundo. Nele se acumulam densidades técnicas atraentes para atividades intensivas em capital e organização. Com o apoio do Governo de Minas, elas se implantam e subordinam cidades e sub-regiões às suas lógicas, influindo decisivamente na governabilidade. Desenvolveram-se zonas densas, com índices elevados de população e emprego, com redes de transportes integradas, fluxos de alta fluidez e velocidade, e se constituiu, enfim, um dos espaços mais luminosos da nação. Contudo, em sua hinterlândia permanecem espaços pré-modernos: rarefeitos, viscosos, lentos, opacos e dependentes, como preceitua Santos e Silveira (2001).

São mais de dois séculos de busca, mais ou menos intensa, do desenvolvimento e/ou "progresso" econômico. Teria sido esse objetivo plenamente alcançado? Desde o Governo Vargas até a década de 1980, o Brasil logrou implantar o parque industrial mais diversificado da América Latina, com uma base de sustentação fortalecida pela siderurgia. Porém, esse empenho não alcança as seguintes metas qualitativas: i) crescimento econômico estável; ii) articulação inter-regional nos moldes de um projeto nacional inclusivo; e iii) participação na internacionalização econômica e tecnológica em termos avançados.

REFERÊNCIAS

ALFONSO-GOLDFARB, Ana Maria; NASCIMENTO, Carlos; FERRAZ, Arthur Ribeiro; MENDES, Márcia Helena. Um estudo sobre a implantação da moderna siderurgia no Brasil: o caso da Usina Queiroz Júnior. **Revista da SBHC,** São Paulo, n.10, p. 3-12, 1993.

ANDRADE, Mariza Guerra de. **À porta do céu isolado pela Serra do Espinhaço**. Revista de História da Biblioteca Nacional, jan. 2006. Disponível em <http://www. revistadehistoria.com.br>. Acesso em: 28 jul. 2009.

BAETA, Nilton. Pioneirismo de Monlevade na implantação da siderurgia em Minas Gerais. **Revista da Fundação João Pinheiro**. Belo Horizonte: 1 (2/4), p. 64-67, abr./dez.,1971.

BETHELL; Leslie, CARVALHO; José Murilo. **História da América Latina**. V. 3. Da Independência a 1870. São Paulo: Edusp, 2001.

BETHELL, LESLIE. A Independência do Brasil. *In*: BETHELL, Leslie (Org.). **História da América Latina**. V. III: Da Independência até 1870. São Paulo: Editora da Universidade de São Paulo; Imprensa Oficial do Estado; Brasília: Fundação Alexandre de Gusmão, 2001, p. 187- 230.

CARVALHO, José Murilo de. Ouro, terra e ferro: vozes de Minas. In: GOMES, Ângela de Castro (Org.). **Minas e os fundamentos do Brasil moderno**. Belo Horizonte: Editora UFMG, 2005.

CARVALHO, José Murilo. **A Escola de Minas de Ouro Preto**. O peso da glória. 2. ed. Belo Horizonte: Editora UFMG, 2002.

DINIZ, Clélio Campolina. **Estado e capital estrangeiro na industrialização mineira**. Belo Horizonte: UFMG/PROED, 1981.

DULCI, Otávio Soares. **Política e recuperação econômica em Minas Gerais**. Belo Horizonte: Editora UFMG, 1999.

DULCI, Otávio. João Pinheiro e as origens do desenvolvimento mineiro. *In*: Gomes, Ângela de Castro (Org.). **Minas e os fundamentos do Brasil moderno**. Belo Horizonte: Editora UFMG, 2005, p. 109-136.

FERNANDEZ, Oscar Lorenzo. O desenvolvimentismo de Israel Pinheiro a Juscelino Kubitschek. *In*: GOMES, Ângela de Castro. **Minas e os fundamentos do Brasil moderno**. Belo Horizonte: Editora UFMG, 2005.

FILGUEIRAS, Carlos A. L. A ciência e as Minas Gerais dos setecentos. *In*: RESENDE, Maria Efigênia Lage de; VILLALTA, Luiz Carlos. **História de Minas Gerais**. **As Minas setecentistas**. Belo Horizonte: Autêntica; Companhia do Tempo, 2007, p. 159-185.

GOMES, ÂNGELA DE CASTRO. **Minas e os fundamentos do Brasil moderno**. Belo Horizonte: Editora UFMG, 2005.

MATOS, Ralfo. Territórios, ambiente e gestão. *In*: HISSA, Cássio Eduardo Vianna (Org.). **Saberes ambientais**: **Desafios para o conhecimento disciplinar**. Belo Horizonte: Editora UFMG, 2008, p. 141-157.

MATOS, Ralfo. **Evolução urbana e formação econômica de Belo Horizonte**. Belo Horizonte: CEDEPLAR. Textos para discussão, mar. 1992.

MATOS, Ralfo Edmundo da Silva. **A discussão do antiurbanismo no Brasil colonial**. Geografias. Belo Horizonte: 7(2), jul.-dez. 2011 41, p. 40-55.

MAXWELL, Kenneth. **A devassa da devassa**. **A Inconfidência mineira: Brasil e Portugal 1750-1808**. Rio de Janeiro: Paz e Terra, 1977.

PAULA, João Antônio de. Raízes do desenvolvimentismo: pensamento e ação de João Pinheiro. *In*: **Pesquisa & Debate**. São Paulo, v. 15, n. 2(26), p. 257-282, 2004.

PINTO, Manuel Serrano. Aspectos da história da mineração no Brasil colonial. In: LINS, F. A. F.; LOUREIRO, F. E. V. L.; ALBUQUERQUE, G. A. A. S. C. **Brasil 500 anos – A construção do Brasil e da América Latina: histórico, atualidade e perspectivas**. Rio de Janeiro: CETEM/ MCT, 2000, 254 p.

SANTOS, Milton e SILVEIRA, Maria Laura. **Brasil**: **território e sociedade no início do século XXI**. Rio de Janeiro: Record, 2001, p. 259-287.

SINGER, Paul. **Desenvolvimento econômico e evolução urbana**. São Paulo: Companhia Editora Nacional, 1977, 377 p.

WIRTH, John D. (Trad. Maria Carmelita). **Minas Gerais na federação brasileira 1889-1937. O fiel da balança**. Rio de Janeiro: Paz e Terra, 1982.

WIRTH, John D. Minas e a Nação: Um estudo de poder e dependência regional. 1889-1937. (Trad. Maria Carmelita) *In*: FAUSTO, Boris (Org.). **História geral da civilização brasileira. O Brasil Republicano: Estrutura de poder e economia (1889-1930).** T. III, V. 1. São Paulo: DIFEL, 1975, cap. II. 2., p. 76-99.

WIRTH, John D. **A política de desenvolvimento na era Vargas**. Rio de Janeiro: Fundação Getúlio Vargas, 1973.

VI

O CICLO MADEIREIRO, A DEVASTAÇÃO DA MATA ATLÂNTICA DA BACIA DO RIO DOCE E O AVANÇO DA SIDERURGIA NO SÉCULO XX

André S. Carvalho
Ralfo Matos

Introdução

A devastação da Mata Atlântica, pode-se dizer, foi o primeiro desastre ambiental provocado pelos colonizadores europeus no Brasil. A procura incessante pelo pau-brasil, levando-o à beira da extinção, seguida por queimadas sem fim para instalação de lavouras e pastos, em práticas ricamente descritas por Warren Dean (2004), foram responsáveis por dizimar boa parte da floresta tropical nas faixas litorâneas do Nordeste e Sudeste do Brasil.

Essas práticas participaram do processo de ocupação do Sudeste, especialmente com a mineração no século XVIII e o plantio de café e cana-de-açúcar desde o século XIX. Contudo, determinadas regiões foram poupadas do fogo e da devastação até o início do século XX, entre elas boa parte do Leste de Minas Gerais e do Norte do Espírito Santo, nos vales do Rio Doce, São Mateus e Mucuri.

O Leste de Minas Gerais e parte significativa do Espírito Santo tiveram seu processo de ocupação em larga medida protelado, uma vez que a Coroa portuguesa proibiu a ocupação das áreas ao leste da Estrada Real e da Zona Aurífera, de modo a dificultar o acesso de potências europeias à região das Minas e coibir o contrabando do ouro e diamantes. Eram áreas bem irrigadas, ocupadas por uma densa floresta latifoliada, nas quais viviam alguns povos indígenas remanescentes de antigas migrações originárias do vale do Paraíba do Sul[145]. Entre esses povos havia alguns que eram temidos por sua fama de antropófagos arredios, chamados depreciativamente pelos portugueses de Botocudos. Estes fatores – a proibição oficial, a rusticidade da Mata Atlântida e os índios –, foram capazes de conter a ocupação dessa região por mais de um século (CARNEIRO, 2008).

Na verdade, a ocupação ininterrupta do vale do Rio Doce só se intensificou a partir da construção da estrada de ferro que ligaria Vitória a Minas, projeto modernizador de largo fôlego que mobilizou a elite mineira desde fins do século XIX. Contudo, o projeto iniciou-se efetivamente em 1904 e provocou em poucas décadas o desmatamento de uma grande área de floresta até então intocada. Diferentemente do que ocorreu com boa parte da floresta Atlântica no Sudeste, que foi principalmente queimada (e transformada em lenha e carvão), as matas do leste de Minas tiveram um significativo aproveitamento comercial, o que deu origem a um ciclo econômico regional pouco estudado, o ciclo madeireiro.

Os trabalhos que abordam o tema da devastação da Mata Atlântica, ou sobre o vale do Rio Doce, não chegam a esclarecer de forma clara como se deu esse processo de devastação. Os estudos mais recentes sobre a área apenas citam ou explicam parcialmente esse fenômeno (COELHO, 2011; STRAUCH, 1958; GEIGER e CORRÊA, 1971; BORGO *et al.*, 1996; ESPÍNDOLA, 2015), associando-o ao avanço da industrialização.

Pode-se cogitar sobre os motivos que levaram a uma falta de registro e relatos mais detalhados sobre o processo de desmatamento e o funcionamento da indústria madeireira naquela região. Afinal, essa indústria tem seu papel histórico reconhecido como importante por moradores mais antigos de várias localidades[146]. O primeiro motivo pode ser atribuído ao fato de que o vale do Rio Doce era uma região[147] periférica no Brasil nas primeiras quatro décadas do século XX e, quando o deixou de ser, foi em razão da exploração do ferro e da indústria siderúrgica, que fornecem produtos de importância econômica e estratégica muito maior que a madeira. O caráter ilegal e sem qualquer fiscalização de muitas madeireiras, como apontam Borgo *et al.* (1996), pode ser indicado como outro motivo. Inexistiam também preocupações para com a preservação e proteção do meio ambiente na época em que as políticas de industrialização ditavam o sonho desenvolvimentista que o Brasil palmilhava, sobretudo a partir de 1930. Posteriormente, em anos mais recentes, mesmo com a expansão da consciência sobre as questões ambientais, pode-se dizer que o silêncio em relação ao assunto nos vários livros que contam as histórias dos municípios (CALMON JUNIOR, 2009; FONSECA, 1986; PAULA, 1993; NETTO, 1999; SAYGLI, 1998 e ZUNTI, 1982) e do vale do rio Doce (YOUNG e YOUNG, 2007; ALMEIDA, 1978) vem de uma percepção de que o passado de devastação se tornou uma memória inconveniente.

O objetivo principal deste trabalho é lançar luz sobre como e quando se deu a devastação da Mata Atlântica na área que compreende a bacia do rio Doce, abordando de forma secundária as bacias dos rios São Mateus e Mucuri, que sofreram processos muito similares de desflorestamento. Procurar-se-á esclarecer também as bases técnicas e espaciais (SANTOS, 1996) em que se deu o processo de exploração, até finalmente iniciar-se o projeto siderúrgico no médio rio Doce.

A grande evidência da existência da exploração da madeira na região foi o que ela fez desaparecer da paisagem, "a mata de pé". As outras evidências, de que se pretende lançar mão, são diversificadas e requisitaram uma ampla revisão bibliográfica sobre temas relevantes, tais como a ocupação do rio Doce, a construção da Estrada de Ferro Vitória-Minas (EFVM), a ocupação do Norte do Espírito Santo, a indústria madeireira e as primeiras implantações siderúrgicas.

Foram incorporados à análise diversos mapas e fotos, a fim de auxiliar a recompor a paisagem original (MORISSEY, 2014). Além desses recursos documentais, algumas entrevistas realizadas com moradores locais permitiram dar significado e coerência às informações coletadas em outras fontes. Essas entrevistas foram realizadas durante o ano de 2015 em diversas idas a campo em 13 das maiores cidades da Bacia, tendo como foco resgatar memórias acerca da atividade madeireira nessas localidades. Fez parte também desse esforço a elaboração de uma cartografia que pretendeu reconstruir as condições espaciais da atividade madeireira, utilizando-se métodos do Sistema de Informações Geográficas Histórico (GREGORY e ELL, 2008).

Os primeiros trilhos e a entrada na mata

Apesar de a história da Estrada de Ferro Vitória Minas (EFVM) se confundir com a saga da modernização e exploração mineral do Estado de Minas Gerais e com a própria formação de sub-regiões no vale do rio Doce, o minério de ferro exportado através dos portos do Espírito Santo não foi o primeiro recurso natural a ser escoado em grande quantidade por essa ferrovia. O primeiro foi a madeira, particularmente a madeira-de-lei, abundante em todo o seu traçado, acessível, inexplorada, bem diferente do ferro, que requeria grandes volumes de capital para sua extração. A exploração da madeira, já em 1876, era sublinhada pelo engenheiro Hermílio Alves quando indicava ao conselheiro imperial Thomaz de Almeida como uma das justificativas para abertura da ferrovia. Ele a descreve assim: "As matas, mais do que em qualquer outra província do Império, ainda se conservam livres, em grande parte, da ação destruidora do machado e do fogo; nelas se encontram as melhores madeiras do Brasil [...] (p. 22)".

A EFVM começou a ter seus trilhos assentados a partir do Porto de Vitória[148], em 1904, e seguiu sua implantação ao norte da capital capixaba, até o distrito de Santa Maria, no município de Linhares. Depois seguiu margeando o rio Doce a montante, desbravando o leste mineiro. Dessa forma, passava por áreas onde a existência da colonização branca quase não se fazia presente, com rala presença de atividades produtivas voltadas à comercialização. O engenheiro Ceciliano A. Almeida, que participou ativamente da construção da ferrovia, descreve as localidades por onde a ferrovia avançava apenas como clareiras (1978, p. 65).

Diferentemente de outras ferrovias contemporâneas, como a Estrada de Ferro Leopoldina (EFL), a EFVM foi projetada para interligar o centro do Estado mineiro a um porto próximo, sendo que no caminho não se encontrava qualquer tipo de produção agrícola ou industrial relevante. Toda aquela região ainda era tida como virgem.

> Minas, que desde cedo recebeu as visitas e hospedagens dos tiradores de ouro, ficou em breve muito reduzida nas suas riquezas florestais, que, aliás, não eram senão as dos vales e de algumas encostas de serras, pois que a lavra do ouro e dos diamantes mais intensa foi nas regiões dos campos. Subsistiam sempre, como até hoje em parte ainda restam, as matas da encosta atlântica: as dos rios Doce, São Mateus, Mucuri e do baixo Jequitinhonha, onde o índio e as sezões eram temidos e apenas permitiam as incursões pelas orlas de oeste; então se contavam por milhares os alqueires derribados para a plantação de milho e engorda de porcos (CAMPOS, 1912, p. 80).

Almeida (1978, p. 32) expõe uma visualização apurada da mata do vale do rio Doce. Ele observa que a flora do rio "se modificava, engrossando os caules à medida que se afastava do mar para oeste. Nota-se, a partir do rio São Francisco para o sul, que a mata rivalizava com a do Amazonas e até a excede sob certos aspectos", como se observa na Figura 6.1.

Figura 6.1: Árvore gigante no vale do Rio Doce
Fonte: Arquivo do Jornal do Vale *apud* TEIXEIRA e DANGELO, 2002

Muitas espécies de madeiras-de-lei eram conhecidas pelos moradores e alvo de exploração e cobiça, a exemplo do jacarandá, jequitibá, cedro, peroba, pau-brasil, pau-ferro, sucupira, angelim, ipê. Outras espécies se apresentavam sob diversas variedades. Posteriormente foram realizados estudos mais apurados a fim de levantar mais exatamente o montante da riqueza florestal existente.

Convém observar que naquele momento histórico as matas não eram vistas como reservas biológicas, e seu uso poderia ser muito diversificado. Para as autoridades públicas e moradores, a mata nada mais era do que reserva de madeiras e cobertura de terras férteis. Notório exemplo disso é o fato de o Atlas do Brasil

(MELLO e MELLO, 1909) apresentar nos mapas do Espírito Santo e Minas Gerais, nas áreas correspondentes às bacias do Doce, São Mateus e Mucuri, a nomenclatura "Madeiras" para descrever a riqueza daquela região e não as denominações "floresta" ou "mata". Percepções semelhantes encontram-se até meados do século XX, como sugere o texto abaixo:

> O pioneiro da penetração da bacia fora, porém, o madeireiro: lento, tenaz, furando com o seu gado a massa compacta da mata e explorando corajosamente as estradas líquidas dos rios, ia à cata do jacarandá, do famoso cabicena para exportação e para a preciosa indústria da movelaria, nos áureos tempos coloniais e imperiais. Inda hoje, nos tardos passos que o progresso ali tem conseguido dar, encontram-se perdidos no escuro das grotas, já ardidos, recobertos de liquens, velhos troncos de jacarandá cabiúna-preto derrubados e torados naqueles remotos tempos e que foram esquecidos, adormecidos naquelas profundezas (MIRANDA, 1949, p. 44-45).

A exploração seletiva da madeira (1904-1940)

Conforme os trilhos eram assentados e as estações nos pequenos lugarejos eram inauguradas, as madeiras-de-lei intocadas nas terras devolutas, ou nas recém-adquiridas terras de colonos, eram comercializadas pelos madeireiros. Eles buscavam de maneira seletiva as madeiras que tinham demanda no mercado, como salienta Sousa: "As matas do Espírito Santo, por exemplo, têm sido percorridas por madeireiros interessados apenas nos jacarandás. Outras vezes interessa o jequitibá, porque está dando bom preço no mercado (SOUSA, 1947, p. 16)".

Segundo Miranda (1949), a exploração seletiva era feita da seguinte forma nas terras recém-colonizadas:

> Feita a primeira aberta [clareira] e mal entrando no seu rancho, logo vem bater à porta o madeireiro. De perneiras de couro e chapéu de abas largas, montando um cavalinho magro ou uma besta de estrada, trazia consigo o "língua", para entender-se com o colono; e como eram impiedosos e vorazes, na sua atividade, os madeireiros! (p. 55).
> Fosse qual fosse, porém a modalidade combinada para o negócio, o vendedor seria mesmo comido por uma perna, 'na trena' ou na conta. Já porque a trena não era aferida, era molhada na véspera e espichada para distender-se, já porque no ato da medição o madeireiro usava mil truques e artimanhas na leitura da metragem, já porque impunha descontos por pseudo-defeitos na tora (defeitos que por vezes até a valorizavam), já porque cantava alto uma medida e registrava outra no romaneio (p. 56).

O madeireiro tratava da aquisição e aferição dos valores baseado normalmente na tabela Francon[149], mas era o mateiro quem respondia pela prospecção e localização das espécies valiosas na mata. Feita a prospecção, dava-se início à derrubada, realizada pelos machadeiros. "Os troncos mais grossos são atacados por dois, três, quatro e até cinco machadeiros. O trabalho é perigoso, os golpes devem ser cadenciados para evitar acidentes e alegrar o serviço [...]" (MIRANDA, 1949, p. 62). Mesmo com planejamento na derrubada, as árvores podiam cair fora de seu destino dado, desviadas pelas vizinhas ou seguradas por cipós, matando ou ferindo gravemente os machadeiros.

Após a derrubada, seguia-se o seccionamento das árvores em toras, fazendo-se uso de machados ou serras manuais, seguindo medidas diferenciadas, conforme o terreno permitia seu transporte. Transporte este realizado pelos bois, não por carros de bois, mas por cinco a oito pares de bois que puxavam as toras diretamente sobre o solo. Depois dos muares, o uso dos ruminantes era a outra opção viável para o transporte das cargas, antes da chegada dos caminhões. Cada conjunto de até 14 animais podia tracionar até 1.500 quilos, segundo Dean (2004), ou 1.200, segundo Bouvet (1883, p. 14), percorrendo até 12 km por dia.

O transporte era feito em picadas abertas na mata e poderia demorar semanas, até seu destino junto à linha férrea. Todo esse processo era penoso, perigoso e muito provavelmente pouco lucrativo, uma vez que, mesmo extraindo as espécies mais valiosas, não há relatos ou notícias, em todas as bibliografias pesquisadas, de madeireiros que enriqueceram a essa época nessa categoria de exploração.

Em vista dessas características, pode-se perceber que a exploração seletiva era caracterizada pelo baixo volume de capital, ausência de técnicas ou processos modernos de beneficiamento, ausência quase completa de qualquer tipo de motorização no transporte e falta de rotinas regulares ou contabilidade.

O embarque da madeira era um outro processo demorado. Segundo descreve Miranda (1949) a EFVM, enquanto nas mãos da Itabira Iron, exigia o pagamento adiantado de fretes exorbitantes, de forma a poder especular com esses pagamentos nas bolsas de valores, demorando semanas ou até meses para a entrega do vagão ou de espaço no trem para embarque das toras. Silva (1904, *apud* PEREIRA, 2014, p. 58) enfatiza que os elevados fretes eram uma prática comum, pois era a tentativa das companhias deficitárias compensarem em cada unidade de produto o lucro que só poderia ser alcançado com grandes quantidades. Por fim, as toras seguiam para seu único destino, o Porto de Vitória.

A madeira foi durante toda década de 1920 o segundo produto de maior importância econômica na participação do quadro de exportações do Porto de Vitória. Contribuindo com cerca de 4 a 6% do total anual, ela era secundária em relação ao café em termos de valor, o principal produto de exportação do Espírito Santo (SIQUEIRA, 1994, p. 36, e 1995, p. 84). No entanto, entre 1930 e 1936, momento em que a cafeicultura encontrava-se em crise, a madeira tornou-se o produto mais relevante em termos de carga transportada, superando muitas vezes o café (SIQUEIRA, 1995, p. 123), mas tendo como principal destino os mercados nacionais.

É muito provável que não tenha sido apenas o norte do Espírito Santo e o leste mineiro que contribuíam com as exportações. Madeiras de outras regiões do Espírito Santo também poderiam alcançar o porto através da Estrada de Ferro Leopoldina (EFL), que havia incorporado em 1907 a Estrada de Ferro Sul do Espírito Santo.

Nas primeiras décadas de exploração da Mata Atlântica no vale do rio Doce, as madeiras-de-lei eram vendidas sobretudo para uso na construção civil nos mercados nacionais, mas também na construção naval e na movelaria. Após 1936, quando a EFVM finalmente conecta-se a Belo Horizonte, pela Central do Brasil, a capital mineira se firma também como um grande mercado para as madeiras em toras ou semiprocessadas.

Ao observarmos os registros da atividade madeireira no Estado de Minas em 1919 (Tabela 6.1), podemos notar que a grande maioria dos 12 municípios proeminentes estava no antigo Sertões de Leste, vasta área coberta pela Mata Atlântica. No vale do rio Doce, em valores monetários, destacavam-se Aimorés, Rio Casca, Manhuaçu, Guanhães e Caratinga.

Havia a presença de pequenos estabelecimentos em Carangola e em grandes firmas em Teófilo Otoni. Ou seja, a extração intensiva de produtos madeireiros se dava em áreas já servidas por ferrovias há mais tempo. Teófilo Otoni, beneficiada pela Estrada de Ferro Bahia-Minas desde 1898, e Carangola, servida pela EFL desde 1887, despontavam entre os maiores produtores. Nessas localidades, assim como em Manhuaçu e Rio Casca, a exploração da madeira já era bem mais intensiva do que na maior parte do vale do rio Doce, pois a ferrovia permitia escoar outros produtos florestais, como lenha e madeiras menos nobres, tanto pela Leopoldina como pelo porto de Caravelas, no caso de Teófilo Otoni.

Contudo, as áreas de extração no Estado não correspondem às áreas de localização da indústria madeireira. Essa indústria serrava as toras, beneficiava-as e produzia móveis, carroças, vassouras, artefatos diversos. A Tabela 6.2 expõe os municípios principais onde se localizavam.

Tabela 6.1: Principais municípios de Minas Gerais com atividades extrativas de madeira em 1919

Município	Estabelecimentos	Valor em mil réis
Carangola	129	229.752
Teófilo Otoni	49	229.200
Aimorés	11	165.000
Rio Casca	14	134.110
Manhuaçu	54	128.105
Guanhães	33	99.960
Caratinga	34	91.650
Ponte Nova	17	36.200
Abre Campo	16	23.400
Serro	10	20.044
Peçanha	8	12.000
Antônio Dias	2	2.100

[1] A atividade extrativa de madeira deve, provavelmente, incluir a de madeira bruta em toras, lenha e carvão vegetal

Fonte: Anuário Estatístico de Minas Gerais de 1921, v. 3, p. 238-242

Tabela 6.2: Principais municípios de Minas Gerais com processamento industrial no setor madeireiro em 1921

Município	Estabele-cimentos*	Empre-gados	HP**	Valor em mil réis
Teófilo Otoni	4	100	968	2.232.000
Belo Horizonte	10	178	122	1.930.000
Diamantina	2	300	150	1.200.000
Bocaiúva	1	200	40	800.000
Além Paraíba	3	64	130	770.000
Araguari	4	42	123	473.400
Uberaba	7	70	139	458.000
Ponte Nova	4	21	37	169.000
Rio Casca	1	3	12	60.000

* Serrarias, carpintarias e marcenarias

** Horse-power (Cavalo-vapor)

Fonte: Anuário Estatístico de Minas Gerais de 1921, v. 3, p. 272 em diante

A comparação dos dados das Tabelas 6.1 e 6.2 indica que os municípios líderes na extração em torno de 1920 não são os mesmos que se destacam na produção industrial. O exemplo de Belo Horizonte é por demais evidente. Embora não contasse com a madeira *in natura* em suas proximidades, recebia milhares de toras de municípios extrativistas, beneficiando-as em serrarias que margeavam a ferrovia recém-inaugurada. A Serraria Souza Pinto despontou por muito tempo como exemplo desse tipo de indústria.

À exceção de Teófilo Otoni[150], que extraia e beneficiava madeiras, tudo indica que essa matéria-prima valia-se das ferrovias para dirigir-se a outros mercados. Ao sul da bacia do Doce, por exemplo, é provável que a produção de Rio Casca se dirigisse a Ponte Nova, ao sul da ferrovia. Depois seguiria para mercados consumidores mais distantes.

Em 1920 pode-se visualizar melhor a situação da área de mata mais ou menos explorada se o exame for cotejado pela presença de núcleos de povoamento no mapa da Figura 6.2.[151] É ainda muito ampla a área relativamente intocada de Mata Atlântica entre Minas com o Espírito Santo, às margens do Doce, na antiga "zona" do Contestado, a nordeste de Governador Valadares e Aimorés.

As descrições documentadas e a cartografia aqui recuperada deixam evidente que em 1920 havia uma grande área de mata virgem cobrindo boa parte das bacias dos rios Doce, São Mateus e Mucuri. Esse quadro, no entanto, iria alterar-se irremediavelmente nas duas décadas seguintes, quando aumentaria exponencialmente o preço da madeira, o número de estabelecimentos e os meios técnicos de fazer circular grandes toras de madeira-de-lei em curto espaço de tempo.

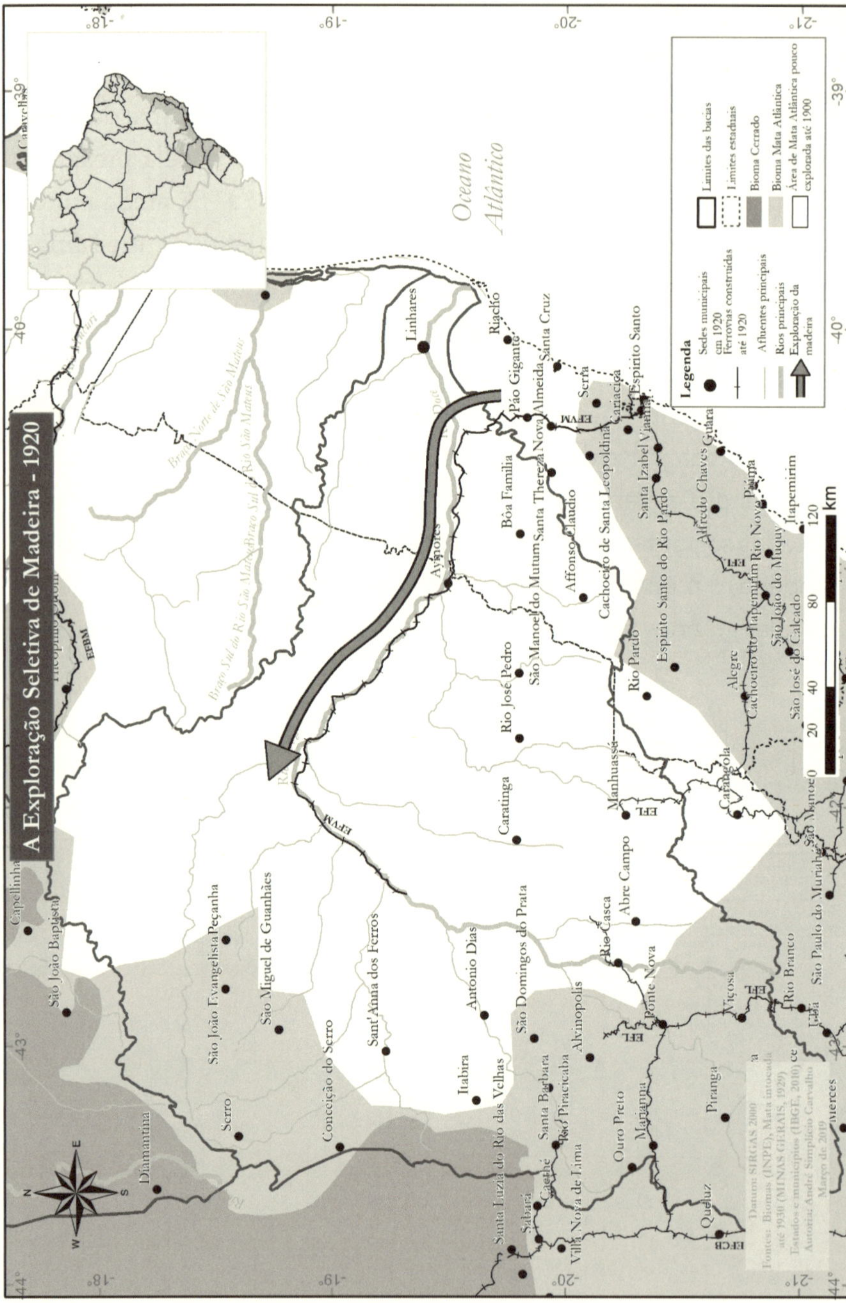

Figura 6.2: Mapa da exploração da madeira no Leste de Minas até na década de 1920

Exploração predatória, indústria madeireira e implicações sociodemográficas entre 1940-1960

A exploração seletiva da mata continuou sendo a principal atividade no vale do rio Doce até provavelmente o início da década de 1940 (Tabela 6.3), quando mudanças significativas impactaram a industrialização de produtos florestais.

Em Minas Gerais, a finalização da linha tronco da EFVM em 1936 permitiu que o sonho acalentado desde 1847 (ANUÁRIO, 1906) de conectar de modo eficaz o centro do Estado mineiro a um porto do Atlântico fosse realizado. Com essa ligação efetivada, aumentou-se o tráfego na ferrovia, ao mesmo tempo em que se permitiu que a madeira extraída no Leste de Minas chegasse mais rapidamente a Belo Horizonte. A capital se torna então um polo moveleiro. Esse fato fez com que vários municípios localizados no vale do rio Doce se tornassem relativamente próximos da próspera Belo Horizonte, e por consequência aumentaram sua participação no setor extrativo, como demonstram os dados da Tabela 6.4.

Tabela 6.3: Participação na atividade extrativa madeireira de municípios selecionados de Minas Gerais em 1937 por valor de produção

Município	Valor em mil Réis	%
Teófilo Otoni	4.916.000	1,82
Rio Casca	4.412.000	1,63
Ponte Nova	3.377.000	1,25
Carangola	3.350.000	1,24
Viçosa	2.930.520	1,08
Caratinga	2.580.000	0,95
Peçanha	2.349.000	0,87
Aimorés	2.012.000	0,74
Antônio Dias	1.515.000	0,56
Ipanema	1.358.000	0,50
Guanhães	1.232.400	0,46
MINAS GERAIS	270.814.672	100,00

Fonte: Anuário Industrial de Minas Gerais 1937 (IBGE, 1939)

Pode-se observar que, não obstante a presença mais marcante de municípios que já apresentavam um setor extrativo dinâmico anteriormente (entre 1919 e 1921) – Teófilo Otoni, Rio Casca, Ponte Nova e Carangola –, municípios como Peçanha e Antônio Dias, servidos pela EFVM, têm seus valores de produção bastante expressivos. Outro fator que indica o deslocamento da produção madeireira é a maior participação de outros municípios no setor industrial, como mostrado na Tabela 6.4.

Tabela 6.4: Participação na atividade industrial madeireira em municípios selecionados de Minas Gerais em 1937 por valor de produção

Município	Valor em mil Réis	%
Belo Horizonte	14.032.460	47,9
Juiz de Fora	5.279.535	18,0
Raul Soares	3.772.000	12,9
Rio Casca	1.303.900	4,4
Peçanha	604.000	2,1
Carangola	488.700	1,7
Teófilo Otoni	387.000	1,3
Ponte Nova	366.000	1,2
Itabira	184.000	0,6
Mariana	141.500	0,5
Aimorés	108.500	0,4
Viçosa	107.000	0,4
Ipanema	48.000	0,2
Caratinga	30.000	0,1
MINAS GERAIS	29.311.311	100

Fonte: Anuário Industrial de Minas Gerais 1937 (IBGE, 1939)

Belo Horizonte, bem à frente de Juiz de Fora, se impõe como grande polo moveleiro, respondendo por quase metade da produção madeireira do Estado. Mas Raul Soares e Rio Casca destacam-se, servidos pela EFL, além de Peçanha, que comparece pela primeira vez como um protagonista relevante, com valores de produção próximos aos de Aimorés e de Caratinga. Felizmente, o Anuário de 1937 faculta um olhar mais detalhado sobre a localização das plantas fabris, conforme explicitam os dados da Tabela **6**.5.

O Anuário de 1937 mostra que Belo Horizonte e Juiz de Fora são os principais centros onde se concentra a indústria madeireira do Estado. Apesar dessa elevada concentração, constata-se que era expressiva a presença do setor industrial madeireiro dentro da bacia do rio Doce. As serrarias, responsáveis pelo beneficiamento das madeiras em toras, migravam para o ramal norte da Leopoldina, se instalando em Raul Soares, Rio Casca e Caratinga. Outro destaque que surge no Anuário é o distrito de Figueira, que concentrava todas as serrarias do município de Peçanha. Com isso, dinamiza-se o distrito, reunindo condições para se emancipar como Governador Valadares em 1939.

Contudo, mesmo com a forte presença da indústria madeireira dentro da bacia, a maior parte das madeiras era enviada em toras para Belo Horizonte, que vivia um vigoroso crescimento econômico e demográfico, e Vitória, que redistribuía o excedente de suas necessidades para o exterior e outros grandes centros urbanos da época.

Tabela 6.5: Distribuição da Indústria da Madeira em Minas Gerais em 1937 segundo tipo de setor e distrito

Município	Distrito	Estabelecimentos	Pessoal empregado	HP*
	Serrarias			
Belo Horizonte	Sede	10	252	797
Juiz de Fora	Sede	4	306	605
Raul Soares	Sede	5	92	238
Rio Casca	Sede	2	32	127
Itabira	São José da Lagoa	1	17	43
Mariana	Sede	1	10	20
Peçanha	Figueira (Gov. Valadares)	4	59	18
Caratinga	Sede	1	6	15
	Inhapim	1	2	0
Ponte Nova	Sede	1	6	10
	São João do Escalvo	1	6	10
MINAS GERAIS		106	1321	2775

	Carpintarias			
Belo Horizonte	Sede	32	147	262
Juiz de Fora	Sede	8	117	43
Viçosa	Sede	2	8	20
Rio Casca	Sede	1	2	0
Aimorés	Sede	1	2	0
MINAS GERAIS		114	550	757
	Fábricas de Móveis e Outros Artefatos			
Belo Horizonte	Sede	55	467	404
Juiz de Fora	Sede	49	217	73
Ponte Nova	Sede	8	37	69
	Rio Doce	3	14	5
Caratinga	Sede	1	5	10
Rio Casca	Sede	3	12	5
Itabira	Sede	1	2	2
Aimorés	Sede	3	11	0
Mariana	Sede	2	4	0
Peçanha	Sede	1	1	0
	Figueira (Gov. Valadares)	3	11	0
Raul Soares	Sede	1	2	0
Viçosa	Sede	1	1	0
MINAS GERAIS		426	2120	1813

* *Horse-power* (Cavalo-vapor)

Fonte: Anuário Industrial de Minas Gerais, 1937

Ainda em 1937, a Companhia Belgo-Mineira inaugurou em Monlevade um novo alto-forno alimentado por carvão vegetal, o maior do mundo naquele momento, promovendo uma enorme demanda por carvão. Segundo Dean (2004), "Nenhuma indústria teve maior impacto sobre as reservas de lenha que a siderúrgica." [152]

Outra mudança importante veio com a Segunda Guerra Mundial. O governo brasileiro assumiu a EFVM por meio da Companhia Vale do Rio Doce, criada com o fito de explorar o minério de ferro de Itabira. Essa atividade forçou a instalação de um ramal até Itabira, em 1943, e a introdução de melhorias no traçado da ferrovia, que passaria a contar agora com maior regularidade na passagem das composições e, assim, maior confiabilidade no transporte. A EFVM ampliava sobremaneira seus impactos na estruturação da região do Doce.

Note-se que o próprio transporte do minério impunha grande consumo de lenha, porquanto as "ferrovias queimavam ainda mais lenha que a indústria siderúrgica. Apesar do uso de certa quantidade de carvão importado e do início da eletrificação nos anos 20, as ferrovias dependiam de lenha para mais da metade do seu suprimento de energia" (DEAN, 2004, p. 269).

Já no Espírito Santo, as duas maiores mudanças registrada entre 1920 e 1940 dizem respeito ao alcance da exploração madeireira, que havia apenas sido iniciada ao norte do rio Doce (MORAES, 1974, p.127). Em 1928, foi construída uma ponte sobre o rio Doce no município de Colatina, o que permitiu a ligação da cidade com a margem esquerda a norte. Essa obra também permitiu o escoamento mais fácil dos produtos florestais (TEIXEIRA, 1974). Assinale-se que em 1929 fora completada a ligação ferroviária entre São Mateus e Nova Venécia, utilizada principalmente para o escoamento de madeira até 1941, quando foi desativada para dar lugar a uma rodovia.

A Figura 6.3 deixa evidente os impactos da atividade madeireira em 1940 se comparada com os mapas vistos anteriormente. Ao fim da 2ª Grande Guerra, o mundo, em especial a Europa, iria demandar enormes quantidades de madeira para reconstrução ou mesmo para dar vazão aos requerimentos derivados do alto crescimento econômico dos EUA.

Somados todos esses fatores, pode-se notar um gigantesco crescimento na demanda de todos os tipos de produtos florestais, muito além daquela que os madeireiros até então atuantes no mercado regional poderiam oferecer. Isso fez com que outras empresas mais capitalizadas entrassem no negócio, várias delas dotadas de maior grau de organização industrial, porquanto adotavam serras motorizadas (a vapor, elétricas e a diesel). Eram também denominadas serrarias, mas possuíam caminhões capazes de transportar enormes quantidades de madeiras a distâncias jamais alcançadas por juntas de bois. A utilização de carretas e caminhões tornara-se comum nas décadas de 1940 e 1950 em diversas partes do Brasil, segundo Sousa (1947, p. 36). As carretas permitiam a colocação de uma única tora no veículo, sendo transportada diretamente para as serrarias, como ilustram as Figuras 6.4, 6.5, 6.6 e 6.7 abaixo.

Em meados de 1940, surgiram ao longo da bacia do Doce grandes empreendimentos no setor madeireiro que se instalavam em locais que já contavam com alguma centralidade. Empresas com grande aporte de capital, como a Companhia Agro-Pastoril, em Governador Valadares, e a Serraria Santa Helena, em Coronel Fabriciano, foram inauguradas, em 1946, e possuíam vínculos com a Belgo Mineira. Serrarias em Colatina, Linhares e Aracruz se seguiram a outras em São Mateus, Conceição da Barra e Nanuque. É evidente que esses empreendimentos fizeram aumentar dramaticamente a devastação da outrora extensa e exuberante floresta Atlântica das áreas de leste-nordeste do Sudeste, em Minas e Espírito Santo.

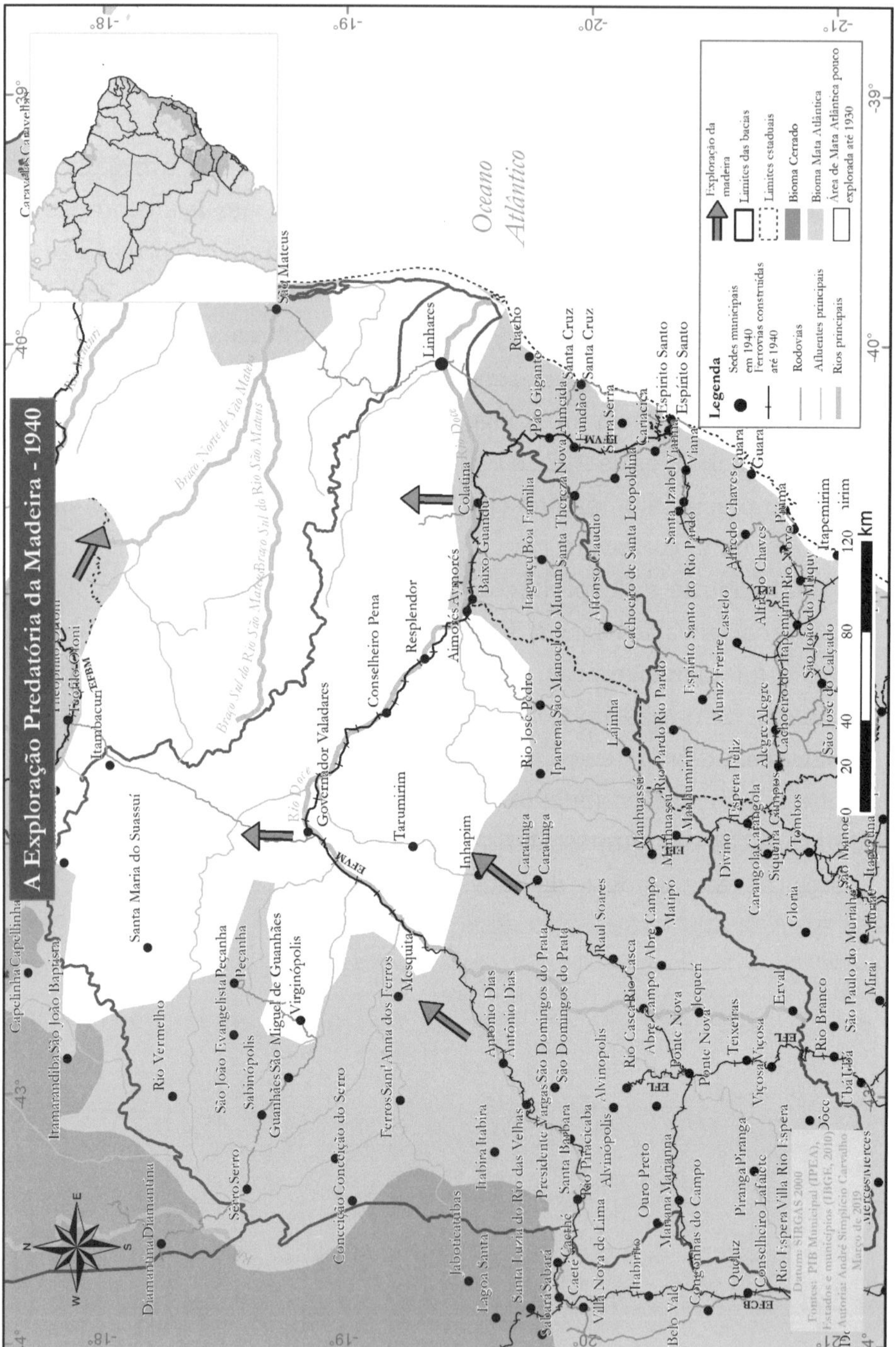

Figura 6.3: Mapa da exploração da madeira na década de 1940

Figura 6.4: Caminhão transportando tora de madeira em Coronel Fabriciano na década de 1940

Fonte: Associação Cultural do Vale do Aço

Figura 6.5: Caminhões transportando madeira no Estado do Espírito Santo na década de 1940

Fonte: Souza, 1947

Figura 6.6: Caminhões transportando madeira em Aimorés na década de 1930
Fonte: PAULA, 1993

Figura 6.7: Carreta transportando tora de peroba nos anos 1950
Fonte: Fotos Antigas e Atuais de Governador Valadares

A Companhia Agro-Pastoril, possivelmente o maior empreendimento em todo Leste de Minas, explorava madeira, lenha e carvão, e é um exemplo dos grandes empreendimentos da indústria madeireira da época. Postada à margem esquerda do rio Doce, bem ao lado da florescente Governador Valadares,[153] fazia uso de técnicas modernas e contava com uma expressiva infraestrutura. Segundo relato de Sousa (1947), somente as empresas maiores contavam com transporte de materiais por trem e com modernas máquinas de produção de laminados. Segundo o entrevistado J.M.F[154], essa empresa chegou a contar em seu auge com cerca de 500 funcionários (Figuras 6.8 a 6.11).

Figura 6.8: Companhia Agro-Pastoril na década de 40
Fonte: Fotos Antigas e Atuais de Governador Valadares

Figura 6.9: Toras chegando à Cia. Agro-Pastoril
Fonte: Fotos Antigas e Atuais de Governador Valadares

Figura 6.10: Visita de Juscelino Kubitscheck ao setor de compensados da Cia. Agro-Pastoril em julho de 1948
Fonte: Fotos Antigas e Atuais de Governador Valadares

Figura 6.11: Serraria Santa Helena em Coronel Fabriciano na década de 1940
Fonte: Associação Cultural do Vale do Aço

Outras serrarias surgiram ao longo do vale do rio Doce, entre elas a Serraria Santa Helena, em Coronel Fabriciano, dando origem posteriormente a um bairro de mesmo nome.

Em Colatina, uma serraria de grandes proporções localizada junto à linha férrea, denominada Barbados, surgiu no mesmo período, segundo o entrevistado M.A.S.[155], e chegou a empregar 400 funcionários em seu auge. Outras serrarias se implantaram em Nova Venécia e Conceição da Barra, como relata Engler (1951, p. 84). Dados oficiais de 1954, quando essas grandes serrarias ainda viviam seu auge, atestam esses relatos, como sugere a Tabela 6.6.

Tabela 6.6: Principais municípios envolvidos na indústria madeireira em 1954 segundo valor da produção

Município	Valor em Cr$	%
	Minas Gerais*	
Belo Horizonte	131.183.037	17,6
Governador Valadares	115.146.075	15,4
Aimorés	46.889.190	6,3
Nanuque	37.616.100	5,0
Juiz de Fora	35.818.778	4,8
Uberaba	13.586.560	1,8
Uberlândia	11.970.759	1,6
Conselheiro Pena	11.748.952	1,6
Teófilo Otoni	10.867.149	1,5
São Sebastião do Paraíso	9.830.828	1,3
Minas Gerais	745.716.823	100
	Espírito Santo**	
Colatina	56.341.000	19,16
Conceição da Barra	38.032.000	12,94
Aracruz	13.673.000	4,65
Itapemirim	12.434.000	4,23
São Mateus	11.782.000	4,01
Nova Venécia	7.010.000	2,38
Barra do São Francisco***	6.198.000	2,11
Anchieta	6.120.000	2,08
Linhares	4.885.000	1,66
Itaguaçu	3.940.000	1,34
Mucurici	2.625.000	0,89
Espírito Santo	294.006.000	100

* Fonte: Anuário Estatístico de Minas Gerais, 1955, p. 140. Os dados incluem madeira desdobrada, esquadrias, móveis, escovas e vassouras e outros artefatos em madeira

** Fonte: Anuários Estatístico do Espírito Santo, 1957, p. 45, 46, 77-81. Os dados incluem madeira em toros, lenha, carvão, madeira serrada, tacos e dormentes

*** Barra do São Francisco se encontrava na zona de litígio entre Minas Gerais e Espírito Santo, mas acabou se tornando município deste.

A década de 1950 revelou o auge do ciclo madeireiro nos vales dos rios Doce, São Mateus e Mucuri. Foram relatadas a presença de mais de 100 serrarias em Governador Valadares[156], mais de 130 em Linhares (BORGO *et al*, 1996, p.130) e cerca de 40 em Aracruz (BORGO *et al*, 1996, p. 129).

Essa expansão do setor madeireiro foi facilitada pelo aumento da infraestrutura rodoviária, com início de rodovias tecnicamente mais bem executadas, embora ainda não asfaltadas. Isso facilitou em muito o transporte da madeira bruta ou processada. A abertura da atual BR-101, paralela ao litoral, articulava Linhares e São Mateus com o sul da Bahia e impactou amplas sub-regiões do Espírito Santo. Já a BR-116, conhecida como Rio-Bahia, ao passar por Caratinga, Governador Valadares e Teófilo Otoni, abriu em definitivo o acesso às matas de áreas ainda quase intocadas. As matas ao sul, coincidindo com a presença da EFL, estavam provavelmente esgotadas, uma vez que nenhum dos municípios aparece novamente entre os principais produtores. A Figura 6.12, se comparada às dos mapas anteriores, expõe o resultado da saga madeireira nesse vasto espaço do Sudeste brasileiro na década de 1950.

O período de auge foi substituído pelo declínio no início da década de 1960, quando começa o fechamento ou transferência de inúmeras serrarias para posições mais ao norte, próximas à Bahia, em decorrência do esgotamento das reservas de madeira do antigo Sertão de Leste. Em Governador Valadares, Coronel Fabriciano, Aimorés, Linhares, Colatina, São Mateus, houve um franco declínio dessas atividades, com forte impacto nas economias locais.

Pouco restou dessas grandes serrarias. Em Governador Valadares, a Agro-Pastoril deu lugar a um bairro; mantém-se de pé seu prédio principal. Em Coronel Fabriciano, a serraria Santa Helena deu lugar a um bairro homônimo. Em Nanuque, a presença da Bralanda é lembrada na toponímia da rua Brasil-Holanda. Em Aracruz, a atividade madeireira evoluiu para a silvicultura de eucalipto, que dá sustentáculo à conhecida Aracruz Celulose. Em Linhares, a grande evidência da presença das serrarias é a toponímia deixada nos bairros Pó de Shell e Pó de Aviso.

> Foi devido aos resíduos industriais conhecidos por pó de serra que tornou-se possível criar solo para invasão e instalação de favelas na cidade. As indústrias madeireiras jogavam os seus resíduos em grande quantidade, nos bairros e remansos existentes no entorno da lagoa do Aviso. A população de baixa renda sobrepunha uma pequena camada de terra sobre a serragem (pó de serra), instalando em cima o seu barraco. Daí as favelas do pó existentes na cidade, frequentemente inundadas pelo transbordamento da lagoa em épocas de chuvas. Estes assentamentos têm a sua situação agravada com os eventuais incêndios, alguns deles devido à combustão espontânea do pó de serra em decomposição (FJSN, 1980, p. 117).

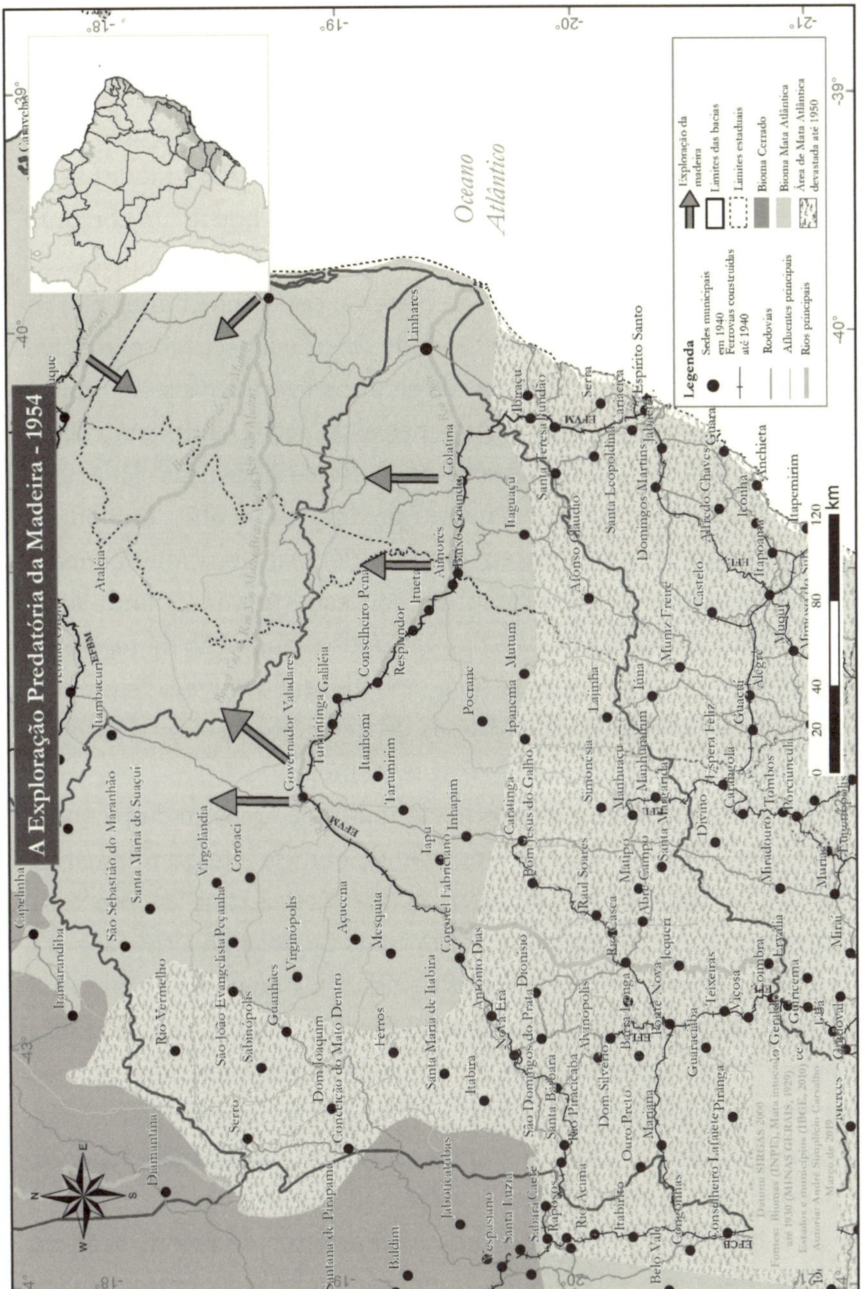

Figura 6.12: Mapa da exploração da madeira na década de 1950

Além das evidências reunidas neste estudo, é possível fazer outras inferências sobre os impactos socioespaciais que o ciclo madeireiro deixou no Leste de Minas? Com o fim das grandes serrarias e a extinção da formidável área de floresta, houve um conjunto de novas atividades que se instalaram na região. Duas delas são bem expressivas: a produção de material cerâmico (muitas olarias instaladas às margens desmatadas do Doce) e a pecuária extensiva. Da primeira, existem diversos testemunhos verificáveis em muitos trechos da paisagem fluvial. Algumas instalações ainda estão de pé, mas desativadas, provavelmente por razões econômicas.

Contudo, o que permaneceu predominante até a atualidade é a pecuária bovina e extensas áreas de pastagens, que ocupam a maior parte dos vales e morros do Leste de Minas, onde anteriormente só havia a Mata Atlântica. A especialização da região na produção de gado é bem notória, embora sem os níveis de produtividade de outras regiões de Minas de topografia favorável e de tradição na atividade, como o Triângulo Mineiro.

Com o fim das grandes madeireiras e o advento da pecuária extensiva, os requerimentos de mão de obra se alteraram drasticamente. Milhares de trabalhadores ocupados na extração e processamento da madeira perderam seus postos de trabalho e tiveram dificuldades em se inserir em novas atividades. Isso porque a pecuária é notoriamente poupadora de mão de obra em um país marcado pela concentração fundiária. Por outro lado, o desenvolvimento das jovens cidades da região não era suficientemente dinâmico e vigoroso a ponto de absorver o grande volume de trabalhadores desocupados com o fim do ciclo madeireiro.

Nesse período, iniciavam-se os projetos de colonização na Amazônia, e em especial em Rondônia. Relatos de entrevistados indicam que houve um significativo fluxo de saída de migrantes de várias das cidades aqui mencionadas para Rondônia, notadamente para as atividades de "limpeza" de áreas cobertas pela floresta equatorial. Afinal, a experiência técnica adquirida na devastação da Mata Atlântica podia ser utilizada nas novas frentes de desbravamento que surgiam com os governos militares.

Houve, portanto, implicações socioespaciais severas que se abateram sobre o vale do Doce e sobre extensas áreas do Leste de Minas. Os dados demográficos podem corroborar os relatos de pessoas que conviveram com a "era" de ouro das madeireiras?

Alguns trabalhos já apontavam um declínio demográfico impressionante de várias cidades da região com base nos dados dos censos de 1920 e 1940.[157] Um exemplo emblemático é o do município de Caratinga, cidade próspera que se beneficiara da maior produção cafeeira do leste mineiro à época, acompanhada de um desmatamento sem precedentes. Em 1920, o município tinha 137.017 habitantes. 20 anos depois, após o colapso da cafeicultura, sua população declinou para 66.696 habitantes, e o município sofreu posteriormente sucessivas fragmentações territoriais.

São várias as evidências a demonstrar que alguns municípios foram duramente impactados pela devastação da Mata Atlântica (produção de madeira, dormentes, lenha, carvão) e crise da cafeicultura a partir de 1930.[158] O advento da pecuária e da concentração fundiária fez declinar o emprego e expandir sobremaneira a emigração de trabalhadores da região, sobretudo para o Sul de Minas e planalto paulista, vetor de expansão da cafeicultura até o Paraná.[159]

Figueira, atual Governador Valadares, tornou-se entreposto comercial importante com as obras de construção da Vitória-Minas (desde 1910). Atraiu muitos migrantes, usufruiu do plantio e comercialização do café, conviveu com um formidável desmatamento nas duas margens do rio Doce e, concomitantemente, expandia a pecuária bovina com base na introdução do capim colonião a partir de 1930.

Um participante decisivo da devastação florestal na bacia do Doce foi a Companhia Belgo-Mineira. Interessada no desmatamento de uma extensão de 150 Km ao longo do Doce e na utilização de carvão vegetal em seus alto-fornos desde 1937, estimulou a "limpeza" de áreas ocupadas por posseiros, o que fez agravar o quadro de violência na região, conforme Siman (1988).

Um exame simples dos dados dos principais municípios que participaram fortemente da extração e processamento da madeira comprova as assertivas anteriormente feitas sobre o período de auge e extinção do ciclo da madeira, entre 1940 e 1960. Os dados da Tabela 6.7 mostram 11 dos municípios mais citados nesse estudo: Aimorés, Caratinga, Coronel Fabriciano, Colatina, Governador Valadares, Manhuaçu, Nanuque, Peçanha, Ponte Nova e Raul Soares. Vários deles tiveram acréscimos populacionais notáveis entre 1940 e 1950, especialmente Colatina e Governador Valadares. Contudo, entre 1950 e 1960 todos eles tiveram decréscimo demográfico, e isso certamente se repetia em vários municípios da bacia do rio Doce e do Leste de Minas.

Tudo indica que as mudanças sociodemográficas foram dramáticas na região. Governador Valadares é um caso emblemático. Viveu intensamente o ciclo madeireiro, chegou a atrair milhares de trabalhadores provenientes dos vales do Mucuri e Jequitinhonha, do Espírito Santo e do Nordeste brasileiro, com a construção da Rio-Bahia, ainda em "chão batido", nos anos de 1930. Atraiu inclusive americanos, nos anos de 1940, por causa da presença da malacacheta (mica) no município. A população explodia, e a devastação da Mata Atlântica atingia seu cume.

Bem projetada urbanisticamente, parecia ser uma cidade destinada a se tornar um grande centro urbano se mantivesse o ritmo de crescimento dos anos de 1940. Contudo, nos anos de 1960 iniciava-se na cidade um ciclo de emigração sem precedentes, que iria durar várias décadas, sobretudo para os EUA. A cidade chegou a se aparelhar para resolver problemas burocráticos e facilitar o envio de trabalhadores para a América.[160]

Tabela 6.7: População de municípios selecionados que se destacaram no ciclo madeireiro – Leste de Minas e vale do rio Doce entre 1940–1960

Municípios	1940	1950	1960
Aimorés	36 529	37 511	37 022
Caratinga	66 696	74 202	73 906
Colatina	66 263	100 944	100 437
Coronel Fabriciano*	-	22 409	22 186
Governador Valadares	38 340	61 489	60 958
Manhuaçu	50 327	35 028	34 747
Nanuque*	-	17 214	17 123
Peçanha	61 236	41 022	40 700
Ponte Nova	63 471	61 103	60 463
Raul Soares	31 330	38 783	38 492
Teófilo Otoni	85 254	87 971	87 316

Fonte: IBGE – Séries Históricas (web)

* Municípios inexistentes em 1940 que obtiveram autonomia ao longo da década

Dados não mostrados neste estudo confirmam as evidências de uma espécie de ruptura sociodemográfica que se abateu sobre o Leste de Minas (ver Matos, 2015, e Costa, 2015). Certamente com a crise do emprego, declínio das rendas e dos negócios, vários surtos emancipacionistas atingiram municípios-polos. Se um município preserva seu dinamismo econômico de modo contínuo e duradouro, dificilmente se fragmenta como ocorreu com tantos da bacia do Doce, a exemplo de Caratinga, Teófilo Otoni, Governador Valadares, Ponte Nova, Manhuaçu, Viçosa, entre outros. A perda de população entre 1950 e 1960 foi, portanto, acompanhada de declínio econômico e fragmentações territoriais.

Contudo, após tantas intervenções no quadro natural do vale do rio Doce, à medida que a ferrovia Vitória-Minas tomou forma, progressivamente foram sendo instalados grandes investimentos industriais no setor mineral e siderúrgico que contribuíram para mudar definitivamente a feição paisagística do médio Doce.

No médio rio Doce surgia o Vale do Aço

Durante a Segunda Guerra Mundial e toda a década de 1950, houve uma expansão e diversificação das empresas daquela porção do vale. A CVRD realizou importantes investimentos na EFVM, modernizando o material rodante, introduzindo locomotivas diesel-elétricas, duplicando a ferrovia a partir de 1971 e desviando a linha das áreas centrais das cidades que haviam surgido em trechos da ferrovia. Em 1977, as reformas haviam sido concluídas com a substituição de todas as locomotivas por modelos mais modernos. Esse investimento, somado aos melhoramentos portuários (VALE, 2012) no Espírito Santo, fez com a que a CVRD passasse da exportação de 1,2 milhões de toneladas em 1951 para quase dez milhões em 1967, ainda baseada essencialmente na mineração em Itabira.

No chamado Acordo de Washington, o governo brasileiro se comprometeu a organizar uma companhia para explorar e exportar minério de ferro para os Estados Unidos e Inglaterra, ambos envolvidos na 2ª Guerra Mundial. Os Estados Unidos garantiram a concessão dos empréstimos para o empreendimento, através do Banco Mundial, e o governo Inglês se obrigou a adquirir dos sindicatos ingleses e transferir para o governo brasileiro as minas de ferro de Itabira, em Minas Gerais. No acordo, foi prevista a exportação de 1,5 milhões t/ano de minério de ferro ao preço de 100$000 p/t (DINIZ, 1978, p. 49).

O acordo que firmava o papel do Brasil entre os Aliados durante a Segunda Guerra Mundial pôs fim ao impasse da exploração do minério de ferro, que vinha se estendendo há mais de uma década. Desde pelo menos meados de 1910, empresas de capital estrangeiro, como a Companhia Brasileira de Mineração e Siderurgia S.A., de Percival Farqhuar, vinham tentando estabelecer a efetiva exploração e exportação do minério de ferro das minas do interior do Estado, mas essa empreitada fora seguidamente dificultada por políticos brasileiros nacionalistas, como Arthur Bernardes e Getúlio Vargas.

A criação da Companhia da Vale do Rio Doce, que incluiu a incorporação da EFVM, em 1943, se deu como consequência da efetivação desse acordo. Além disso, como decorrência da criação da Companhia Vale do Rio Doce e da respectiva encampação da Companhia Brasileira de Mineração e Siderurgia S.A., Percival Farqhuar se associou a Athos de Lemos Rache e Aminthas Jacques de Morais para fundarem a Acesita — Aços Especiais Itabira S.A. A Acesita foi constituída em 31/10/1944, com o capital inicial de CR$ 64 milhões, com previsão de capacidade de 60.000 t/ano de aço em lingotes.

Assim como a Belgo Mineira, a Acesita foi portanto outro empreendimento de grande impacto, inaugurando, uma típica *company town*. "A construção da usina trouxe consigo todas as fabriquetas e pequenas indústrias necessárias ao empreendimento, incluindo as casas dos operários e gerentes" (COMPANHIA AÇOS ESPECIAIS ITABIRA, 1989). A criação da Acesita[161] em um distrito de Coronel Fabriciano (que se emanciparia com o nome de Timóteo) e da CVRD em Itabira deixaram significativos impactos regionais nos anos seguintes. A população se urbanizou rapidamente em Itabira, como relata Minayo, uma vez que 70% dos 6 mil operários recrutados no início da companhia eram provenientes do meio rural. Essa migração fez declinar a produção agrícola, acarretando sua substituição pela pecuária extensiva. Entre 1940 e 1975, há um crescimento de 85% do rebanho (MINAYO, 1986). De fato, em Coronel Fabriciano a vila operária crescia inicialmente de forma desordenada, mas após 1953, de forma mais ordenada, com o planejamento feito por Romeu Duflles Teixeira.

No início de 1960, materializou-se o último grande projeto industrial no território de Coronel Fabriciano, a Usiminas. O projeto de instalação de uma grande siderurgia no Estado, tão acalentado pela elite mineira, ganhou vida no final da década de 1950 no Governo JK. Montada com 40% de capital japonês e 60% de capital brasileiro rateado entre empresas estatais, governos estaduais e federais, a instalação foi concluída em 1962 e teve sua primeira produção em 27 de outubro daquele ano. A grandeza da produção de aço alterou-se radicalmente. Em 1971, a Usiminas alcançou 1 milhão de toneladas anuais, enquanto a Belgo-Mineira (a mais antiga) alcançava apenas 730 mil. A Acesita, por sua vez, produziria 600 mil toneladas em 1984. Nesse contexto de especialização produtiva, emanciparamse de Coronel Fabriciano os municípios de Timóteo e Ipatinga, em 1964. Surgia o vale do Aço e, com a Constituição de 1988, a Região Metropolitana do Vale do Aço (RMVA). A população de Ipatinga triplica desde a década de 1970, cidade que se tornou de grande importância econômica em Minas Gerais, além de sede da RMVA.

O período subsequente ao golpe militar, particularmente entre 1968-1973, trouxe um forte crescimento econômico ao país, período conhecido como Milagre Econômico, mas não suficiente para alterar a tendência de declínio e/ou estagnação que se instalou sobre a porção mais a Leste de Minas, embora a dramaticidade social do fim do ciclo madeireiro tenha desaparecido de cena. Governador Valadares tornou-se um polo de comércio e serviços, ultrapassando Teófilo Otoni, sobretudo na segunda metade do século XX, mas ficando distante da primazia exercida por Ipatinga e o complexo siderúrgico de entorno.

Considerações finais

Este estudo procurou esclarecer a lacuna deixada na literatura sobre questões relacionadas à atividade madeireira na Bacia do Rio Doce e oferecer contribuições acerca das bacias dos rios São Mateus e Mucuri, no que concerne ao período que foi chamado aqui de "ciclo madeireiro", que transcorreu mais ou menos entre 1900 e 1960, com o auge nas décadas de 1940 e 1950.

Procurou-se esclarecer alguns dos mecanismos técnicos e econômicos por detrás da exploração e processamento da madeira. Ao contrário da noção instalada na literatura, em especial pelo clássico *A Ferro e Fogo*, de Warren Dean, a Mata Atlântica do leste de Minas e norte do Espírito Santo teve uma larga exploração comercial das madeiras-de-lei nela existentes, até pelo menos meados da década de 1960. Apesar de ter sido uma atividade econômica de menor importância que o café ou a cana-de-açúcar, é possível constatar seus impactos nos dias de hoje, uma vez que o desmatamento modificou severamente as condições econômicas, ambientais e sociais. Fez surgir uma expansão desmedida da pecuária em áreas de pastagem que cobrem a maior parte da antiga Mata Atlântica e mudanças microclimáticas, com extinção de espécies da fauna (inclusive com aumento do número de doenças de pele em imigrantes europeus, conforme Borgo *et al*, 1996).

Vale notar que as novas paisagens trazem poucos testemunhos da exuberância da antiga área de mata. A perda total chega perto de 95 mil km^2, uma área semelhante ao Estado de Portugal[162]. Excetuando alguns centros que ganharam relevância no terciário urbano, a maioria das cidades que foram protagonistas do ciclo madeireiro não manteve o incremento continuado de suas economias. Floresceram por algumas décadas, mas posteriormente mergulharam na estagnação econômica e social, com perda de dinamismo demográfico. Esse declínio da rede urbana até os anos de 1970 coincide com a perda de proeminência da antiga capital do Brasil, o Rio de Janeiro, transferência da capital para Brasília e forte polarização da cidade de São Paulo, alçada à condição de maior metrópole brasileira.

Afora algumas iniciativas de reflorestamento, a exemplo do Instituto Terra, em Aimorés, as reservas do Parque Estadual do Rio Doce, em Timóteo, e a Reserva Natural da Cia. Vale do Rio Doce, em Linhares, não há movimentos dignos de nota com o objetivo de recuperar as condições anteriores da floresta.

A extensa área coberta pela Mata Atlântica tornou-se uma reminiscência, uma memória tênue, guardada nas descrições e em raras fotografias. Desapareceu a magnífica floresta, a riqueza derivada do extrativismo se dispersou por uma infinidade de localidades, e as serrarias deixaram poucos vestígios de sua existência física.

Por último, cabe registrar que nas proximidades da confluência do rio Piracicaba com o rio Doce, no médio Doce, convivem duas paisagens discrepantes. A primeira refere-se a importante reserva florestal em uma área de 35.970 hectares do Parque Estadual do Rio Doce, que abrange um dos três maiores sistemas de lagos do país, ornamentado com espécimes da Mata Atlântica. A segunda refere-se às pavorosas chaminés de usinas existentes em Ipatinga, Timóteo, Acesita e Coronel Fabriciano, circundadas por imensas áreas de reflorestamento com eucaliptais para produção de carvão vegetal e celulose. Tudo isso a testemunhar o surgimento de um dos mais relevantes complexos mínero-siderúrgicos do país.

REFERÊNCIAS

ALMEIDA, Ceciliano Abel de. **O desbravamento das selvas do Rio Doce**. 2. ed. Rio de Janeiro: José Olympio, 1978.

ALVES, Hermílio Cândido da Costa. **Estrada de Ferro de Victoria para Minas: relatório apresentado ao Ilmo. e Exmo. Sr. Conselheiro Thomaz José Coelho de Almeida**. Rio de Janeiro: Typ. Nacional, 1876, 112 p.

Anuário de Minas Gerais. Belo Horizonte: Imprensa Oficial, 1906.

BORGO, Ivan; BRÍGIDA, Léa; PACHECO, Renato. **Norte do Espírito Santo: ciclo madeireiro e povoamento**. Espírito Santo: Editora da Universidade Federal do Espírito Santo. 1996.

BOUVET, M. A. **L'industrie minérale dans la province de Minas-Geraes**. Paris: Dunot, 1883.

CALMON JUNIOR, Lastênio. **Vultos, fatos e lendas linharenses**. Linhares: PML, 2009.

CAMPOS. Gonzaga. **Mappa florestal**. Rio de Janeiro: Typografia da Diretoria de Serviços de Estatística, 1912.

CARNEIRO, Patrício Aureliano Silva. **Conquista e povoamento de uma fronteira: a formação regional da Zona da Mata no leste da Capitania de Minas Gerais (1694-1835)**. Belo Horizonte: UFMG, 2008. Dissertação de Mestrado.

COELHO, Marco Antônio Tavares. **Rio Doce: a espantosa evolução de um vale**. Belo Horizonte: Autêntica, 2011, 207 p.

DE PAULA, J. A. *et al.* **Biodiversidade, população e economia: uma região de mata atlântica**. Belo Horizonte: UFMG / CEDEPLAR–ECMVS. PADCT / CIAMB, 1997.

DEAN, Warren. **A ferro e fogo: a história e a devastação da Mata Atlântica brasileira**. 1. ed. 1ª impressão 1996. São Paulo: Cia. das Letras, 2004, 484 p.

ENGLER, W. A. A zona pioneira ao norte do Rio Doce. **Revista Brasileira de Economia**, 13, p. 233-234, abr./jun., 1951.

ESPÍNDOLA, Haruf. Vale do Rio Doce: fronteira, industrialização e colapso socioambiental. **Fronteiras**. V. 4. N. 1. Jan./jun. 2015, p. 160-206. Disponível em: <http://revistas.unievangelica.edu.br/index.php/fronteiras/>. Acesso em: 6 de out. 2015.

FJSN. Fundação Jones Santos Neves. **Perfil da cidade de Linhares**, 1980.

FONSECA, José Raymundo. **Figueira do Rio Doce:** Ibituruna. Governador Valadares: s.n., 1986.

GEIGER, P. P; CORREA, R. L. **From Vitoria to Belo Horizonte by the Rio Doce Valley**. Rio de Janeiro: 1971, 86 p.
GREGORY, Ian; ELL, Paul. **Historical GIS: technologies, methodologies and scholarship**. Cambridge: Cambridge Press, 2008.
IBGE. Instituto Brasileiro de Geografia e Estatística. **Anuário estatístico de Minas Gerais 1955**. Belo Horizonte: Oficinas Gráficas da Estatística, 1957.
IBGE. Instituto Brasileiro de Geografia e Estatística. **Anuário estatístico do Espírito Santo 1957**.
IBGE. Instituto Brasileiro de Geografia e Estatística. **Anuário industrial do estado de Minas Gerais 1937**. Belo Horizonte: Oficinas Gráficas da Estatística, 1939.
INE. Instituto Nacional de Estatística. **Sinopse estatística do Estado do Espírito Santo 1937**. Vitória: Imprensa Oficial, 1938.
INPE. Instituto Nacional de Pesquisas Espaciais. **SOS Mata Atlântica e INPE apresentam dados do Atlas dos Remanescentes Florestais da Mata Atlântica**. 2014. Disponível em: <http://www.inpe.br/noticias/noticia.php?Cod_Noticia=3610> Acessado em: 20 abr. 2016.
MACHADO, Carlos Boechat, COLATINA - ESTORIAS PARA A HISTÓRIA, Gráfica Santa Maria Ltda., Vitória, 1994
MELLO, Barão Homem de. MELLO, Francisco Homem de. **Atlas do Brasil**. Rio de Janeiro: F. Briguiet & Cia., 1909. Disponível em: <http://www.maproom.org/00/49/>. Acessado em: 6 de out. 2015.
MINAS GERAIS. Secretaria de Agricultura. **Anuário Estatístico de 1921.** V. 3. Belo Horizonte: Imprensa Oficial, 1926.
MINAS GERAIS. Secretaria de Agricultura. Estado de Minas Gerais – **Cartogramma da produção extractiva, agrícola e pecuária**. 1929. (Mapa)
MIRANDA, Salm de. **Rio Doce – Impressões de uma época**. Rio de Janeiro: Biblioteca do Exército, 1949.
MORAES, Cícero. **Geografia do Espírito Santo**. Vitória: Fundação Cultural do Espírito Santo, 1974.
MORRISSEY, John. Illustrative geographies. *In*: MORISSEY, John; NALLY, David; STROHMAYER, Ulf; WHELAN, Yvonne. **Key Concepts in Historical Geography**. London: Sage, 2014.
NETTO, Maria Cinira dos Santos. **Os desbravadores do Porto de Dom Manuel**. Governador Valadares: Gráfica Nacional, 1999.
PAULA, Antônio Tavares. **História de Aimorés**. 1993.
PEREIRA, Vicente Britto. **Transportes: história, crises e caminhos**. Rio de Janeiro: Civilização Brasileira, 2014.

RUSCHI, Augusto. **O problema florestal no Estado de Espírito Santo**. Espírito Santo: "s.ed."1948.

SANTOS, Milton. **A natureza do espaço**. São Paulo: EdUSP, 1996.

SAYGLI, Monir Ali. **História de Caratinga**. Caratinga: Editora Ana Pontes, 1998.

SIMAN, Lana Mara de Castro. **A história na memória. Uma contribuição para o ensino de história das cidades**. Dissertação de mestrado em Educação. Faculdade de Educação. UFMG. 1988.

SIQUEIRA, Maria da Penha Smarzaro. **O desenvolvimento do Porto de Vitória 1870-1940**. Vitória: CODESA, 1995.

_________. **O Porto de Vitória – expansão e modernização 1950 -1993**. Vitória: CODESA, 1994.

SOUSA, Paulo Ferreira. **Indústria madeireira**. Rio de Janeiro: Imprensa Nacional, 1947.

STRAUCH, Ney. **Zona metalúrgica de Minas Gerais e Vale do Rio Doce.** Rio de Janeiro: Conselho Nacional de Geografia, 1958.

TEIXEIRA, Fausto. **Colatina ontem e hoje**. [S.l.: s.n.] 1974.

Teixeira, Romeu do Nascimento; DANGELO, Jota. **O vale do Rio Doce**. Companhia Vale do Rio Doce, 2002.

YOUNG, Guilherme; YOUNG, Joseph; ESPIRÍTO SANTO, Paulo. **Estrada de Ferro Vitória a Minas: um retrato**. São Paulo: Lithos, 2007, 199 p.

ZUNTI, Maria Lúcia Grossi. **Panorama histórico de Linhares**. Linhares: PML, 1982.

VII

MINAS GERAIS: REESTRUTURAÇÕES TERRITORIAIS E MUDANÇAS MODERNIZADORAS ENTRE 1940 E 2010

Alfredo Costa
Ralfo Matos

Introdução[163]

No século XX, o mundo viveu um extraordinário quadro de mudanças modernizadoras. Do ponto de vista territorial, a despeito de o século ser o da inequívoca supremacia do capitalismo moderno e dos capitais industrial e financeiro, a disputa por espaços expandiu sob modalidades distintas de competição. É inegável que, durante milhares de anos, a geração de riqueza foi muito dependente da disponibilidade de terras férteis, mas o século XX foi sem dúvida o da verdadeira Era do Capital, mais ou menos como preceituava Hobsbawn. O fator terra então pode ser repensado como um outro tipo de palco de conflitos, por exemplo, à medida que avança o capital industrial sobre antigas áreas semidecadentes associadas à agricultura e ao pastoreio, expulsando agricultores e minifundiários. Esse avanço geralmente envolveu a participação seletiva do Estado na dotação de infraestruturas, sem as quais dificilmente a indústria pesada se instalaria. O somatório de ações do Estado, reestruturando grandes espaços, e da iniciativa privada, implantando fábricas e edificações capazes de fundar cidades, impactou a fisionomia das paisagens. Gerou também conflitos intramunicipais, que não raro só se resolvem com a partição territorial, de modo a acomodar antigas e novas elites políticas locais e regionais.

Minas Gerais, que flertava com a modernização há muito tempo, experimentou essas partições até a exaustão, sobretudo em suas porções meridionais, abaixo do paralelo 19, relativamente mais próximas das áreas mais dinâmicas do país, São Paulo e Rio de Janeiro. É evidente que muitas das emancipações municipais são uma espécie de oportunismo tributário levadas a cabo por grupos insatisfeitos com a distribuição dos repasses de impostos pelo Governo Federal, frequentemente mais favoráveis às cidades sedes dos municípios, mesmo as que vivem estagnação e perda de população. Contudo, muitas outras emancipações são derivadas principalmente de dois fatores inequivocamente modernos: de um lado, a expansão da urbanização acompanhada do crescimento demográfico; e de outro lado, mudanças na base produtiva, geralmente derivadas do avanço de inéditas formas de industrialização.

Este estudo aborda as reestruturações territoriais em Minas Gerais do período entre 1940 e 2010 sob a perspectiva dessas mudanças. A hipótese de que houve um processo de modernização e reestruturação econômica dos municípios mineiros sustenta-se nos significados da mudança do seu perfil produtivo, que em 1940 era amplamente baseado no setor primário e, em 2010, fortemente dependente do setor secundário.

Verifica-se em 1940 um cenário com mais nexos com o passado do que com o futuro. Se preservadas aquelas tendências, Minas deveria ser hoje um estado de base produtiva fundamentalmente rural, o que não se verifica. Nos 70 anos entre 1940 e 2010, assistiu-se a uma reestruturação do território mineiro sustentada pelo avanço do processo de urbanização e pela modernização da economia industrial.

Para tanto, propõe-se aqui investigar três questões: I) Há convergências entre as mudanças modernizadoras e as mudanças estruturais no período em Minas Gerais? II) Em que medida essas mudanças se desdobraram nos municípios mineiros? III) É possível estabelecer laços entre concentração urbano-econômica e modernização no Estado?

Minas Gerais é um bom exemplo em que determinados eventos macroestruturais pontuaram sua história desde o século XVIII, e em larga medida introduziram pioneirismo no processo de modernização urbana e de reestruturação econômica. Um desses eventos macroestruturais – possivelmente o mais importante – diz respeito ao impulso que a mineração na então Capitania produziu no Brasil, de tal modo que a partir do século XVIII, após romper com o Tratado de Tordesilhas, a Colônia conquistou grande extensão territorial. A mineração influiu na expansão do sudeste brasileiro em consequência de sua expansão geográfica a oeste (Caminho de Goiás). Além disso, Minas fez surgir o Caminho Novo – muito mais curto que o Caminho Velho – para controle e escoamento do ouro, dinamizando o Rio de Janeiro, até se tornar a capital do Brasil, substituindo Salvador[164].

De fato, Minas Gerais do século XVIII era uma centralidade interiorana que lançou tentáculos para Goiás, Mato Grosso, parte do vale do São Francisco e para o Rio de Janeiro. Essa nova cartografia vinha articulada por caminhos que acabaram delineando uma rede urbana relativamente precoce (MATOS *et al.*, 2007). É possível dizer que entre 1750 até meados de 1870-80 essa rede comandava a articulação territorial no Brasil, ainda que a partir de 1880 surgisse outra perspectiva do ponto de vista territorial com o advento das ferrovias e o início da hegemonia paulista. Reatualizara-se uma nova estruturação espacial, de fundo predominantemente urbano (NEGRI, 1996). No início da década de 1920, São Paulo ultrapassa economicamente o Rio de Janeiro (DINIZ, 1981; CANO, 1997; CANO, 2002; TAVARES, 2000). A partir desse momento, as duas cidades passaram a competir em paralelo pela primazia econômico-produtiva do país, e o maciço investimento no setor industrial fez a diferença em favor de São Paulo. Entre 1950 e 1960, a força de São Paulo passa a impactar definitivamente as reestruturações urbano-industriais do país.

Diante dessas mudanças, se propõe neste estudo evidenciar empiricamente que, em 70 anos (1940-2010), duas Minas se refizeram: uma, da primazia urbano-industrial de 2010, na qual aspectos de uma pós-modernidade demarcam fisionomias territoriais de muitas cidades, ou seja, um cenário no qual a indústria já saiu das cidades e já produziu um terciário muito vigoroso, o que resultou em cidades com comércio e serviços de diversos tipos funcionando de uma maneira bastante intensa; e outra Minas, eminentemente agrária, aquela de 1940, na qual o que marcava fortemente o espaço mineiro era a agropecuária. Era um mundo agrário-rural, a despeito das tentativas de industrialização que ocorreram desde o século XIX (DINIZ, 1981). Ou seja, se em 2010 Minas Gerais é urbana e industrial com forte setor de serviços, em 1940 o Estado era predominantemente rural e agrário[165].

Modernização e reestruturação territorial: aspectos conceituais e nexos com a história de Minas Gerais

Garcia (2008), em artigo sobre os processos de modernização dos municípios mineiros, traçou um panorama bibliográfico em que comparecem referências a sociedades modernas que convivem com a educação de massa, a urbanização, a industrialização e meios rápidos de comunicação. Concluiu que há duas dimensões analíticas no debate sobre modernização: a da industrialização, em que se destacam questões relacionadas à produção e ao consumo de bens e serviços, além da reprodução da força de trabalho; e da urbanização, em que pesam sua intensidade, a infraestrutura e o desenvolvimento das telecomunicações. Espindola (2012) acrescenta que o conjunto de modificações modernizadoras (políticas, econômicas, sociais e culturais) são aquelas que marcam a instauração da sociedade urbano-industrial no século XIX e nas primeiras décadas do século XX.

Nos capítulos anteriores demonstrou-se que a região central de Minas viveu no século XVIII um forte adensamento populacional, diversificação das atividades produtivas, com mobilidade social associada às sucessivas descobertas de novas lavras (MATOS, 2011)[166]. A Inconfidência Mineira (1789) foi uma espécie de corolário da complexidade da Capitania, influenciada pelas revoluções francesa e americana, cujas premissas já apontavam em direção a um Brasil independente.

Minas mudava o foco das relações no território – anteriormente concentrado no nordeste brasileiro –, e os meios pelos quais se estruturou foram fundamentais para a articulação de uma rede demográfica e financeira que perdura até os dias de hoje.

Todavia, a dinamização decorrente da exploração do ouro em Minas Gerais não foi suficiente para articular as redes mercantis brasileiras em nível nacional e, à medida que o ouro foi se escasseando, os laços mercantis fomentados por ele também se fragilizaram (mas não se perderam) e resultaram em nichos de estagnação econômica durante o século XIX (DULCI, 1999).

De todo o modo, conforme assevera Negri (1996), ao final do século XIX, o Brasil passou a ser um país majoritariamente rural, composto por economias regionais com escassas relações mercantis entre si, apesar das iniciativas industriais no território. Nesse momento havia uma grande dependência dos países periféricos em relação aos países centrais industrializados, e até o último terço do século XIX o Brasil dependia diretamente do mercado internacional. Os "frágeis laços que uniam as regiões brasileiras confirmavam a característica dispersa da economia, que funcionava de forma semelhante aos enclaves exportadores sediados em regiões isoladas" (MATOS, 1995b, p. 38). Essas economias regionais, apesar de fundamentarem a consolidação de uma expressiva base territorial de integração nacional, eram compostas por uma incipiente rede de localidades e enclaves semiautárquicos.

Ao que tudo indica, a década de 1880 representou um marco na reversão desse cenário, quando um conjunto de profundas transformações econômicas no país – sobretudo no Estado de São Paulo – pavimentaram o caminho do avanço do capitalismo industrial. Essas transformações elencadas por Negri (1996) envolveram:

- A substituição da mão de obra africana escravizada – em razão dos seus altos preços decorrentes do fim do escravismo – pela mão de obra europeia assalariada.
- A constituição da nova cafeicultura[167] de São Paulo baseada no trabalho assalariado.
- A criação de um mercado de trabalho rural e urbano, e ampliação do mercado de bens de consumo.
- A criação de um implante industrial subordinado à economia cafeeira.
- A consolidação do mercado de trabalho rural e urbano por meio da migração em massa de homens livres, fato que assegurou o baixo custo médio da força de trabalho.

Assim, São Paulo iniciava sua caminhada modernizadora em favor da primazia industrial brasileira, enquanto o Rio de Janeiro, então sede do governo, permanecia como principal articulador comercial e financeiro do país, participando ativamente das relações comerciais atacadistas nas mais diversas regiões brasileiras e intermediando os fluxos da crescente região cafeeira. Segundo Tavares (2000), o Rio de Janeiro permaneceu como principal centro manufatureiro do país até 1920, quando começou a perder sua posição para São Paulo. A década de 1920 marca o início do declínio industrial da metrópole carioca, mas é apenas a partir de 1940 que São Paulo passa a ocupar a posição de principal metrópole brasileira (CANO, 1997).

Minas Gerais se inseria perifericamente no processo de industrialização e desenvolvimento econômico brasileiro entre o final do século XIX até a metade do século XX, pois se manteve como base para investimentos voltados à produção de matérias-primas para abastecimento dos dois centros principais, Rio de Janeiro e São Paulo (QUEIROZ & BRAGA, 1999), apesar das diversas tentativas mineiras de industrialização já no início do século XIX, com experiências siderúrgicas, têxteis e de produção de gêneros alimentícios[168]. Isso não significa, contudo, que Minas Gerais se eximiu de esforços em prol da industrialização. Diniz (1981) e Cano (2002)[169] observam que a partir da segunda década do século XX o estado inicia a expansão de sua base siderúrgica, na expectativa de se reinserir no cenário econômico nacional. Contando com forte apoio estatal, setores institucionais modernos foram implantados[170], tais como as Centrais Elétricas de Minas Gerais (CEMIG), o Departamento de Estradas de Rodagem (DER), o Banco de Desenvolvimento de Minas Gerais (BDMG) e o Instituto de Desenvolvimento Integrado de Minas Gerais (INDI) (no contexto do binômio Energia e Transporte), ao lado da crescente presença do capital estrangeiro. A consolidação dessa iniciativa, segundo esses autores, só se dará na década de 1950 com o crescimento da economia nacional e implementação do Plano de Metas, que expandiu a siderurgia, a metalurgia e a indústria de cimento em Minas Gerais[171], além da sua inserção em posição privilegiada nos sistemas de transporte nacional com a construção de Brasília[172], uma nova força de polarização no país.

Diniz (1981) enumera as razões para a incapacidade de superar o atraso industrial mineiro relativo até 1950[173]: faltava um centro comercial exportador; era baixa a velocidade de transição para o mercado assalariado, o que atrasava a formação de um mercado de trabalho e consumo; havia dispersão espacial da população e da produção dentro do Estado; o sistema de comunicação era precário; e havia incapacidade de compensar a queda da produção cafeeira em 1930 com outros produtos. Soma-se a isso a concentração industrial em São Paulo e Rio de Janeiro, onde se fixou o capital estrangeiro, além da vocação mineira para a mineração e metalurgia, que trazia à tona uma gama de dificuldades técnicas de processamento e transporte. Para o autor, também pesaram as falsas teses sobre o atraso de Minas, associadas à incapacidade industrial e à vocação financista dos mineiros[174].

Entre 1920 e 1970, São Paulo foi o local privilegiado da localização da indústria do país, e nesse período a concentração industrial cresceu continuamente. Nessas décadas o país apresentou uma das maiores taxas de crescimento econômico do mundo capitalista. A onda de crescimento observado a partir de 1967 foi capaz de alterar a posição do país na estrutura da economia-mundo, deixando a posição de semiperiferia para tornar-se potência regional[175].

Convém ressaltar que o contexto em que se inseria o parque industrial brasileiro, onde havia indústrias pesadas modernas, instaladas a partir de 1930, era compatível com a expansão do capitalismo mundial. Daí o fato de as indústrias metal-mecânicas, em sua maioria, serem filiais de empresas internacionais. Já as indústrias de bens não duráveis de consumo, cuja origem remontava ao século XIX, encontravam-se atrasadas e obsoletas, muitas vezes com administração familiar decadente. Esse cenário teve efeitos diferenciais na indústria mineira, pois incentivou o crescimento da produção de bens intermediários, a expansão do capital e a especialização produtiva, além de iniciar um processo de centralização que facilitou a expansão industrial. Para Diniz (1981), o "processo agiu no sentido de preparar ou fortalecer as bases para que o parque industrial já existente experimentasse altas taxas de crescimento, quando as condições gerais da economia assim o permitissem" (DINIZ, 1981, p. 147).

De todo o modo, o impressionante crescimento nacional impulsionado por São Paulo, associado ao contexto econômico internacional, revelou vantagens e desvantagens aglomerativas, que por sua vez acabaram levando o país a um processo de reestruturação produtiva e territorial, pautado na desconcentração da indústria paulista[176] a partir dos anos de 1970.

O termo "reestruturação" é largamente utilizado em diversas áreas do conhecimento[177] e de modo geral diz respeito ao momento em que há a ruptura de uma estrutura estável e fixa e sobreposição desta por outra, mais moderna, que a substitui (LENCIONI, 1998). No contexto capitalista, a reestruturação é um fenômeno socioespacial em resposta à busca de soluções para as crises intrínsecas ao seu próprio funcionamento. Pode assumir vários nomes, tais como reestruturação urbana, reestruturação social, reestruturação espacial, reestruturação organizacional, reestruturação econômica, reestruturação industrial e reestruturação produtiva, todas elas com algum grau de associação com formas de modernização (GOMES, 2011). Ainda a esse respeito, Soja (1993) esclarece que:

> A reestruturação não é um processo mecânico ou automático, nem tampouco seus resultados e possibilidades potenciais são predeterminados. Em sua hierarquia de manifestações, a reestruturação deve ser considerada originária de e reativa a graves choques nas situações e práticas sociais preexistentes, desencadeadora de uma intensificação de lutas competitivas pelo controle de forças que configuram a vida material. Assim, ela implica fluxo e transição, posturas ofensivas e defensivas, e uma mescla complexa e irresoluta de continuidade e mudança (SOJA, 1993, p. 194).

Os processos de reestruturação produtiva assistidos no mundo capitalista desde o final do século XX introduziram transformações econômicas, políticas e sociais, em boa medida em decorrência da procura de novos meios de inserção na dinâmica global. Como consequência, verificaram-se alterações dos processos urbanos, o incremento da velocidade das transformações tecnológicas, a inserção das cidades pequenas e médias no dinamismo regional e processos de inversão de fluxos migratórios.

No Brasil, o processo de reestruturação produtiva inicia-se, segundo Gomes (2011), com a crise do modelo de desenvolvimento fundamentado na política de "substituição das importações" e se potencializa nos anos 1990, com a política neoliberal e a abertura econômica. Para vários autores, essa reestruturação produtiva estava associada à desconcentração da indústria paulista em direção à maioria das regiões e Estados brasileiros.

No plano nacional, a bibliografia aponta para uma série de fenômenos que se associam ao processo de desconcentração industrial nacional, a saber:

- O processo de reversão da polarização da Área Metropolitana de São Paulo (MATOS, 1995b; DINIZ & CROCCO, 1996; NEGRI, 1996; QUEIROZ & BRAGA, 1999; ANDRADE & SERRA, 1999; SABOIA, 2013).
- O surgimento de deseconomias de aglomeração[178] e pressões ambientais nas áreas intensamente industrializadas (MATOS, 1995b; NEGRI, 1996; PACHECO, 1996).
- O desenvolvimento da infraestrutura, conjugado com o crescimento urbano e de serviços modernos em várias cidades brasileiras e integração do mercado nacional (MATOS, 1995b; DINIZ & CROCCO, 1996; PACHECO, 1996; NEGRI, 1996; CANO, 1997; ANDRADE & SERRA, 1999; OLIVEIRA, 2007).

- A forte intencionalidade da política econômica em promover o processo de desconcentração industrial (DINIZ, 1981; MATOS, 1995b; DINIZ & CROCCO, 1996; PACHECO, 1996, NEGRI, 1996).
- A distribuição dos recursos naturais e o crescimento da produção agrícola e mineral, com grande expansão das fronteiras territoriais (DINIZ, 1981; DINIZ & CROCCO, 1996; PACHECO, 1996; NEGRI, 1996; CANO 1997; AZZONI, 2002).
- O perfil relativamente desconcentrado do sistema urbano brasileiro, a intensificação da urbanização nas regiões norte, nordeste e centro-oeste do país, e sua incorporação na dinâmica da geração de riqueza (PACHECO, 1996; CANO, 1997; FERREIRA & MATOS, 2006).
- Os impactos da crise econômica nas áreas industrializadas, e da orientação exportadora nacional (DINIZ, 1981; PACHECO, 1996; CANO, 1997; AZZONI, 2002).
- Os ajustes microeconômicos internos às empresas com relocalização da produção (PACHECO, 1996; ANDRADE & SERRA, 1999).
- As vantagens fiscais, creditícias, logísticas e de infraestrutura oferecidas pelos governos municipais (DINIZ, 1981; SABOIA, 2013).
- A disponibilidade de mão de obra, baixos níveis salariais e menores níveis de articulações trabalhistas fora dos grandes centros (DINIZ, 1981; SABOIA, 2013).

Os processos econômicos e territoriais iniciados em 1970 tiveram fortes efeitos sobre a reconfiguração da rede urbana brasileira, e, a partir de 1990, outros fatores passaram a compor o leque de fenômenos associados à reestruturação nacional e reconcentração das atividades produtivas, conforme relacionam Andrade & Serra

(1999): mudanças tecnológicas, maior abertura comercial, criação do MERCOSUL, mudança no papel do Estado e a diminuição da importância dos recursos naturais.

Nesse ínterim, Minas Gerais se beneficiou tanto com a atuação do Governo Federal na ampliação da infraestrutura viária (voltada à articulação dos principais centros produtores do Sudeste com a nova capital nacional), quanto incorporou os incrementos verificados na agropecuária e na mineração, que tiveram importantes desdobramentos em termos de fomento à estruturação urbana e do setor de serviços. Além disso, desenvolveu-se um aparato logístico para a fluidez dessas atividades, que difundiu efeitos multiplicadores sobre toda a economia (QUEIROZ & BRAGA, 1999) e que vieram sedimentar a infraestrutura urbano-industrial do Estado. Ganhava maior dimensão o processo de implantação de complexos industriais e especialização na produção metal-mecânica com a instalação da Usiminas (Ipatinga), Fiat (Betim), Mercedes (Juiz de Fora) e o polo Tecnológico Sul (Santa Rita do Sapucaí). Ademais, a base econômica da extração mineral mantinha-se firme e em expansão no período. Ressalte-se que o desenvolvimento daí decorrente não beneficiou todo o Estado de forma homogênea[179], já que se deu com maior vigor em sub-regiões do Centro-Sul, Triângulo Mineiro e em menor grau nas regiões Norte e Nordeste de Minas.

Para Diniz (1981), um conjunto de fatores indicava Minas Gerais como localização privilegiada para a etapa expansiva da indústria nacional, tais como: existência de recursos naturais, disponibilidade de infraestrutura econômica (energia, transportes e comunicações) e presença da indústria de base (metalurgia e cimento). Novas indústrias básicas eram atraídas, e a mineração contribuía para a afirmação da indústria de bens de capital. A posição geográfica do Estado, o aparato institucional de apoio à industrialização, os incentivos fiscais como mecanismos de retorno dos investimentos e de aumento da taxa de lucros colaboraram com novas alternativas regionais para a localização industrial (serve de exemplo o norte de Minas com os incentivos da SUDENE e a região sul de Minas como área para a desconcentração de São Paulo). No período do "milagre econômico" de fins da década de 1960, Minas apresentou vantagens comparativas para atração do capital estrangeiro, quando ocorria uma fase de excesso de liquidez internacional propiciada pelo auge do capitalismo. Nesse momento, detinha um significativo mercado consumidor, tranquilidade política para as empresas, baixo nível salarial, apoio e facilidades governamentais.

No esteio das mudanças tecnológicas vinculadas à chamada reestruturação produtiva, foi estabelecido um novo padrão tecnológico centrado nas indústrias da eletrônica, informática, biotecnologia e novos materiais, atuantes em sistemas flexíveis de produção, cuja principal característica é sua capacidade de ajuste de quantidades de produção e de processos, sem efeitos negativos em seus níveis de eficiência (PIQUET, 2007), além de sua capacidade de retornos favoráveis em grande escala a curto e médio prazo. Esse novo paradigma produtivo influenciou as novas localizações, no sentido da desconcentração industrial e concentração do capital[180], na medida em que acarretaram em barateamento nos custos de transferências.

Um efeito interessante dos sistemas de produção flexíveis que passa a marcar a atualidade é relatado por Bertelli (2014): os rearranjos locacionais levam à formação de pequenas e médias empresas que propulsionam o crescimento e desenvolvimento econômico, dividem a força motriz da economia, deixando de estar alocados exclusivamente em grandes empresas, e se consolidam em um setor que, embora se mostre pulverizado (dados os crescentes níveis de especialização), são capazes de trabalhar de forma articulada. Todavia, esse novo arranjo não exclui a validade do anterior, pois a formação de zonas industriais continua sendo uma estratégia viável para a materialização de arranjos produtivos. A diferença é que, ao invés do predomínio de grandes indústrias de lógica fordista, subespaços industriais passam a ser um instrumento de reorganização de estruturas internas, onde pequenos e médios produtores trabalham mutuamente em prol do desenvolvimento do setor.

As consequências do processo de desconcentração industrial e reestruturação produtiva do país foram múltiplas, por conta da ampliação econômica e demográfica das cidades médias, dos constantes investimentos em infraestrutura viária e de telecomunicações, além do fortalecimento da agroindústria. Minas Gerais se beneficiou desse processo a ponto de ultrapassar o Rio de Janeiro e tornar-se a segunda mais importante economia do país (AZZONI, 2002; VALLE *et al.*, 2014), fruto de ações do Estado e esforços que se iniciaram no início do século XX.

> É evidente que a urbanização no Brasil, em pouco mais de três décadas, veio acompanhada de mudanças nas atividades ocupacionais com a industrialização e o avanço do terciário, alterações no padrão de consumo e nos estilos de vida, reorientação política resultante do declínio das velhas oligarquias rurais. Nesse processo, o país assistiu à consolidação de paisagens artificiais resultantes da construção de grandes infraestruturas e edificações que exigiram muito cimento, aço, petróleo e outros minerais, além de um alto consumo energético. Paralelamente, o tamanho do Estado aumentou como nunca se cogitara antes, e hoje, mesmo após a forte privatização do período 1994-2002, a administração e a máquina pública permanecem fortes e atuantes, e, não obstante as diferentes posições teóricas sobre o tema, o Estado é um fator ainda determinante capaz de gerar variados incentivos econômicos, sem os quais a interiorização da urbanização se inviabiliza (MATOS, 2012, p. 90).

Em síntese, com base no exposto, propõe-se que as reestruturações territoriais mineiras a partir do processo de urbanização e industrialização de Minas e do Brasil podem ser demarcadas em cinco fases:

1. *Meridionalização a sudeste* de Minas Gerais pela polarização do Rio de Janeiro, herdeira do longo tempo em que o Rio não só foi a capital do Império, como a capital da República.
2. *Meridionalização a sudoeste* em razão da marcha do café para o oeste e pela influência de São Paulo, ainda que em 1940 ela não fosse tão contundente como se mostrou mais tarde.
3. *A força centrípeta* da polarização de Belo Horizonte rumo à metropolização. A capital mineira entre 1950 e 60 cresce muito e em 1973 centraliza uma região metropolitana. Se Minas perdera centralidade, Belo Horizonte refazia essa centralidade.
4. *Setentrionalização a noroeste* dada pela força de atração de Brasília e a desconcentração metropolitana. Em 1970, Brasília ainda estava empoeirada e em obras, mas em 1980 já tem um poder de influência que pode ser lido espacialmente. Esse poder reflete-se na interiorização da rede urbana brasileira, que coincide com o processo de desconcentração[181] econômico-demográfico, quando metrópoles perdiam população nas trocas populacionais.
5. Na atualidade, uma espécie de tripé de articulação territorial estaria em marcha: a) na expansão integradora dos meios de transporte e circulação promotora de integração territorial no país, em que se incluem as redes de comunicação e de energia elétrica; b) na proliferação de cidades de porte médio, que passaram a ter um crescimento demográfico mais expressivo do que o das antigas metrópoles; c) na extensão territorial do agronegócio, o que fez surgir as cidades do agro-

negócio, especialmente nos grandes espaços da agroindústria do Brasil central, o que inclui partes de Minas Gerais.

Por fim, Vainer (2011) chama a atenção para a questão da paulatina fragmentação territorial verificada no Brasil, intensificada pelos processos de reestruturação, decorrente principalmente da implantação de grandes projetos que delineiam um neolocalismo competitivo e empreendedorista que resultam no que o autor chama de "acomodação subordinada às formas contemporâneas da globalização" (VAINER, 2011, p. 10), cuja contrapartida dá-se em uma integração continental submetida às novas escalas e dinâmicas espaciais do capital. Isso significa que, na ânsia de se posicionar diante de interesses globais, os territórios brasileiros deixam para trás formas solidárias de reprodução em favor de outras, mais convidativas à primeira vista, mas que trazem consigo um viés perverso alimentado pelo primado da competição excludente.

Evidências do processo de modernização e reestruturação dos municípios mineiros

Pode-se dizer que o processo de desconcentração espacial econômico-demográfico ganha consistência se apoiado em uma rede de localidades centrais relativamente densas e em expansão. Os impulsos de descentralização redinamizam a própria rede urbana, difundem inovações originárias das grandes metrópoles, viabilizam a ocupação de vazios demográficos e revitalizam regiões semiestagnadas (MATOS, 2012, p. 88). Além disso, o processo de interiorização da urbanização pode significar melhoria das condições de vida, do emprego e da renda da população.

No bojo do processo de modernização industrial e reestruturação territorial até aqui exposto, buscar-se-á responder, através de mapas e dados, à seguinte pergunta: da configuração territorial e produtiva na Minas Gerais de 1940, o que permaneceu em 2010?

Em primeiro lugar, expõe-se a grande fragmentação político-territorial que se verificou nesse período, quando o número de municípios passou de 288 para 853. Dos 288 municípios de 1940, apenas 77 (26,7%) não tiveram qualquer perda territorial por emancipações até 2010, a exemplo de Belo Horizonte, polo mais dinâmico de Minas. Em segundo lugar, cabe discutir como se configuravam as principais centralidades nos dois anos selecionados. Para isso, estabeleceram-se dois recortes espaciais para fins analíticos:

Para o primeiro recorte foram selecionados os municípios de maior relevância urbana nos seus respectivos anos de referência (doravante chamados de "municípios-destaque"). Adotou-se como critério a população urbana acima de 10 mil habitantes em 1940 (38 municípios) e acima de 50 mil habitantes urbanos em 2010 (57 municípios), considerando, evidentemente, que houve um crescimento urbano generalizado e expressivo no período. O critério para definição dos recortes populacionais teve em conta um levantamento prévio sobre as localidades centrais dinâmicas, articuladoras da malha viária e de porte populacional regional relevantes, partindo do pressuposto fundamental de que esses municípios representariam centralidades que estruturaram a rede urbana em suas respectivas épocas. Nesse sentido, o tamanho populacional adotado mostrou-se como um denominador comum adequado, já que abarcou de maneira satisfatória os dois conjuntos de municípios.

O segundo recorte refere-se à definição dos macroespaços de análise em que se inserem os municípios-destaque. Para tanto, fez-se o agrupamento das mesorregiões do IBGE (IBGE, 2010) em cinco, a saber: Norte (Norte de Minas, Jequitinhonha e Mucuri), Leste (Vale do Rio Doce e Zona da Mata), Sul (Sul e Sudoeste de Minas), Oeste (Noroeste de Minas e Triângulo Mineiro/Alto Paranaíba), Centro

(Central Mineira, Metropolitana de Belo Horizonte, Oeste de Minas e Campo das Vertentes).

A Figura 7.1[182] traz a distribuição geográfica dos municípios-destaque em 1940 e 2010. Verifica-se que a maior parte dos municípios que se destaca em 2010 já se destacava em 1940 ou já existia e que, via de regra, teve perdas territoriais ao longo de 70 anos em razão de emancipações. Nenhum dos territórios que se emancipou dos municípios-destaque verificados em 1940 atingiu posição de destaque em 2010. Por fim, dos 57 municípios-destaque em 2010, somente 11 (19,3%) resultaram de emancipações posteriores a 1940, o que indica a força de várias das antigas centralidades.

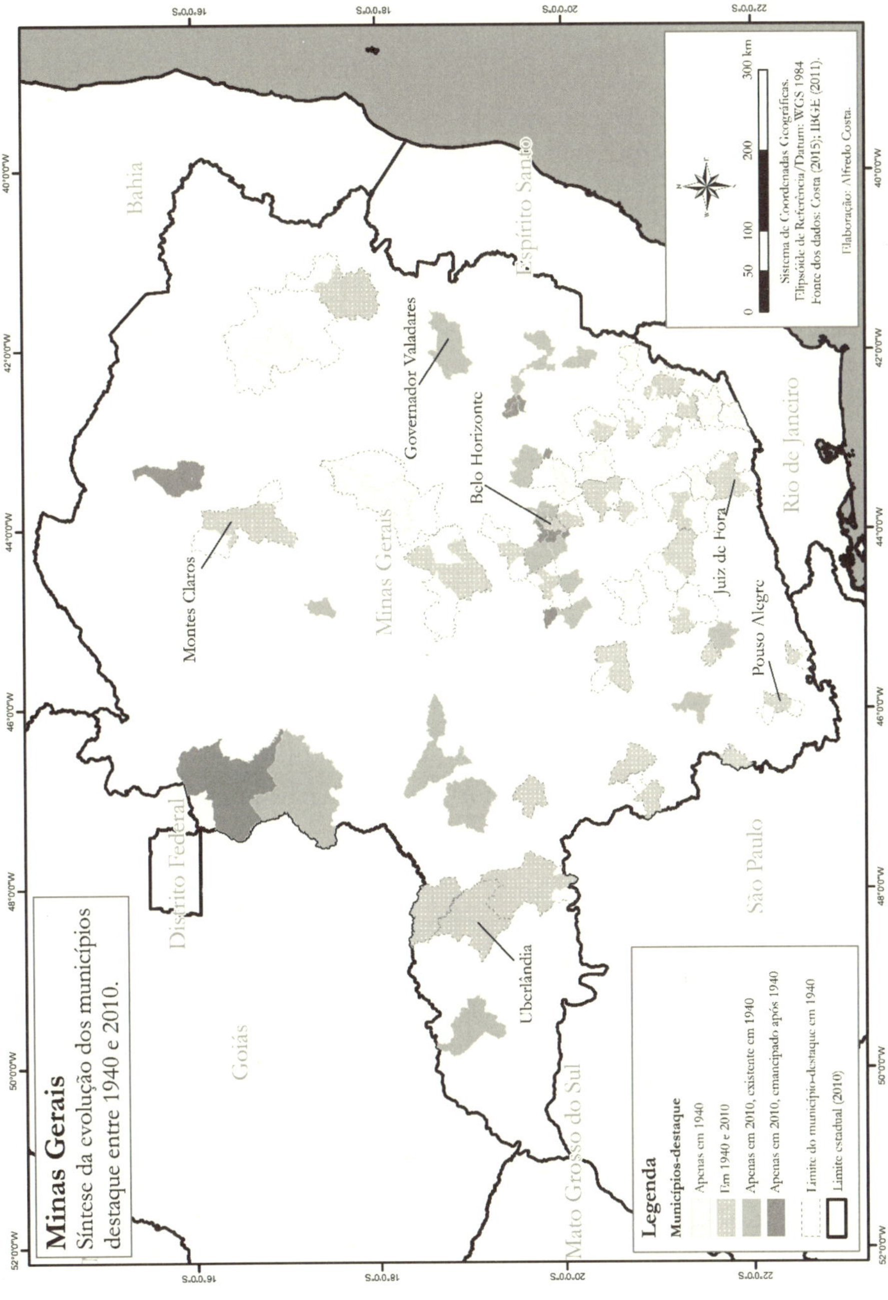

Figura 7.1: Mapa da síntese dos municípios-destaque em 1940 e 2010

O Quadro 7.1 traz dados sobre a população e a produção dos municípios-destaque em relação aos demais municípios mineiros nos dois anos analisados[183]. Dele decorrem as seguintes constatações:

- Em 1940, os municípios-destaque concentravam 26,4% da população total de Minas Gerais, e sua população média era apenas 2,35 vezes maior que a população média dos demais municípios mineiros, em grande contraste com o cenário observado em 2010, em que 54,4% da população se concentrava nos *municípios-destaque*, cuja população média era 16,6 vezes superior à dos demais municípios.
- Entre 1940 e 2010, verificou-se um crescimento de 299,7% da população média dos municípios-destaque, e queda de -43,4% na população média dos demais municípios.
- No caso da população urbana, em 1940 verifica-se que 46,4% dela se concentrava nos municípios-destaque, proporção que passou para 61,6% em 2010. A população urbana média nos municípios-destaque era 5,7 vezes maior que nos demais municípios no primeiro ano, e no segundo ano passou a ser 22,5 vezes superior.
- A população urbana média dos municípios-destaque cresceu 775,2% entre 1940 e 2010, tendência que se observou nos demais municípios mineiros com menor intensidade (121,7%).
- Em relação à produção, verifica-se que 42,8% dela se concentravam nos municípios-destaque em 1940, já em 2010 esta proporção cresce para 66,1%. No primeiro ano, o PIB médio dos municípios-destaque era apenas 4,9 vezes superior ao dos demais municípios, proporção fortemente díspar da observada em 2010, de 27,2 vezes. Isso ocorreu porque, enquanto o PIB dos municípios-destaque cresceu mais de 3.000% entre 1940 e 2010, o dos demais municípios apresentou crescimento de 465%, ritmo 6,5 vezes inferior.
- A relação entre o PIB per capita dos municípios-destaque e o dos

demais diminui entre 1940 e 2010: no primeiro ano, esse valor nos municípios-destaque era 108,8% superior ao dos demais, ao passo que em 2010 essa diferença caiu para 63,5%.

- No caso do valor do PIB na agropecuária, percebe-se forte domínio dos demais municípios em 1940, quando detinham 79% da produção, evoluindo para 80,9% em 2010. Curiosamente, o valor médio na agricultura nos municípios-destaque é superior ao dos demais municípios em ambos os períodos, 1,74 vezes em 1940 e 3,3 vezes em 2010.
- Já em relação ao valor do PIB na indústria, verifica-se que em 1940 já havia predominância de sua presença nos municípios-destaque, com 60,6%, proporção que sobe para 70,4% em 2010. No período analisado, a diferença entre o valor médio da indústria entre os municípios-destaque e os demais municípios triplica, pois era 10,1 vezes superior em 1940 e passa a ser 33,2 vezes superior em 2010.
- O valor do PIB nos serviços segue tendência semelhante à indústria. Em 1940, 55,6% do seu valor concentravam-se nos municípios-destaque, proporção que subiu para 70,4% em 2010. A proporção do valor médio no setor de serviços em 1940 é 8,2 vezes maior que a dos demais municípios em 1940, diferença chega a 33,2 vezes em 2010. Note-se que o valor no setor de serviços dos demais municípios em 2010 é bastante próximo ao observado nos municípios-destaque em 1940, o que deve exprimir a generalização da urbanização na maior parte do território de Minas Gerais.
- De um modo geral, observa-se que a composição do PIB sofreu forte mudança de perfil tanto nos municípios-destaque quanto nos demais municípios[184]. No caso dos municípios-destaque, em 1940 o valor no setor primário era de 19,2%, no secundário 22,1% e no terciário 58,8%, proporção que se alterou em 2010 para 2,5% (forte queda), 35,8% e 61,8%, respectivamente. Nos demais municípios, observava-se em 1940 um valor no setor primário de 54,1%,

no secundário de 10,8% e no terciário de 35,1%, e em 2010 tais valores passaram a 20,2%, 29,3% e 50,5% nos três setores. Fica clara a perda da importância relativa do setor primário e a força da industrialização em ambos os grupos, chegando a superar o setor primário no segundo grupo. Em 2010, o setor de serviços ratifica sua importância enquanto setor de apoio à indústria e participa com mais da metade da composição da produção municipal média.

Quadro 7.1: Municípios em 1940 e 2010 por porte populacional urbano e Produto Interno Bruto
Fonte dos dados: IBGE (2011) e IPEADATA (2015)

Variáveis		Municípios por população urbana (1940) e PIB (1939)		
		Igual ou superior a 10 mil habitantes	Inferior a 10 mil habitantes	Total
Número de Municípios		38	250	288
Representatividade no total de municípios		13,2%	86,8%	100,0%
População	População Total	1.777.500	4.958.916	6.736.416
	Representatividade na população total	26,4%	73,6%	100,0%
	População Média	46.776	19.836	23.390
	População Urbana Total	784.968	908.072	1.693.040
	Representatividade na população urbana total	46,4%	53,6%	100,0%
	População Urbana Média	20.657	3.632	5.879
PIB Municipal a preços constantes - R$, a preços do ano 2000 (mil)	PIB Total (mil)	R$1.938.673,98	R$2.589.270,28	R$4.527.944,26
	PIB Médio (mil)	R$51.017,74	R$10.357,08	R$15.722,03
	PIB Per Capita (mil)	R$1,09	R$0,52	R$0,67
	PIB Total do Setor Primário (mil)	R$371.294,57	R$1.400.240,22	R$1.771.534,78
	PIB Médio do Setor Primário (mil)	R$9.770,91	R$5.600,96	R$6.151,16
	PIB Total do Setor Secundário (mil)	R$428.258,97	R$278.929,68	R$707.188,65
	PIB Médio doSetor Secundário (mil)	R$11.269,97	R$1.115,72	R$2.455,52
	PIB Total do Setor Terciário (mil)	R$1.139.120,45	R$910.100,38	R$2.049.220,83
	PIB Médio do Setor Terciário (mil)	R$29.976,85	R$3.640,40	R$7.115,35
	PIB Total Impostos (mil)	Não se Aplica	Não se Aplica	R$-
	PIB Médio Impostos (mil)	Não se Aplica	Não se Aplica	R$-
	% PIB Setor Primário	19,2%	54,1%	39,1%
	% PIB Setor Secundário	22,1%	10,8%	15,6%
	% PIB Setor Terciário	58,8%	35,1%	45,3%
	% PIB Impostos	Não se Aplica	Não se Aplica	Não se Aplica

Municípios por população urbana e PIB (2010)			**Variação (1940 a 2010)**		
Igual ou superior a 50 mil habitantes	Inferior a 50 mil habitantes	**Total**	CRESCIMENTO (%) - Igual ou superior a 50 mil habitantes (2010) x Igual ou superior a 10 mil habitantes (1940)	CRESCIMENTO (%) - Inferior a 50 mil habitantes (2010) x Inferior a 10 mil habitantes (1940)	CRESCIMENTO (%) - Total (2010) x Total (1940)
57	796	**853**	50,00	218,40	196,18
6,7%	93,3%	**100,0%**	-49,36	7,50	-
10.656.334	8.940.996	**19.597.330**	499,51	80,30	190,92
54,4%	45,6%	**100,0%**	106,08	-38,02	-
186.953	11.232	**22.975**	299,67	-43,37	-1,78
10.304.625	6.410.591	**16.715.216**	1.212,74	605,96	887,29
61,6%	38,4%	**100,0%**	32,96	-28,50	-
180.783	8.054	**19.596**	775,16	121,72	233,34
R$106.311.297,45	R$50.474.536,32	**R$156.785.833,76**	5.383,71	1.849,37	3.362,63
R$1.865.110,48	R$63.410,22	**R$183.805,20**	3.555,81	512,24	1.069,09
R$9,98	R$5,65	**R$8,00**	814,70	981,17	1.090,25
R$2.225.396,39	R$9.421.204,66	**R$11.646.601,05**	499,36	572,83	557,43
R$39.042,04	R$11.835,68	**R$13.653,69**	299,57	111,32	121,97
R$32.494.796,73	R$13.631.622,30	**R$46.126.419,02**	7.487,65	4.787,12	6.422,51
R$570.084,15	R$17.125,15	**R$54.075,52**	4.958,43	1.434,90	2.102,21
R$56.067.761,82	R$23.528.234,65	**R$79.595.996,47**	4.822,02	2.485,24	3.784,21
R$983.644,94	R$29.558,08	**R$93.313,01**	3.181,35	711,95	1.211,43
R$15.523.342,51	R$3.893.474,71	**R$19.416.817,22**	Não se Aplica	Não se Aplica	Não se Aplica
R$272.339,34	R$4.891,30	**R$22.762,97**	Não se Aplica	Não se Aplica	Não se Aplica
2,1%	18,7%	**7,4%**	-89,07	-65,48	-81,01
30,6%	27,0%	**29,4%**	38,37	150,70	88,37
52,7%	46,6%	**50,8%**	-10,24	32,62	12,18
14,6%	7,7%	**12,4%**	Não se Aplica	Não se Aplica	Não se Aplica

As Figuras 7.2 e 7.3 trazem a distribuição dos municípios-destaque em 1940 e 2010 por PIB, classificados pelo método de partição em Quantis[185]. Verifica-se em 1940 a força do vetor econômico Sudeste do Estado (Meridionalização Sudeste), em face da polarização da então Capital Federal. Belo Horizonte, ainda em ascensão econômica, rivalizava com a importância industrial de Juiz de Fora, beneficiada pela articulação ferroviária existente na Zona da Mata. O Triângulo Mineiro também se destacava, sobretudo pela sua produção agropecuária focada no mercado consumidor paulista. No vetor Centro-Norte, há um número significativamente menor de municípios-destaque, alguns deles vivendo os últimos suspiros de uma economia que fora pujante no século XIX, como Diamantina e Araçuaí. Já na porção Sudoeste do Estado, municípios de antiga tradição política e importância econômica se encontravam em relativa decadência nas primeiras décadas do século XX, mas começavam a ser beneficiados pela polarização de São Paulo. Em 1940, as porções Noroeste e Leste mineiras não possuem centralidades relevantes.

A observação das evidências cartográficas de 2010 apontam outros cenários, certamente associados aos efeitos da "Meridionalização Sudoeste", resultante da polarização de São Paulo, e da "Setentrionalização Noroeste", resultante da polarização de Brasília. Além disso, é notável a centralização capitaneada pela metropolização da capital mineira e a dinamização da porção leste do território provocada pelo avanço da siderurgia. Em 2010 havia uma distribuição mais uniforme dos municípios-destaque pelo Estado. Além da evidenciação de municípios em áreas pouco dinamizadas em 1940, tais como as porções noroeste e leste, verifica-se o fortalecimento das regiões polarizadas por São Paulo (Sul e Triângulo) e a desaceleração daqueles polarizados pelo Rio de Janeiro[186]. Como já evidenciado na Figura 1, a maior parte dos municípios que deixou de fazer parte do grupo de destaque localiza-se no eixo centro-sudeste do Estado.

Nos apontamentos constantes de Costa (2015) foi apresentada, de forma detalhada, a disposição dos municípios-destaque por subespaço de análise, articulação viária principal e rios mais importantes. Ressalte-se que em 1940 ainda predominava o transporte ferroviário de passageiros e bens, e que o único trecho rodoviário pavimentado era o da rodovia União-Indústria, a ligar Juiz de Fora ao Rio de Janeiro.

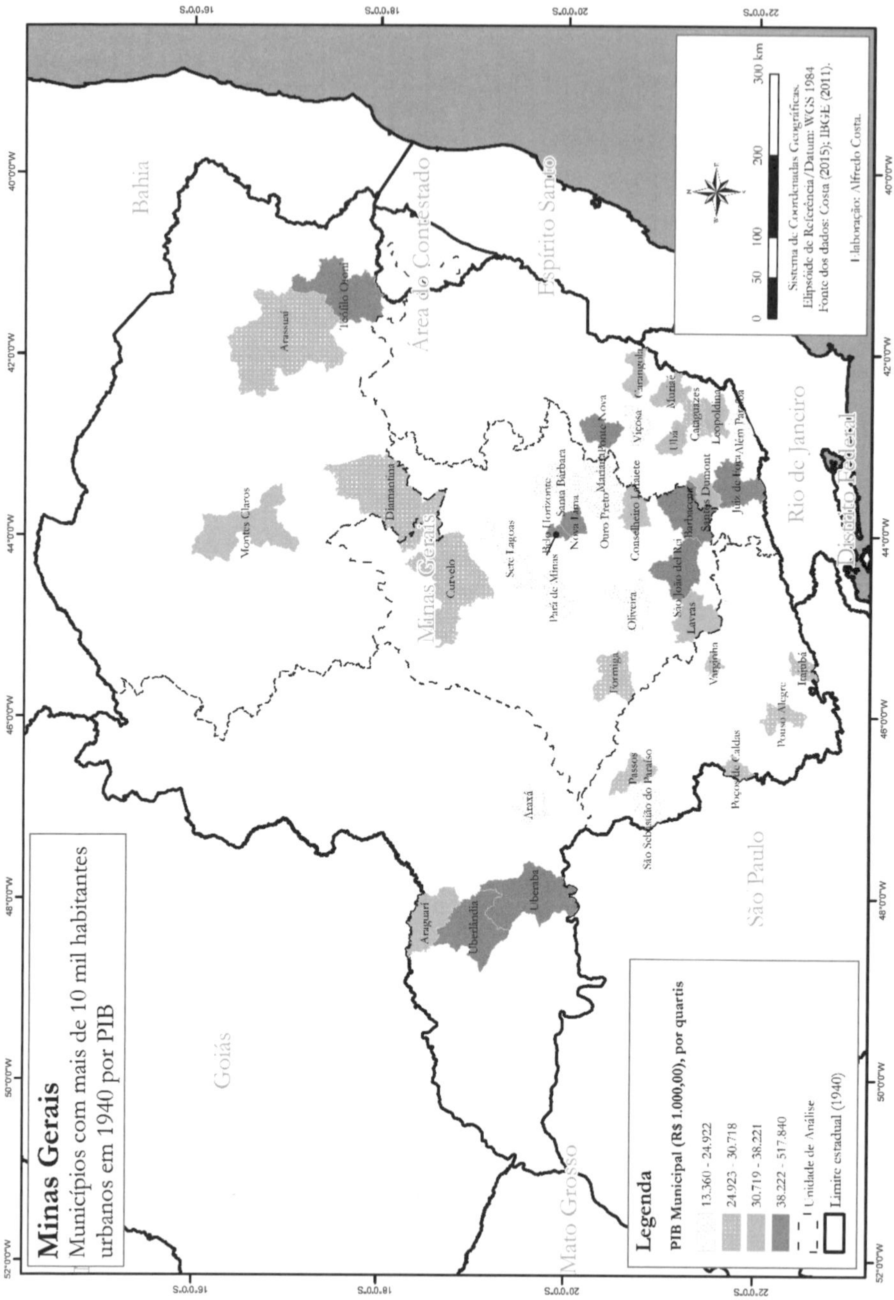

Figura 7.2: Mapa dos Municípios-destaque em Minas Gerais em 1940 segundo seu Produto Interno Bruto (R$ 1.000,00, a preços constantes corrigidos para o ano 2000)

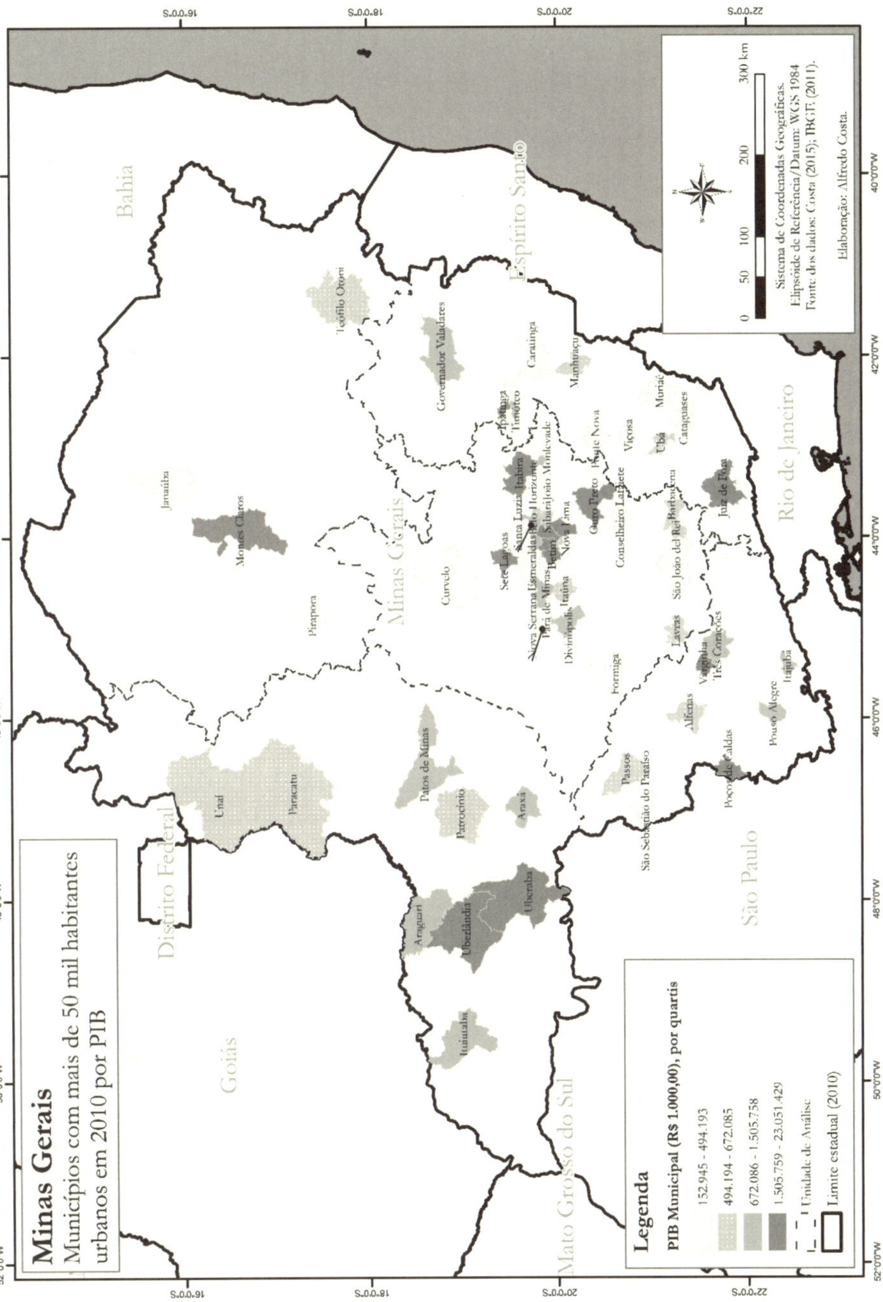

Figura 7.3: Mapa dos Municípios-destaque em Minas Gerais em 2010 segundo seu Produto Interno Bruto (R$ 1.000,00, a preços constantes corrigidos para o ano 2000)

Ao focalizar *Subespaço de Análise Central,* pode-se observar que em 1940, além de Belo Horizonte e Nova Lima, predominavam as articulações ferroviárias e a proeminência dos municípios da porção sul em termos de desempenho econômico (ainda sob forte influência do Distrito Federal). Já no ano 2010, as rodovias sobrepujam amplamente as ferrovias, e o efeito da metropolização de Belo Horizonte fica muito evidente. Destacam-se Ouro Preto, Itabira e Sete Lagoas, pela presença da mineração, e Divinópolis, por sua produção têxtil, metalúrgica, siderúrgica e pela sua articulação entre a Região Central e o Triângulo Mineiro. Queiroz & Braga (1999) indicam que nas últimas duas décadas do século XX a RMBH exerce forte grau de especialização no setor metalomecânico, resultante da proximidade de fontes de recursos naturais. Matos (1994) acrescenta que os municípios do entorno de Belo Horizonte, tais como Betim e Contagem, tornaram-se também populosos e economicamente relevantes, dada sua próspera infraestrutura urbano-industrial e o alto valor da terra urbana, pela proximidade da capital mineira.

O *Subespaço de Análise Oeste* evidencia, já em 1940, a importância populacional e produtiva do cluster Uberlândia-Uberaba-Araguari, com maior expressão, secundado por Araxá. As articulações viárias na região eram realizadas predominantemente por estradas de ferro que conectavam Belo Horizonte com São Paulo. À época, suas porções norte e extremo oeste não dispunham de municípios com dinamismo significativo. O cenário em 2010 é bastante diverso: o fortalecimento da agroindústria, a polarização por Brasília e os maciços investimentos em infraestrutura permitiram a formação de uma importante rede de cidades. As frações de baixo dinamismo observadas em 1940 ganharam expressão em 2010. Os municípios de Unaí e Paracatu (norte) obtiveram projeção, impulsionados pelos programas de desenvolvimento do cerrado, enquanto Ituiutaba (oeste), em decorrência do desenvolvimento da pecuária, tornou-se entreposto comercial estrategicamente localizado entre Uberlândia e o Centro-Oeste brasileiro. Uma extensa rede rodoviária foi implantada, e a rede ferroviária se expandiu para a porção norte do Triângulo, se adentrando no Estado de Goiás, além de vertebrar cidades médias relevantes, como Patrocínio. Para Queiroz & Braga (1999), é essa a rede urbana mineira que possui as melhores condições de vida e infraestrutura urbana.

No *Subespaço de Análise Sul* observa-se em 1940 um conjunto de centralidades de produção tradicional interligadas por ferrovia, sem qualquer município classificado nos dois grupos mais produtivos. Nessa época, a região estava em decadência, mas já começava a receber benefícios da polarização paulista. Nos anos de 1970 apresentou um surto de crescimento industrial, provavelmente usufruindo dos efeitos da desconcentração da indústria paulista, já que oferecia infraestrutura, geração de energia, rede viária bem articulada (incluindo a rodovia Fernão Dias) e a proximidade de grandes mercados consumidores. Em 2010 é notável a presença de várias cidades médias bem articuladas, enquanto as cidades notáveis em 1940 permanecem relevantes em 2010, acrescidas de duas novas, Alfenas e Três Corações, com ganhos de posição em termos econômicos entre os municípios-destaque.

O *Subespaço de Análise Leste* concentrava em 1940 a maior parte dos municípios-destaque, especialmente por causa dos localizados em sua porção sul, beneficiados pela proximidade com o Rio de Janeiro e polarizados por Juiz de Fora, que possuía elevada produção industrial para os padrões da época. Ali se observavam dois clusters de municípios, o mais importante contendo Juiz de Fora, Santos Dumont, Barbacena, São João Del Rey e Lavras (os três últimos do *S.A. Central*), e o segundo formado por Além Paraíba, Leopoldina, Cataguases, Ubá e Muriaé, ambos articulados por redes ferroviárias.

Na porção norte deste *Subespaço* verificava-se a baixa dinamização de boa parte da Zona da Mata, ainda em processo de ocupação.

Já em 2010 verifica-se uma significativa mudança de cenário: parte dos municípios da porção sul deixa de se destacar no contexto mineiro, e outros, no vale do rio Doce, ganham força. A mineração, a siderurgia e a silvicultura viabilizam a criação e expansão do Vale do Aço, capitaneado por Ipatinga (onde ressaltam as conexões consolidadas pela Estrada de Ferro Vitória a Minas). Governador Valadares torna-se importante polo regional de serviços, muito bem articulado pela BR-116 (Rodovia Rio-Bahia). Apesar das perdas no ritmo de crescimento das cidades vizinhas e da desarticulação da rede ferroviária local, Queiroz & Braga (1999) observam que Juiz de Fora se mantém como importante centralidade populacional e produtiva, com menor dependência do Rio de Janeiro e vinculações significativas com Belo Horizonte e São Paulo, resultante de fortes investimentos no setor industrial e modernização do setor de serviços.

Por fim, o *Subespaço de Análise Norte* apresentava em 1940 quatro municípios-destaque, todos eles servidos por estradas de ferro: Montes Claros e Diamantina conectados à porção central do Estado, e Araçuaí e Teófilo Otoni ligados ao litoral do Espírito Santo. À época, Diamantina e Araçuaí ainda colhiam os últimos frutos de um rico período de mineração e produção têxtil, que atravessou os séculos XVIII e XIX. Na segunda metade do século XX passaram a conviver com a estagnação.

Em 2010, Montes Claros e Teófilo Otoni mantêm-se como municípios-destaque, o primeiro por se tornar o mais importante entreposto comercial do norte de Minas, com conexões rodoviárias em todas as direções e um eixo ferroviário que articula a região central mineira com Salvador (BA). Teófilo Otoni, por sua vez, permanece como município centralizador de serviços nos vales do Jequitinhonha e Mucuri, além de desenvolver atividade mineradora e de lapidação de pedras preciosas. Entretanto, deixa de ser servido por estrada de ferro. Além destes, em 2010 destacam-se na região os municípios de Janaúba – na produção pecuária – e Pirapora, na metalurgia, siderurgia, têxteis, fruticultura e no setor de serviços.

A análise dos dados sobre população e produção revelou a mudança do perfil produtivo de Minas Gerais. A produção industrial, menos importante em 1940, superou com folga a produção agropecuária em 2010, acompanhada pelo fortalecimento do setor de serviços. Não obstante, 69,3% dos 853 municípios mineiros em 2010 ainda possuíam o setor primário mais vigoroso que o secundário, alguns em razão do desenvolvimento da agroindústria, outros em decorrência do próprio atraso econômico. O conjunto de dados indica, também, que, ao longo dos setenta anos analisados, a população e a produção se concentraram nos médios e grandes municípios, fenômeno fortemente influenciado pelas tendências econômicas ditadas por São Paulo e pela afirmação da capital federal Brasília.

Para que essa mudança espacial dos rumos da economia mineira se materializasse, foi necessário um tremendo esforço político em prol da modernização e estruturação da base produtiva industrial, o que ocupou quase um século. Mesmo nos municípios-destaque eminentemente agrícolas foram necessárias mudanças nos métodos de produção para que estes se mantivessem competitivos no mercado.

As Figuras 7.4 e 7.5 trazem o conjunto de municípios-destaque em Minas Gerais em 1940 e 2010, segundo a relação entre o setor primário e secundário em termos de PIB. Confirma-se a primazia do setor primário sobre o secundário em 1940 na maior parte dos municípios-destaque, à exceção de Belo Horizonte, Ouro Preto, Mariana, Nova Lima, Santa Bárbara, São João Del Rey, Santos Dumont, Juiz de Fora e Itajubá. Estes últimos municípios já usufruíam de ganhos da mineração, da jovem indústria de base a ela associada e da indústria de bens correntes de consumo. Em 1940, Minas ainda cumpria um papel secundário na economia brasileira, como fornecedor de insumos a São Paulo e Rio de Janeiro.

Já em 2010, além da expressiva mudança na distribuição territorial dos municípios-destaque – em decorrência do surgimento de redes geográficas influenciadas pelos efeitos das polarizações verificados ao longo dos setenta anos analisados –, observou-se que esses municípios desenvolveram fortemente o setor secundário, muito mais que o setor primário[187]. Naqueles onde não se verificou essa mudança – Esmeraldas, Curvelo, Patrocínio, Unaí e Janaúba – a produção agrícola e pecuária continuou marcante, mas baseadas em técnicas modernas, que permitem alta produtividade[188].

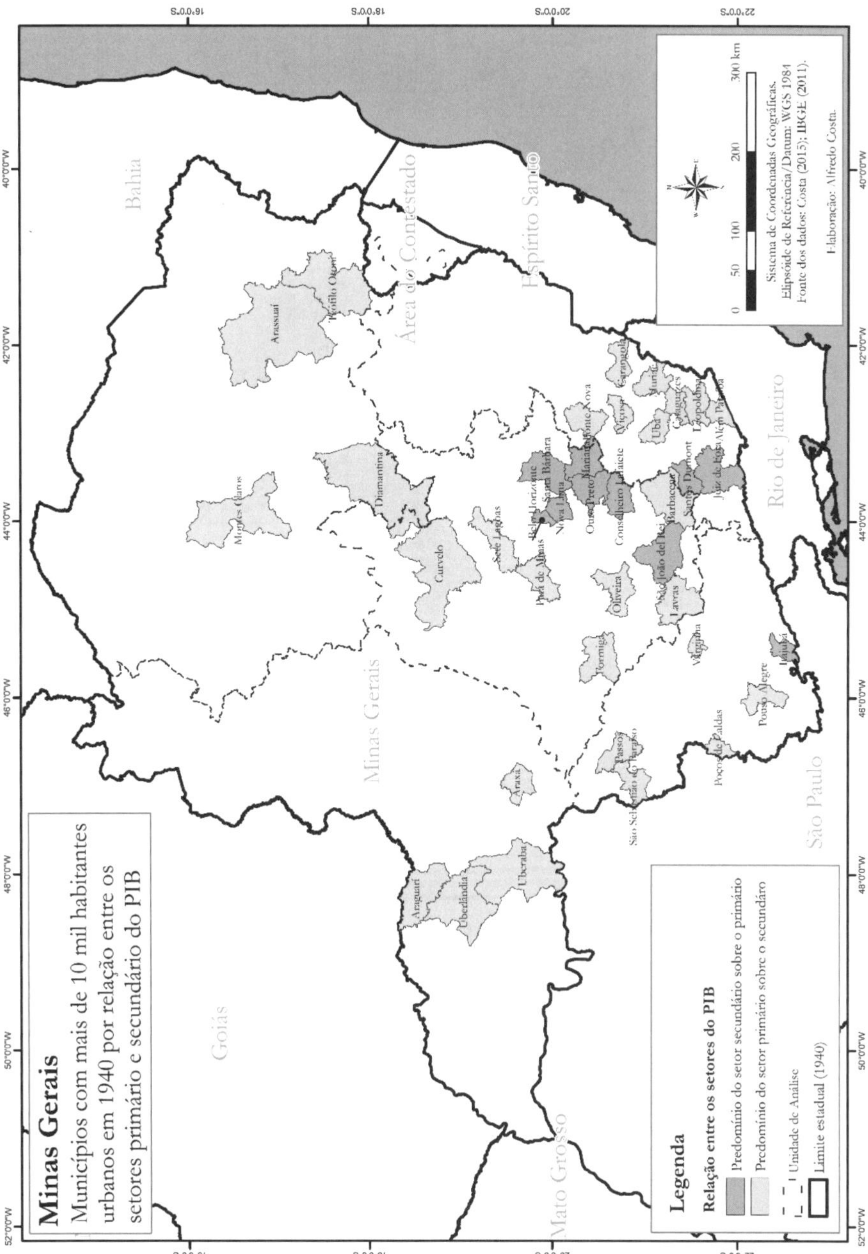

Figura 7.4: Mapa dos municípios-destaque em Minas Gerais em 1940 segundo a relação entre o setor primário e secundário do Produto Interno Bruto

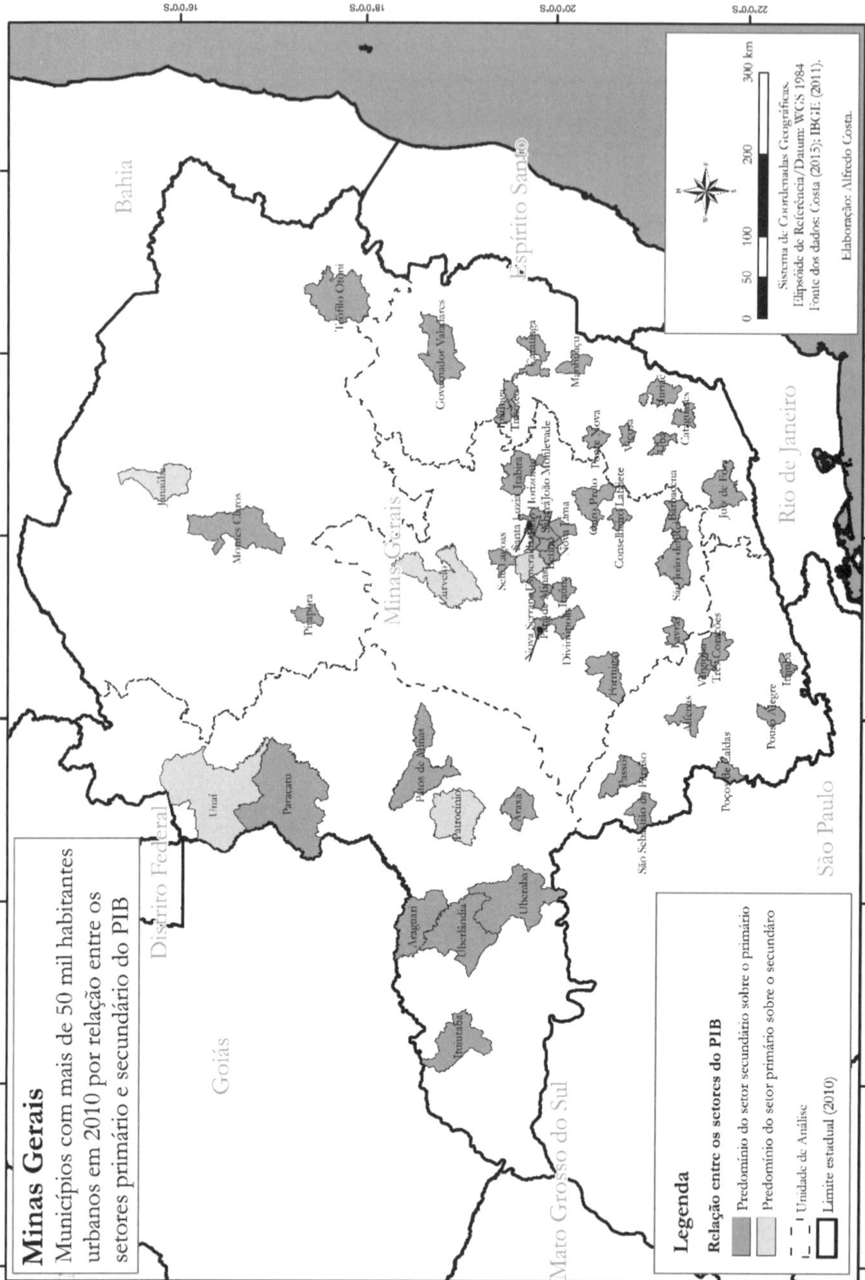

Figura 7.5: Mapa dos municípios-destaque em Minas Gerais em 2010 segundo a relação entre o setor primário e secundário do Produto Interno Bruto

Conclusão

Diante das análises apresentadas, ficou evidente que Minas Gerais experimentou em 70 anos sucessivos processos de modernização resultantes da conjugação dos esforços políticos de suas elites em prol da industrialização, dinâmica que mobilizou milhões de trabalhadores anônimos desprendidos das economias de subsistências semiestagnadas de várias regiões populosas do Estado. A partir de 1950, gradativamente Minas veio usufruir da desconcentração industrial paulista e da atração do capital estrangeiro. A singularidade que advém dos esforços de sua elite política em prol da industrialização não é trivial. Certamente guarda estreitas relações com o apogeu verificado no século XVIII, e rebatido em fins do século XIX, com a aplicação de diversos mecanismos estruturadores que tiveram sucesso (ainda que tardio), como se examinou em capítulos anteriores.

As mudanças modernizadoras mais intensas foram verificadas principalmente nos municípios que já internalizavam centralidades históricas, acrescidos de outros, cujas polarizações foram derivadas dos processos de reestruturação no Sudeste, os quais permitiram que se tornassem importantes centros comerciais, capazes de atrair população e centralizar serviços de toda ordem. O crescimento de São Paulo, a fundação de Brasília, a criação do parque siderúrgico do Vale do Aço e a metropolização de Belo Horizonte foram os principais balizadores dessas polarizações.

Ficaram evidentes também os laços entre a modernização da indústria mineira e a concentração urbana e econômica. Aqueles municípios que foram alvo específico de estruturações planejadas pelo Estado – sobretudo os que já exerciam alguma centralidade – ou que foram capazes de lançar suas próprias bases para a industrialização (seja via fornecimento de infraestrutura básica, incentivos fiscais e/ou locacionais) foram capazes de atrair investidores e mão de obra, e por consequência desenvolver um setor terciário vigoroso. Mais recentemente, surgiram estratégias governamentais na formação de mão de obra especializada nestes municípios por meio da instalação de universidades e escolas técnicas, o que reforçou a importância desses centros e beneficiou tanto os investidores já instalados quanto aqueles em busca de novas oportunidades.

Minas permanece muitas: se em termos relativos a produção industrial superou a agropecuária, em termos absolutos dois terços dos municípios ainda têm predominância do setor primário sobre o secundário, o que não chega a surpreender, dado o tamanho físico, diversidade e tradição do estado na agropecuária.

Mas Minas são outras, porquanto municípios de destaque conseguiram se desvincular de uma vocação agroruralista existente em 1940 e desenvolver seu setor industrial. Territorialmente, verificou-se em 2010 uma distribuição mais homogênea dos municípios-destaque em relação a 1940, o que indica melhor articulação econômica e fortalecimento da rede urbana mineira.

REFERÊNCIAS

ANDRADE, Thompson Almeida; SERRA, Rodrigo Valente. As **cidades médias e o processo de desconcentração espacial das atividades econômicas no Brasil: 1990/95**. *In*: ENCONTRO NACIONAL DA ASSOCIAÇÃO NACIONAL DE PÓS-GRADUAÇÃO E PESQUISA EM PLANEJAMENTO URBANO E REGIONAL, 8, 1999, Porto Alegre. **Anais...**, Porto Alegre, v. 8, 1999.

AZZONI, Carlos Roberto. Sobre a necessidade da política regional. *In*: KON, Anita Org.). **Unidade e fragmentação: a questão regional no Brasil**. São Paulo: Perspectiva, 2002, p. 17-43.

BECKER, Bertha Koiffmann. Tendências de transformação do território no Brasil: vetores e circuitos. **Revista território**. V. 1, n. 2. Rio de Janeiro: 1997, p. 5-17.

BECKER, Bertha Koiffmann; EGLER, Cláudio Antônio Gonçalves. **Brasil: uma nova potência regional na economia-mundo**. Rio de Janeiro: Bertrand Brasil, 1993.

BERTELLI, Felipe. **Espacialização das Indústrias em Minas Gerais: os arranjos produtivos locais e sua relação com os movimentos populacionais**. Belo Horizonte: 2014. Dissertação (Mestrado) – Programa de Pós-graduação em Geografia, Instituto de Geociências, Universidade Federal de Minas Gerais.

CANO, Wilson. Concentração e desconcentração econômica regional no Brasil: 1970/95. **Economia e sociedade.** V. 8. Campinas: jun. 1977, p. 101-141.

CANO, Wilson. **Ensaios sobre a formação econômica regional do Brasil**. Campinas: Editora da Unicamp, 2002.

COSTA, Alfredo. Estruturas territoriais dinâmicas e mudanças modernizadoras ao longo de 70 anos em Minas Gerais (1940-2010). **Revista da Anpege**. São Gonçalo (RJ), v. 11, n. 15, p.151-183, jun. 2015. Quadrimestral. Disponível em: <http://ojs.ufgd.edu.br/index.php/anpege/article/view/6451>. Acesso em: 13 dez. 2018.

DINIZ, Clélio Campolina. **Estado e capital estrangeiro na industrialização mineira**. Belo Horizonte: UFMG/PROED, 1981.

DINIZ, Clélio Campolina; CROCCO, Marco Aurélio. Reestruturação econômica e impacto regional: o novo mapa da indústria brasileira. **Nova economia**. Belo Horizonte, v. 6, n. 1, p. 77-103, jul. 1996.

DULCI, Otávio Soares. **Política e recuperação econômica em Minas Gerais**. Belo Horizonte: UFMG, 1999, 303 p..

ESPINDOLA, Haruf Salmen. Modernização, dinâmica territorial e mudanças ambientais. In: GUEDES, Gilvan Ramalho; OJIMA, Ricardo (Org.). **Território, Mobilidade Populacional e Ambiente**. V. 1. 1ed. Governador Valadares: Univale, 2012, p. 157-200.

FERREIRA, Rodrigo Nunes; MATOS, Ralfo Edmundo da Silva. **Migração de trabalhadores no mercado formal brasileiro entre 1995 e 2003 e as tendências da reestruturação territorial**. *In*: ENCONTRO NACIONAL DE ESTUDOS POPULACIONAIS, 15, 2006, Caxambu. **Anais...**, Caxambu: ABEP, 2006.

FERREIRA, Álvaro. **A Cidade no Século XXI: Segregação e Banalização do Espaço**. V. 1. 2. ed. Rio de Janeiro: Consequência, 2013, 324 p.

GARCIA, Ricardo Alexandrino. Modernização e crescimento populacional nos municípios de Minas Gerais: uma aplicação do método "Grade of Membership". **Cadernos do Leste**. Belo Horizonte, v. Especial, p. 179-196, 2008.

GOMES, Maria Terezinha Serafim. O debate sobre a reestruturação produtiva no Brasil. **Raega –** O Espaço Geográfico em Análise, Curitiba, v. 21, p. 51-77, 2011.

INSTITUTO BRASILEIRO DE GEOGRAFIA E ESTATÍSTICA (IBGE). **Evolução da Divisão Territorial do Brasil 1872-2010**. Rio de Janeiro: 2011. Disponível em: < https://ww2.ibge.gov.br/home/geociencias/geografia/default_evolucao.shtm>. Acesso em: 1 mar. 2015.

IPEADATA. **Produto Interno Bruto dos Municípios IBGE – 1900/2013**. Disponível em: <http://www.ipeadata.gov.br/>. Acesso em: 30 jun. 2015.

LENCIONI, Sandra. Reestruturação: uma noção fundamental para o estudo das transformações e dinâmicas metropolitanas. ENCONTRO DE GEÓGRAFOS DA AMÉRICA LATINA, 6., 1998, Buenos Aires. **Anais...** Buenos Aires: 1998.

MATOS, Ralfo. A desconcentração populacional em Minas Gerais e as mudanças na Região-Core. Encontro Nacional de Estudos Populacionais, 9., 1994, Caxambu. **Anais...** Belo Horizonte, v. 9, p. 457-472, 1994.

MATOS, Ralfo. Aspectos econômicos e retrospecto histórico das migrações em Minas Gerais. Seminário sobre a economia mineira, 7, 1995, Diamantina. **Anais...**, Diamantina: v. 1, p. 303-336, 1995a.

MATOS, Ralfo. Questões teóricas acerca dos processos de concentração e desconcentração da população no espaço. **Revista brasileira de estudos de população**, Campinas: v. 12, n. 1/2, p. 35-58, 1995b.

MATOS, Ralfo; SANTOS, Ricardo; COSTA, Alfredo. O São Francisco das Lavras e do Sertão Mineiro e sua Influência na Origem de Minas Gerais. **Cadernos do Leste**. Belo Horizonte: v. 8, p. 3-30, 2007.

MATOS, Ralfo. Aglomerações urbanas, rede de cidades e desconcentração demográfica no Brasil. Encontro Nacional de Estudos Populacionais, 10, 2000, Caxambu. **Anais...**, v. 12, 2000. Belo Horizonte: ABEP/CEDEPLAR, 2000.

MATOS, Ralfo. A discussão do antiurbanismo no Brasil colonial. **GEOgrafias (UFMG)**, Belo Horizonte: v. 7, n. 2, p. 40-55, 2011.

MATOS, Ralfo. **Trajetórias de contato nas humanidades; do espaço representado às conexões entre homens e lugares**. 2012, 127 p. (Memorial Acadêmico).

NEGRI, Barjas. **Concentração e desconcentração industrial em São Paulo (1880-1990)**. Campinas: Unicamp, 1996.

OLIVEIRA, Floriano José Godinho de. Desenvolvimento Local e Território em Tempos de Reestruturação Econômica: de que desenvolvimento e de que escala estamos falando? *In*: ENCONTRO NACIONAL DA ANPUR, 12., 2007, Belém. **Integração Sul-Americana, Fronteiras e Desenvolvimento Urbano e Regional**. Belém: Anpur, 2007. v. I. p. 1-17.

PACHECO, Carlos Américo. Desconcentração econômica e fragmentação da economia nacional. **Economia e sociedade**. Campinas: v. 6, p. 113-140, jun. 1996.

PERROUX, François. Note sur la notion de pôle de croissance. Economie Appliquée, 1955. In: SCHWARTZMAN, Jacques. **Economia Regional: textos escolhidos**. Belo Horizonte: CEPELAR, 1977.

PIQUET, Roselia. **Indústria e Território no Brasil Contemporâneo**. Rio de Janeiro: Garamond, 2007.

QUEIROZ, Bernardo Lanza; BRAGA, Tânia Moreira. Hierarquia urbana em um contexto de desconcentração econômica e fragmentação do território: questionamentos a partir do caso da rede de cidades mineira. *In*: ENCONTRO NACIONAL DA ASSOCIAÇÃO NACIONAL DE PÓS-GRADUAÇÃO E PESQUISA EM PLANEJAMENTO URBANO E REGIONAL, 8., 1999, Porto Alegre. **Anais...**, Porto Alegre, v. 8, 1999.

SABOIA, João. A continuidade do processo de desconcentração regional da indústria brasileira nos anos 2000. **Nova Economia.** Belo Horizonte: v. 23, n. 2, p. 219-278, 2013.

SOJA, Edward William. **Geografias Pós-modernas: a reafirmação do espaço na teoria social crítica**. Rio de Janeiro: Jorge Zahar, 1993.

TAVARES, Hermes Magalhães. Reestruturação econômica e as novas funções dos espaços metropolitanos. *In*: RIBEIRO, Ana Clara Torres (Org.). **Repensando a experiência urbana da América Latina**: **Questões, Conceitos e Valores**. V. 1. 1ed. Buenos Aires: CLACSO, 2000, p. 89-104.

VAINER, Carlos Bernardo. Planejamento territorial e projeto nacional: os desafios da fragmentação. **Revista Brasileira de Estudos Urbanos e Regionais**. V. 9, n. 1, p. 9-23, 2011.

VALLE, Matheus Henrique Fernandes; COSTA, Alfredo; MATOS, Ralfo Edmundo da Silva. Nexos de associação entre urbanização, crescimento econômico e qualidade de vida em Minas Gerais entre 2000 e 2010. In: SEMINÁRIO SOBRE A ECONOMIA MINEIRA, 16., 2014, Diamantina. **Anais...**, Belo Horizonte: Cedeplar/UFMG, 2014.

NOTAS

1 Ver SOUZA, Jessé. *Subcidadania brasileira: para entender o país além do jeitinho brasileiro*. Rio de Janeiro: Le Ya, 2018.

2 Esses artigos são principalmente Matos (2017), Matos (2011a), e Matos (2011b). Parte dos textos constantes dessas publicações foi aqui aproveitada, modificada e acrescida de novas ideias e aportes analíticos.

3 O seu artigo 1º estabelecia que: "Sua Sagrada-Majestade El-Rei de Portugal promete, tanto em seu próprio Nome, como no de Seus Sucessores, admitir para sempre, de aqui em diante, no Reino de Portugal os panos de lã e mais fábricas de lanifício de Inglaterra [...]". Enquanto no artigo 2º: "É estipulado que Sua Sagrada e Real Majestade Britânica, em seu próprio nome, e no dos seus sucessores, será obrigada para sempre, daqui por diante, a admitir na Grã-Bretanha os vinhos do produto de Portugal, de sorte que em tempo algum (haja paz ou guerra entre os reis de Inglaterra e de França) não se poderá exigir de direitos de alfândega nestes vinhos [...]".

4 Ver ASHTON, T. S. *A revolução industrial: 1760-1830*. Mira-Sintra, Portugal: Publicações Europa-América, 1977 (4 ed.).

5 A Holanda e os demais Países Baixos haviam sido os maiores beneficiários da concentração econômica do século XVII, ao acumularem bens escassos e tornarem-se o principal intermediário comercial e financeiro do mundo. O poderio financeiro da Holanda acabou por sacrificar a indústria local e estimular a expansão industrial da Bélgica e Inglaterra.

6 Espaços ocupados, populações em crescimento, recursos naturais disponíveis e formas de poder instituídas são instâncias primordiais indissociáveis que sempre influíram na dinâmica econômica e na geopolítica mundial.

O crescimento demográfico atestava a robustez de um determinado povo e era geralmente almejado se os governantes vislumbrassem a possibilidade de sua acomodação nos territórios disponíveis. A conjunção do poder eclesiástico com o poder temporal da realeza viabilizou em largas porções do planeta a conquista de territórios e "almas", novos mercados e súditos. Os europeus foram os mais bem-sucedidos nessa empreitada, particularmente entre os séculos XVIII e XIX, período em que disseminam internacionalmente leis, acordos, arranjos jurídicos e empresas resultantes da expansão mundial do capitalismo industrial.

7 Para examinar esses dados, ver HOBSBAWM, E. J. *A era do capital: 1848-1875*. Rio de Janeiro: Paz e Terra, 1996 (2. ed.); LESSA, A. V. M. *Atlas da História Mundial*. Rio de Janeiro: Reader´s Digest Brasil, 2001.

8 Sobre a força da mineração, a demografia, a urbanização e as mudanças que Minas Gerais viveu nos séculos XVIII e XIX, há dezenas de textos de referência, a exemplo de Barbosa (1979), Bergard (2004), Carvalho (2005), Dulci (2005), Godoy e Rodarte (2004), Gomes (2005), Latif (1960), Martins (1980), Maxwell (1985), Rodarte (1999; 2008), (2007), Singer (1977), Wirth (1982).

9 Ver FREYRE, Gilberto. *Sobrados e Mucambos*. Rio de Janeiro: Record, 1996 (9. ed.)

10 A política metropolitana procurava utilizar ao máximo os recursos de particulares na fixação de europeus nas novas terras. Com isso, "visava alcançar não apenas sua ocupação, mas também a urbanização, como solução mais eficaz de colonização e domínio. A Coroa procurava deixar aos donatários as principais tarefas de urbanização, outorgando-lhes o poder de criação de vilas de acordo com o que vinha declarado nas cartas de doação". (REIS FILHO, 1968, p. 61).

11 Sobre essa questão, Fonseca (2011) apresenta exaustivas evidências sobre o caráter urbano de Minas Gerais, a despeito das proibições da Metrópole e recusa em conceder o título de cidade a uma série de vilas bem populosas.

12 Em fins do século XVIII, a elite mineira escravocrata temia a revolta dos negros – a exemplo do que ocorrera no Haiti –, por causa da presença de milhares de afrodescendentes e africanos que viviam em Minas Gerais: cerca de 190 mil, quase metade da população mineira, segundo Douglas

Libby (1997). Essa era a maior população escrava existente no Novo Mundo, condição só ultrapassada no século XIX com a expansão da cafeicultura.

13 Num primeiro nível, Ouro Preto e Serro; no nível subsequente, Itabira do Mato Dentro, Vila de Campanha, Mariana, Santa Luzia, Santo Antônio do Tejuco (Diamantina), Barbacena, Vila de Caeté e S. João del Rei. Num terceiro nível, as demais: Santa Bárbara; São Gonçalo do Rio Abaixo; São Gonçalo; Santana do Sapucaí; Passagem; Guarapiranga; Forquim; Catas Altas; Santo Antônio do Grão Mogol; Minas Novas; Cachoeira do Campo; Araxá; Januária; Brumado; Vila de Queluz; Matosinhos; Dores da Boa Esperança; Cláudio; Prados; Vila de São José; Bom Sucesso; Oliveira; Gouveia; Bambuí; São Vicente Ferrer de Formiga; Espírito Santo; Nossa Senhora do Socorro; Mutuca; Desterro do Mello; Santa Rita da Meia Pataca; Nossa Senhora de Oliveira; São Sebastião; Nossa Senhora da Saúde; Itatiaia; Dores do Campo Formoso; Santana da Barra do Rio do Espírito; Coromandel; Buritis; Nossa Senhora da Abadia; Itaverava; Santana de Traíras; Santo Antônio da Mouraria; Santíssimo Coração de Jesus; Morro da Garça; São Sebastião do Itatiaia; Perdões; Carmo do Japão; Santo Antônio Abaixo.

14 Os dados constantes dos mapas do século XIX baseiam-se nas Listas Nominativas da década de 1830 e no Recenseamento de 1872. Rodarte (2009) fundamentou sua análise na teoria do lugar central e em estudos sobre sistemas urbanos. Empregou o método Ward de análise de Cluster a partir de dados de profissão constantes de enumerações demográficas confeccionados em 1831/32 e 1838/40, além do Censo Demográfico de 1872, sua principal referência. Com isso definiu-se para períodos diferentes alguns grupamentos hierárquicos, segundo a concentração relativa das atividades indicativas de centralidade urbana, porquanto detinham densidades econômica e demográfica, capazes de delinear uma área de influência. Buscou-se sublinhar diferenciais existentes entre os núcleos urbanos, de modo a isolar subconjuntos de cidades. O nível de semelhança entre os distritos foi definido por uma matriz de distância euclidiana ao quadrado, sendo as variáveis normalizadas.

15 No nível 1 surgem Juiz de Fora e Mar de Espanha. No nível 2 estão Ouro Preto, São João del Rei, Barbacena, Baependi, Itabira, Assunção de Mariana, Conceição do Serro, Grão Mogol, São Vicente F. da Formiga, Lavras, Rio Pardo, São Bento de Tamanduá, Campanha, Pitangui, Pouso Alegre e Bagagem. No nível 3: Nossa Sra. da Conceição de Queluz; Sabará; Dores da Boa Esperança; Conceição do Pouso Alto; Sto. Ant. de Arassuahy; Ponte Nova; Paracatu; São Romão; Contendas; Santa Luzia; Curvelo; Uberaba; Três Pontas; São Miguel do Pomba; Leopoldina; São Januário do Ubá; Bom Fim; Conc. de Piranga; Santana dos Ferros; Taboleiro Grande; Salinas; Santana do Onça do Rio de São João; Sete Lagoas; Prados; Presídio; Brumado de Suassuhy; Piedade do Pará; Santa Bárbara; Cocais; Congonhas do Sabará; Carmo do Pouso Alto; São Gonçalo da Campanha; Campo Belo; N. Sra. do Carmo de Arcos; Oliveira; Cláudio; Sta. Rita de Sapucaí; Carmo da Borda da Mata; Santana de Capivari; Perdões; Espírito Santo do Pomba; N. Sra. da Piedade; Divino Espírito Sto. do Mar de Hespanha; São João Nepomuceno; São Sebastião dos Aflitos; Sr. dos Passos do Rio Preto; São José do Tijuco; São João da Chapada; Carmo do Rio Claro; São Seb. do Paraízo; Lagoa Dourada; São José do Rio Preto; Bom Despacho; Madre de Deus do Angú; Além Parahyba; N. Sra. D'assunção do Chapéu; Rio Novo; São José de Montes Claros; São Bartolomeu; Capela Nova de N. Sra. das Dores; Piedade da Boa Esperança; Saúde; Dores de Indaiá; Santa Margarida; Caeté; Taquarussu; Santo Antônio do Rio do Peixe; São Miguel e Almas; Minas Novas; Capelinha; Philadelphia; Brejo do Salgado; Carmo da Bagagem; Patrocínio; Varginha; Cristina; Santa Catarina; Três Corações; Alfenas; Piumhy; Cabo Verde; N. Sra. do Desterro; Candeas; Bambui; São José do Paraízo; São João Batista da Cachoeira; Carmo do Cambuí; Itajubá; Soledade de Itajubá; Santa Rita de Boa Vista; Bom Sucesso; João Gomes; Conc. do Porto do Turvo; São Vicente Ferrer; N. Sra. das Mercês do Pomba; Sacramento; Sto. Antônio do Monte; Carmo do Prata; Livramento de Papagaio; São João Batista; São Domingos de Arassuahy; São Paulo do Muriaé; Dores da Vitória; São Franc. do Ribeirão Vermelho; Brejo Das Almas; Januária; São Domingos do Araxá; Aiuruoca; Jaguari; Conc. do Mato Dentro; N. Sr. dos Passos.

16 As condições favoráveis da conjuntura externa certamente foram primordiais para que o país instalasse a indústria de bens intermediários e de equipamentos, investisse fortemente na dotação de infraestrutura de transporte e energia elétrica e, finalmente, instaurasse o setor de bens duráveis nos anos de 1950 (CASTRO, 1975).

17 Do latim, "como possuis, continuais possuindo".

18 Geiger (1963), Matos (2011) e Fonseca (2012) ratificam a presença de centros urbanos no território brasileiro anteriores ao século XX.

19 A diversificação existente nas unidades produtivas esteve presente desde o início da exploração aurífera. Os inventários da primeira metade do século XVIII já apresentam essa tendência de unidades produtivas diversas (ALMEIDA, 2010).

20 Barnabé (1999) identifica que a elite é formada por grupos de indivíduos que concentram poderio econômico, político e ideológico, e que compartilham o interesse comum pelo controle do poder local, ainda que, internamente, lide com contradições (via de regra, há no bojo dos grupos dominantes elites e contra elites, definidas pelo momento político em vigor). De maneira complementar, Silva (2004) enumera critérios que são recorrentes na definição das elites, geralmente balizadas pela distribuição desigual de bens, ou, ainda, pelas diferentes intensidades em que se manifestam determinadas virtudes individuais. Assim, podem ser arrolados a propriedade de terras e riquezas, além do intelecto, carisma, poder e influência política, aspectos que em maior ou menor proporção seriam capazes de dar coesão às relações estabelecidas em qualquer sociedade, bem como de determinar as formas de acesso aos lugares de poder. Pierre Clastres (2004) ressalta que, na perspectiva do pensamento político ocidental, a essência de uma sociedade pressupõe a "divisão social entre dominantes e dominados, entre os que sabem, e portanto mandam, e os que não sabem, e portanto obedecem" [...], sem o exercício do poder cai-se no infrassocial, na não sociedade" (p.138). Para maiores esclarecimentos, ver Costa (2018).

21 Para cumprir esses objetivos foi necessária uma imersão bibliográfica, documental e cartográfica sobre o período, incluindo pesquisas no Acervo Público Mineiro, na Biblioteca da Casa dos Contos em Ouro Preto e consulta à mapoteca do Exército Brasileiro. A investigação pautou-se na busca por evidências sobre as relações urbanas materiais e imateriais capazes de demonstrar que em Minas Gerais surgiram manifestações não tradicionais que resultaram em paisagens e vivências caracteristicamente modernas e sem paralelo no mundo colonial ibérico.

22 Costa (2017) elabora um esclarecimento terminológico e conceitual sobre o uso do vocábulo "cidade" no século XVIII, que designava uma localidade dotada de sede episcopal. Nestes termos, em Minas Gerais apenas Mariana teve esse status nos Setecentos. Neste trabalho adotaremos solução idêntica à da autora, que definiu a cidade colonial mineira a partir de Rabinovič (1984), cujo entendimento é de que uma cidade seria um vultuoso centro cultural e econômico, socialmente e etnicamente diversificado, com intensas atividades de troca e modos de vida predominantemente urbanos.

23 Sobre tais derivações, as "diversas palavras – moderno, modernice, modernidade, modernismo, modernização – foram apropriadas por diversos campos do conhecimento e motivações. Se a matriz é a palavra 'moderno', ela ensejou derivações – 'modernismo' - que tem, sobretudo, sentido estético e religioso, como nos diz Ferrater Mora. Outra derivação – 'modernização' – mais recente, a partir dos anos 1950, buscou introduzir o sentido sócio-político econômico-cultural. Finalmente, a palavra 'modernidade' tem amplo curso hoje, exatamente à medida que se discute a 'crise da modernidade', seu esgotamento, suas promessas irrealizadas, e a emergência de uma 'pós-modernidade'. Sobre isso, há uma extensa literatura em que se destacam os nomes de Lyotard, Baudrillard, Virillio, Vattimo, Lipovetsky. De outro lado, Habermas, Callinicos, entre outros, são mais críticos e apontam essas tendências como, na verdade, manifestações de um neoconservadorismo que seria o sinal destes tempos de globalização capitalista e conformismo" (DE PAULA, 2000, p. 20-21).

24 Também chamado de "Século das Luzes", tal momento recebeu denominações semelhantes em diferentes países: na França, eram as Luzes (*Lumiêres*); na Inglaterra, o Iluminismo (*Enlightenment*); e nos reinos germânicos, o Esclarecimento (*Aufklärung*).

25 Cabe salientar que, embora os liberais fossem defensores do sufrágio universal, pregavam que a representação política deveria estar restrita aos homens independentes, ou seja, àqueles que possuíam propriedades e renda.

26 Para maior detalhamento, ver De Paula (2000, p. 16 a 17).

27 Segundo Hirsh (2008), "nos inquéritos dos Autos **[da Devassa]** encontram-se provas concretas da circulação dessas ideias nos meios intelectuais da população. O exame das bibliotecas confiscadas revela que, apesar da ação da censura, elas estavam repletas de livros proibidos dos filósofos franceses do Iluminismo, como D'Alembert, Brissot, Buffon, Condorcet, Condillac, Diderot, Helvetius, La Mettrie, Mably, Marmontel, Montesquieu, Raynal, Rousseau" (HIRSH, 2008, p. 2, grifo nosso).

28 Além disso, no caso das Minas muitos homens da elite enviaram seus filhos a Coimbra como forma de investimento social, como Cláudio Manoel da Costa e João Fernandes de Oliveira. As principais medidas tomadas por Pombal serão examinadas mais a frente.

29 D. Maria I reinou de 1777 a 1816.

30 "Forma de cobrança dos impostos que iriam completar o pagamento do quinto que recaía sobre toda a população" (ROMEIRO & BOTELHO, 2013, p. 134).

31 A respeito do termo "Inconfidência", Villalta (2007) esclarece que, "segundo o Vocabulario portuguez e latino (1712), de Raphael Bluteau, significava "falta de fidelidade ao seu príncipe" (vol. 2, p. 95), do que se conclui que todas as ditas Inconfidências envolviam, em algum sentido, uma contestação à monarquia portuguesa, uma traição ao soberano" (VILLALTA, 2007b, p. 551).

32 Segundo Boschi (1991), "(...) enquanto os estudantes anteriores a 1772, em suas incontáveis horas de lazer, se entregavam muito mais a discussões literárias e exercícios poéticos, os que são posteriores à reforma, já agora também sob outro regime disciplinar, dedicavam-se a estudos mais utilitários e imediatistas (...). Se aqueles viviam intelectualmente abafados pela cultura jesuítica que lhes era incutida, estes se supunham mais aptos aos debates e se abriam a uma ampla discussão sobre as novas ideias que ganhavam corpo na Europa" (BOSCHI, 1991, p. 10).

33 São inegáveis os contrastes entre as paisagens urbanas modernas do século XVIII e as do século XXI, certamente em razão dos efeitos das revoluções industriais, técnicas e científicas que transformaram ao longo de mais de 200 anos a organização do espaço e a velocidade dos fluxos em escala planetária.

34 Fonseca (2012) ressalta a diferença entre os métodos de urbanização português e espanhol. O método português era mais pragmático, baseado em recomendações gerais aos responsáveis pela implantação de cidades ou intervenções urbanísticas – tais como as relacionadas na Carta Régia de 1746, supracitada, que dava liberdade de decisão aos gestores locais. O método espanhol preconizava, por sua vez, a adoção de leis rígidas e específicas para a fundação das cidades, que via de regra eram definidas por traçados pré-concebidos. A autora ressalta que não havia uma "política explícita de colonização e de urbanização conduzida pela metrópole" no Brasil (FONSECA, 2012, p. 4).

35 Segundo Fonseca (2012), "De fato, os pelourinhos mais trabalhados eram coroados por uma esfera armilar, geralmente em ferro. Este símbolo do reinado de D. Manuel representava o mundo descoberto e evangelizado pelos portugueses e, segundo Diogo de Vasconcelos, também significava "o recinto de jurisdição, o mundus civitatis". Ao atentar para o sentido desta expressão latina, damos razão ao historiador mineiro: mundus significa o espaço "ordenado", em oposição a um "espaço caótico" (que pode ser associado ao sertão, segundo a visão etnocêntrica dos colonizadores); civitatis designa a cidade, não do ponto de vista da sua materialidade (urbs), mas significando o conjunto dos seus habitantes, regidos por leis e por uma entidade administrativa" (FONSECA, 2012, p. 5).
36 Em volume, "é possível que essa vila tivesse a maior rede de chafarizes públicos da América portuguesa no período" (SILVA, 2009, p. 112).
37 A presença das Ordens Primeiras havia sido proibida na Capitania no início do século XVIII. Segundo o Dicionário Histórico das Minas Gerais, "as ordens terceiras eram associações religiosas voltadas ao culto e à devoção católica, além de oferecer assistência social aos seus irmãos professos (...). Suas atribuições eram religiosas e laicas, não havendo clara distinção entre as duas esferas" (ROMEIRO & BOTELHO, 2013, p. 296).
38 Segundo Almeida (2010), "tais dados foram organizados a partir da "Lista dos homens mais abastados da capitania feita pelo provedor da Fazenda Domingos Pinheiro", que arrola 1.071 sujeitos e encontra-se, completa, no anexo do livro" (AHU/MG – cx. 70, doc. 41, *apud* ALMEIDA, 2010, p.221).
39 Andrade (2010) afirma que a agropecuária se desenvolveu em Minas desde o princípio da colonização, sobretudo pela constante presença nos caminhos mineiros de ranchos, vendas, paragens, roçarias, cujo ápice verificou-se junto à crise da exploração aurífera.
40 Lemos (2006) relata que os viajantes que passavam pela região central das minas experimentaram intenso intercâmbio de manufaturas. Segundo ele, "além da existência de um mercado voltado para o abastecimento de bens duráveis e não-duráveis, o comércio exibia estoques de produtos importados europeus, especialmente ingleses" (LEMOS, 2006, p. 5).
41 O que foi reforçado pelo alvará de 5 de janeiro de 1785, que visava à proibição de manufaturas na colônia.

42 A respeito das práticas científicas aplicadas à mineração e à medicina nas Minas setecentistas, ver Filgueiras (2007). O autor relata que "a atividade mineradora exigia que se dominassem várias disciplinas, entre as quais a mineralogia, a geologia, a metalurgia, a engenharia de minas e a química analítica. A necessidade desses conhecimentos aumentava à medida que se passava da exploração do ouro de aluvião ao das grupiaras e minas, cuja extração e separação eram crescentemente difícil. Ademais, a grande densidade populacional da Capitania trazia muitos problemas de saúde pública, com a ocorrência de doenças tropicais para as quais frequentemente o conhecimento trazido pelos poucos médicos formados em Coimbra revelavam-se inúteis. Era então preciso conhecer a natureza da Colônia, seus recursos botânicos e animais, e como usá-los na alimentação e na obtenção de medicamentos eficazes contra enfermidades inexistentes na Europa ou cuja cura não podia depender das comunicações e transportes deficientes entre o Brasil e a Metrópole" (FILGUEIRAS, 2007, p. 162).
43 Fonseca (2012) aponta que "o caráter predominantemente "urbano" do povoamento das Minas setecentistas foi sempre considerado pela historiografia como uma das principais particularidades que distinguem esta capitania das outras regiões da América portuguesa" (FONSECA, 2012, p. 3).
44 A título de curiosidade, Villalta (1998) nos diz que "a vida urbana nas Minas obedecia, assim, a máxima da valorização das "aparências". Isto valia tanto para os comportamentos relativos à religião, como para aqueles referentes à moral sexual. No campo da moral sexual, o custo e a burocracia do processo matrimonial, a busca incansável de riquezas, a existência de padrões morais diversos nascidos da heterogeneidade étnica, o racismo, o escravismo, o patriarcalismo, o perfil demográfico da sociedade mineira e a vigência do princípio de igualdade (os cônjuges deviam ser iguais na cor, no status, nas posses, na honra) na escolha do cônjuge afastavam os mineiros do casamento e, inversamente, facilitavam as uniões esporádicas, instáveis e ilícitas" (VILLALTA, 1998, p. 19).
45 O surgimento de uma classe média no Brasil colonial não é exclusividade de Minas Gerais. Barretto e Paim (1989) relatam que em Pernambuco ela se compunha de "comerciantes, padres, brancos portugueses e brasileiros; na Bahia, por artesãos, oficiais, soldados, padres, brancos e mulatos" (BARRETTO & PAIM, 1989, p. 36).

46 Fonseca (2011) aponta que as características de tais cidades guardavam forte semelhanças com as cidades portuguesas e francesas do mesmo período.
47 Segundo Carrara (2016), "a história desse conceito – época pombalina – parece dever-se ao próprio ministro. Trata-se sem dúvida de uma construção histórica poderosa, pela qual no final venceu o ministro: apesar de D. José I ser alcunhado 'o Reformador', as reformas passaram à história e foram assumidas pelos historiadores como 'pombalinas'. E de fato não se pode negar a validade concreta do termo 'reforma' para referir-se ao conjunto de mudanças operadas durante o período em que Pombal esteve à frente do ministério de D. José I, nos mais diferentes âmbitos – educação, direito, política econômica, fiscalidade" (CARRARA, 2016, p. 86).
48 Segundo Azevedo (1964), citado por Boschi (1990), "para o Brasil a expulsão dos inacianos, em 1759, trouxe consigo a completa destruição do seu sistema educacional, porquanto, à exceção de uma escola de arte e de edificações militares na Bahia, de outra de artilharia no Rio de Janeiro e dos dois seminários instalados em 1739 nesta última cidade, estava nas mãos da Companhia de Jesus todo o sistema de ensino da colônia, mais precisamente 25 residências, 36 missões e os mencionados 17 colégios e seminários, além de seminários menores e escolas isoladas de 'ler e escrever'" (Azevedo, 1964, p. 539 apud BOSCHI, 1990, p. 1-2).
49 Sabe-se que as ações de Pombal não eram populares nos setores tradicionais da sociedade portuguesa. Entretanto, frente a qualquer forma de resistência às suas reformas, o Marquês agia com firmeza, com o objetivo de erradicar quaisquer forças políticas que contrariassem seus interesses.
50 De acordo com informações do sítio eletrônico da Receita Federal do Brasil, eram atribuições da Junta da Real Fazenda: "a licitação dos contratos para a arrecadação dos impostos, o julgamento de processos e recursos fiscais, a realização das despesas, a escrituração da receita e despesa, a tomada de contas dos responsáveis por bens e dinheiros públicos e a administração do patrimônio da Coroa".
51 Furtado (1994) relata que "a política que Mello e Castro tentou implantar é que se constituía uma exceção. Pela primeira vez a orientação metropolitana era no sentido de instalação de uma política mercantilista clássica e bastante rígida. Os governos de Rodrigo José de Meneses, Luís da Cunha Meneses e, principalmente, o do Conde de Barbacena foram instalados

sob a batuta desta política de endurecimento dos laços coloniais. Impossibilitados de prescindir da elite local, eles procuraram afastar do poder famílias, que há muito desfrutavam privilégios e vantagens advindos dos cargos que ocupavam, e colocar outras em seus lugares, o que desencadeou inúmeros conflitos. O resultado direto desta política foi a Inconfidência Mineira" (FURTADO, 1994, p.12).

52 Para cada insurreição foi determinado um perfil a partir de suas características predominantes, baseadas em seu local de ocorrência, reivindicações e sujeitos envolvidos. Partiu-se da listagem elaborada pelo professor titular da Universidade Federal Fluminense Luciano Figueiredo e sua equipe, no portal *Impressões Rebeldes – Documentos e palavras que forjaram a História dos protestos no Brasil*, e outras revoltas foram adicionadas posteriormente.

53 É fundamental compreender a lógica que pautou tais insurreições e as estratégias para contê-las. Stumpf (2012), ao tratar das identidades mineiras em um contexto de crise, traça o seguinte panorama: "Se a Coroa intentou preservar o status quo, sem preocupar-se com as queixas que vinham das Minas, errou ao não perceber que em determinados momentos as mudanças são necessárias para preservar a ordem política. Se as elites da Capitania procuraram por longos anos expor as medidas que acreditavam que deveriam ser aplicadas para reerguer a região, quando perceberam que o diálogo não resultaria uma reduzida parcela destas apostou que a revolução era a única alternativa promissora. A partir de então diferentes projetos para as Minas emergiram e seguramente o fato de precisarem ser amadurecidos antes de serem publicitados contribuiu para que seus idealizadores fossem reprimidos sem dificuldade" (STUMPF. 2012, p. 277).

54 Segundo Carvalho (2005), "não por acaso, todas as três legendas propostas pelos inconfidentes para a bandeira de sua república incluíam a palavra liberdade: *libertas aequo spiritus*, *aut libertas aut nihil*, sugeridas por Cláudio Manoel da Costa, e *libertas quae sera tamen*, a vencedora, de Alvarenga Peixoto" (CARVALHO, 2005, p. 26).

55 Aos quais podem ser acrescentados outros, tais como a liberação da coleta de dízimos pela Igreja, o que sugere a separação entre Igreja e Estado, implantação de manufaturas, incentivos à natalidade, fim do exército permanente e criação de uma milícia nacional, instalação de parlamentos nas cidades subordinados ao parlamento da capital, perdão das dívidas à Fazenda Real e fim das restrições ao vestuário (MAXWELL, 1989).

56 Mesmo que no campo das ideias a industrialização aparecesse como algo premente, na prática o naturalista José Vieira Couto, cuja obra foi sistematizada em Furtado e Couto (1994), ao andar pela região das minas no final dos Setecentos, chamou a atenção para dois fenômenos que dificultavam o desenvolvimento econômico regional: o desmatamento indiscriminado e o excesso de dias santos, consagrados pela Igreja à oração e ao ócio. Segundo o naturalista, além de prejudicar a produção aurífera, eram nesses dias que se cometiam atos de desordem e violência, além da fuga de escravizados. Sugeria, em relatório à Metrópole, que era premente a instalação de moderna atividade metalúrgica, além de abertura e melhoria dos transportes terrestres e fluviais, para que a Coroa voltasse a acumular riquezas. Ideias semelhantes apareciam nas correspondências de Dom Rodrigo José António de Meneses, que governou Minas Gerais de 1780 a 1783 (LIMA JÚNIOR, 2010).

57 Em 1930, surgiram alguns estudos mais sistemáticos sobre a rede urbana do país, mormente os de Pedro Geiger e os associados ao IBGE, não obstante a carência de outros estudos semelhantes.

58 Nesse período encontravam-se seis cidades do Vale do Jequitinhonha classificadas como médias: Almenara, Araçuaí, Diamantina, Jequitinhonha, Pedra Azul e Salinas. Ver: Amorim Filho, O. B., Bueno, M. E. T. e Abreu, J. F. (1982).

59 A ideia de "lugar urbano" deve remeter à noção de infraestrutura urbana, bem como a de rede urbana. Ambos os aspectos são fundamentais para que se possa levantar hipóteses sobre o maior ou menor significado da rede urbana do Vale do Jequitinhonha nos séculos XVIII e XIX. A simples constatação de que um lugar foi primeiramente povoado não é suficiente para elevá-lo à categoria de "lugar urbano". Muitos destes lugares não atingiram níveis de infraestrutura e articulação espacial capazes de justificar a sua inclusão na categoria de "lugar urbano". Daí o uso de rede protourbana, dado o caráter incipiente da urbanização da região do Jequitinhonha à época.

60 Embora hoje essas divisões espaciais pareçam mais claras, à época da Colônia, e mesmo no Império, as superposições das divisões funcionais no espaço produziam uma precisão muito menor. Caio Prado, quando se refere aos órgãos da administração geral e civil, alertava que se incluíam aí "tanto funções propriamente administrativas (em nossa terminologia moderna), como de justiça" (PRADO JÚNIOR, 1973, p. 313). Estudando o período, Martins & Paiva (1985, p 9) corroboram esta conclusão quando dizem: "Parece válido supor que não havia, em 1831, uma divisão político-administrativa clara". Um resumo da divisão administrativa para o período colonial pode ser assim entendido: a maior unidade administrativa era a Capitania, dividida em unidades judiciárias, as comarcas. Minas era dividida em três comarcas em 1714: Vila Rica; Sabará – Rio das Velhas; e São João del Rei – Rio das Mortes; passa a quatro comarcas em 1720 com a criação da Comarca do Serro Frio; a cinco com a de Paracatu em 1815 e a seis com a de São Francisco em 1820. As comarcas se dividiam em termos, com sedes nas vilas ou cidades; os termos se dividiam em freguesias (divisão eclesiástica que forma a paróquia, mas que também servia à administração civil). As freguesias por seu turno se dividiam em bairros, de limite e caráter extremamente imprecisos. Ver: Prado Júnior (1973, p. 306); De Paula (1988, p. 58-65) e Carvalho (1922).

61 A cana de açúcar, nativa da Índia, foi trazida pelos portugueses para o Brasil a partir das ilhas da Madeira, Canárias, Cabo Verde e São Tomé. Rapidamente a cultura expandiu-se, principalmente pelo litoral nordestino. Em meados do século XVII a Colônia tornou-se a maior produtora mundial de açúcar. Inúmeros engenhos foram estabelecidos durante os séculos XVI e XVII. Ver Pereira (1977).

62 A primeira remessa de gado bovino remonta à vinda da frota de Tomé de Souza, que chega à Colônia em 1549 trazendo algumas cabeças de gado. Em 1550 novo desembarque de bovinos. O então governador-geral ordena a mesma caravela, a "Galga", a fazer novo carregamento do mesmo gado em Cabo Verde. Em 1552 já aparece a "Casa da Torre de Garcia D'Ávila", grande sesmaria que a partir da Bahia, em Tatuapara, alcança o rio São Francisco através de Sergipe, ocupando grande parte do sertão baiano. Ver Cf.Holanda & Campos (1973, v.1, p. 117) e Azevedo (1970, p. 379).

63 "O sal é um dos productos naturaes mais interessantes do valle de São Francisco" (SAMPAIO, 1938, p. 80). O sal existente nas suas "salinas", o famoso "sal gema", "lambedouros" dos bois, foi fator decisivo para expansão da pecuária nesta região e posteriormente no médio e baixo vale do rio Jequitinhonha, que também possui numerosas "salinas". Por sua importância é que foi estabelecido o monopólio do sal, que entre tantos outros afetou diretamente a economia da Colônia de 1665 até 1795, ano em que uma carta régia de 27 de maio o extingue. Ver Frieiro (1966, p. 166); Prado Júnior (1973, p. 54) e Guimarães (1960, p. 63-9).

64 A qualidade do gado era, no entanto, pouco satisfatória. Apesar do seu importante papel no processo de ocupação do interior, como fonte de alimento e de tração, eram geralmente animais pequenos, de origem europeia e pouco adaptados aos trópicos. Seu peso em carne alcançava cerca de 120 quilos, e sua força como animal de tração era deficitária para a maioria dos trabalhos. Essa situação só irá melhorar muito mais tarde, a partir de fins do século XIX e início do XX, com a importação de reprodutores e matrizes de origem indiana (zebu e gir), mais adaptados ao tipo de clima, mais robustos e resistentes para o trabalho rude, tendo, portanto, mais peso na hora do abate. Ressalte-se que o gado bovino, muito empregado como animal de tração nas áreas litorâneas e mesmo em regiões mais descampadas e de relevo suave do interior da Colônia, não apresentava as mesmas vantagens quando utilizado em regiões de relevo movimentado e de difícil acesso. O maior interesse pelos bovinos nestas regiões devia-se ao seu emprego como fonte de alimento e fornecedor de couro, do qual eram feitas as "solas". A sua utilidade como animal de tração limitava-se a alguns serviços mais pesados. Ver Frieiro (1966, p. 203).

65 Ver a propósito Azevedo (1970, p. 379-381) e Prado Júnior (1973, p. 254-257).

66 Até a década de 1960 muitas das análises publicadas sobre a história de Minas Gerais, principalmente sobre o período compreendido entre os séculos XVIII e XIX, situavam-na sob o signo dos grandes ciclos econômicos, considerando menores vários dos aspectos particulares da sua economia. O resultado foi a produção de trabalhos que não puderam identificar a rica dinâmica interna da região. A partir da década de 1970, no entanto, surgiram pesquisas que começaram a definir com maior precisão essa dinâmica. A década de 1980 é caracterizada pelo aparecimento da temática do mercado interno nos estudos de caráter histórico. Cf. Chaves (1995) e Meneses (1997).

67 É importante observar que o ouro, o diamante e gemas já haviam sido descobertos na Colônia antes deste período e em outras áreas. A sua exploração, contudo, não era significativa devido a diversos fatores de ordem natural, econômica, administrativa e tecnológica. Cf. Holanda & Campos (1973, v.2, p. 228-58).

68 O termo "garimpeiro" tem origem na palavra "grimpa", que quer designar "o ponto mais alto; cocuruto, crista" do relevo, onde esses trabalhadores clandestinos escondiam-se quando perseguidos, devido ao caráter ilegal da sua atividade. Cf. Santos (1976, p. 77) e Salomão (1984, p. 42).

69 Caio Prado define a área de maior adensamento populacional à época em Minas como sendo aquela localizada "numa faixa que se estende de sul a norte, da bacia do rio Grande às proximidades das nascentes do Jequitinhonha, mais ou menos entre os pontos em que se formam a vila de Lavras e o arraial do Tejuco" (PRADO JÚNIOR, 1973, p. 57).

70 Conforme observam Antonil (1711) em sua *Cultura e opulência do Brasil por suas drogas e minas*; Prado Júnior (1973, p. 243-5) e De Paula (1988, p. 127-132).

71 Sobre estes aspectos, a leitura da conhecida obra *Memórias do Distrito Diamantino*, de Joaquim Felício dos Santos, é esclarecedora.

72 Esta data é polêmica. Teophilo Feu de Carvalho discorda dela, estabelecendo o ano de 1720 como o da criação da Comarca do Serro Frio e da Vila do Príncipe (Serro). (CARVALHO, 1922, p. 21-42.)

73 Sobre as cidades brasileiras, convém mencionar o texto "As cidades", *in:* Azevedo (1970, p. 211-282).

74 Particularmente, a pesquisa financiada pela FINEP, intitulada "Reestruturação sócio espacial e desenvolvimento regional do Vale do Jequitinhonha", desenvolvida no IGC/UFMG a partir de 1997.

75 Quando o Conselho Ultramarino determinou sua incorporação ao território de Minas Gerais, tendo sido a 9ª vila da Capitania e um importante centro da mineração e agricultura no século XVIII. Barbosa (1971, p. 290-91); Hilaire (1975) e Chaves (1995).

76 Algumas tribos autóctones da região, genericamente denominadas de "Botocudos", eram reconhecidas pelos portugueses como constituída por povos bravios e avessos ao contato.

77 Ver Chaves (1995) e Meneses (1997).

78 Ainda no século XVIII a região de Minas Novas tornou-se um centro garimpeiro, além de produtora de alimentos e entreposto comercial, dividindo então com o alto Jequitinhonha a polarização do Vale.

79 Sabe-se que tribos indígenas da região eram exímias na arte de construir e manobrar canoas pelo rio. Essas técnicas foram apropriadas pelos exploradores "brancos", que as utilizaram por muito tempo (até a década de 1960).
80 Em que pese o relativo desconhecimento dos médio e baixo cursos do rio Jequitinhonha, tudo indica que técnicas de navegação e construção de embarcações já eram utilizadas, ainda que esporadicamente, durante o século XVIII. Belmonte, na foz do rio Jequitinhonha, que se tornaria um importante porto, foi elevada a vila em 1764. Mas somente a partir de 1804, quando o capitão-mor de Porto Seguro João da Silva Santos sobe o rio a partir da sua embocadura, na Bahia, é que a sua navegação foi liberada. Sol (1981, p. 15) e Santiago e Souza (1996).
81 Cabe recordar que a seleção desses lugares foi feita com base, entre outros aspectos, nos tamanhos populacionais dos termos e/ou freguesias (dados de 1831-35 e de 1872), consulta a documentos históricos e pesquisas nos municípios, mas sempre considerando que o tamanho urbano deve ser referido aos padrões de tamanho das cidades à época. Assim, ao se imputar a condição urbana, procurou-se não discrepar em muito da definição oficial de paróquia (ou freguesia), que requeria a presença de 8.000 "almas" na localidade (nas áreas rurais e urbanas). Em geral, freguesias e termos que abrigavam essa população possuíam um núcleo urbano de expressão. O corte de tamanho populacional mínimo aqui utilizado girou em torno de 4.000 pessoas para o período de 1831-35 e 6.000 pessoas para 1872.
82 A literatura registra para o período um importante movimento econômico entre lugares postados ao longo do rio Jequitinhonha, a partir de um rico comércio feito por canoas, articulando o sul da Bahia e Minas Gerais, favorecendo expressivamente Araçuaí, Salto da Divisa, Jequitinhonha e outras localidades ribeirinhas.
83 Esse processo foi mais característico das primeiras décadas do século XX, quando terras de excelente qualidade ficaram disponíveis, após retirada da floresta.
84 Sobre a Lei de Terras, Gadelha chama atenção para o seu papel como instrumento de "legitimação da propriedade, separando as terras de domínio público das dos particulares, apressando a expulsão dos pequenos posseiros, revelando-se, por excelência, o instrumento de concentração da propriedade" (GADELHA, 1989, p.162). Dessa maneira, retirava-se do

homem livre sua única forma de subsistência, deixando-o à disposição do mercado de trabalho.

85 Luna (1980), recorrendo a Iglésias (1972), afirma que "no século XVIII, Minas representou o centro catalisador da Colônia; ali consolidara-se uma sociedade com elevado poder de compra, tanto pela densidade populacional como pela relativa pulverização da riqueza gerada (40). Segundo Iglésias, esta área veio a constituir o primeiro mercado nacional, que contribuiu para a ligação de unidades até então fechadas em si mesmas e que só agora se abriam pelo comércio umas às outras. Daí dizer-se que Minas dá a primeira nota de integração nacional" (IGLESIAS, 1972, *apud* LUNA, 1980, p. 14).

86 As ponderações de De Paula (2000) mostram o caráter excludente da modernização: "Na verdade, a modernidade em Minas Gerais, que produziu efetivos 'sistemas modernos' nos campos econômico, urbano, político, social e cultural, serviu antes à reprodução de privilégios, à exclusão e à marginalização social e econômica, e à interdição de direitos políticos, já que foram recorrentes as práticas discricionárias, as centralizações autoritárias, as ditaduras" (DE PAULA, 2000, p. 19).

87 Berman (1986) divide a história da modernidade em três fases: a primeira, do século XVI até o final do século XVIII; a segunda, que se inicia com a Revolução Francesa e abrange todo o século XIX; e a terceira, que incorpora as transformações do século XX. Em relação à segunda fase, período compreendido por este trabalho, o autor relata que: "Com a Revolução Francesa e suas reverberações, ganha vida, de maneira abrupta e dramática, um grande e moderno público. Esse público partilha o sentimento de viver em uma era revolucionária, uma era que desencadeia explosivas convulsões em todos os níveis de vida pessoal, social e política. Ao mesmo tempo, o público moderno do século XIX ainda se lembra do que é viver, material e espiritualmente, em um mundo que não chega a ser moderno por inteiro. É dessa profunda dicotomia, dessa sensação de viver em dois mundos simultaneamente, que emerge e se desdobra a ideia de modernismo e modernização" (BERMAN, 1986, p. 15).

88 A primeira locomotiva a vapor foi construída pelo engenheiro inglês Richard Trevithick e fez seu primeiro percurso em 1804.

89 Batista *et al.* (2012) esclarecem os impactos das ferrovias no contexto industrial do século XIX. Segundo eles: "As transformações nesta revolução dos transportes permitiram o aumento da velocidade e da qualidade do transporte de carga, o barateamento e incorporação de novos produtos à esfera da produção, como minério, carvão mineral e madeiras. Especificamente as ferrovias, em linhas gerais, asseguraram maior exatidão no cumprimento dos horários, encurtaram distâncias e diminuíram custos dos fretes. Em relação aos aspectos socioeconômicos imanentes a estas transformações, a Segunda Revolução dos Transportes contribuiu também para a consolidação de face da divisão internacional do trabalho, ao colocar de um lado os que possuíam a tecnologia ferroviária (Inglaterra, França, EUA e Alemanha) e, do outro, os compradores de quase todos os materiais permanentes e rodantes necessários para montagem das ferrovias" (BATISTA *et al.*, 2012, p. 164).

90 Segundo Hobsbawn (2015), "As convulsões sociais que sucederam a transferência da agricultura para um modelo capitalista, ou pelo menos comercializado em larga escala, fizeram com que os homens perdessem os laços tradicionais com a terra de seus ancestrais, especialmente quando estes descobriram que não ganhavam praticamente nada dela, ou pelo menos muito pouco para manterem suas famílias. Simultaneamente, a demanda insaciável de trabalho por parte das novas indústrias e ocupações urbanas, a diferença crescente entre o campo atrasado e a cidade avançada com seus estabelecimentos industriais atraíam-nos de qualquer maneira" (HOBSBAWN, 2015, p. 176).

91 Borges (2011) afirma que "a implantação de vias férreas nos países latino -americanos foi morosa e espacialmente irregular, como todo processo de modernização dependente ocorrido no continente. A penetração dos trilhos no território acompanhou a expansão e regionalização da economia primário-exportadora. As linhas de ferro foram construídas segundo interesses de grupos dominantes nacionais e estrangeiros. Resultado, apenas alguns países implantaram redes ferroviárias nacionais (Argentina, Chile, México e Uruguai). Em outros, como Brasil e Peru, construiu-se apenas troncos ferroviários interligando os centros produtores de bens primários do interior aos portos de exportação para além-mar" *(BORGES, 2011, p. 29).*

92 Lima (2015), ao citar Abreu (1996), relata que "A imagem que Mauá buscou eternizar foi a de uma elite ocidentalizada, em sintonia com as inovações tecnológicas europeias, tentando dar alguns passos iniciais no processo de industrialização em um país predominantemente rural. Adotar o projeto ferroviário como instrumento de modernização, pelo menos em nível de discurso, teria sido a opção de parcelas da elite política e empresarial do Império. O trem seria visto por essa elite como um instrumento de construção da nação, necessário à plena concretização de planos de integração territorial, além de simbolizar o domínio da civilização sobre a natureza" (ABREU, 1996, p. 103, *apud* LIMA, 2015, p. 48).

93 Esclarece Luz (1978): "A lavoura nunca fora propriamente contrária ao desenvolvimento industrial do país, preferindo, contudo, que ele se processasse lentamente para que não viesse agravar os problemas da falta de capitais e mão de obra que afetavam as atividades agrícolas. Era, além disso, particularmente contrária a uma política protecionista que prejudicasse o consumidor" (LUZ, 1978, p. 61).

94 Ressalta-se que, com a independência, foi criado um Conselho de Estado com a função estratégica de auxiliar o Imperador nas suas decisões políticas. As análises realizadas por Carvalho (2008) das atas de reuniões dessa instituição revela que seus "conselheiros em sua totalidade estavam convencidos de que o Brasil pertencia à esfera da civilização cristã europeia e de que todo o esforço deveria ser feito no sentido de conformá-lo aos padrões desta civilização" (CARVALHO, 2008, p. 364). Na prática, afirma Carvalho (2008), esse conselho jamais teria condições de incorporar um projeto modernizador, porque "a localização no ápice da burocracia, a preocupação quase obsessiva com a defesa dos interesses do Estado, a resistência à expansão da participação política, consequências em parte do sistema centralizante que ajudara a criar, colocavam-no em precárias condições para responder com agilidade às mudanças sociais e políticas que se processavam, às vezes como fruto de decisões por ele mesmo tomadas" (CARVALHO, 2008, p. 383).

95 Oriunda do Decreto n. 376, de 12 de agosto de 1844, a denominada Tarifa deve ser "entendida como um conjunto de medidas versando sobre alíquotas, isenções e formas de taxação de diversos grupos de produtos importados" (VILLELA, 2005, p. 36). Relata o mesmo autor que o decreto compreendia "2.416 artigos, a primeira pauta tarifária fixada autonomamente pelo governo brasileiro estabelecia a alíquota modal de 30% sobre 2.243 artigos, criando para os demais taxas que variavam de 2 a 60%. A alíquota média (aproximada pela tarifa *ad valorem* equivalente) embutida na nova pauta não diferia em muito de 30% (a taxa modal) (VILLELA, 2005, p. 38-39).

96 Segundo o autor, "os conflitos gerados pela Industrialização podem-se resumir no conceito do dualismo. A sociedade parece dividida em dois setores: um setor moderno e dinâmico, que está em vias de Industrialização, e um setor tradicional estático, institucionalmente em condições de opor uma resistência duríssima às novas forças sociais" (BOBBIO, 1998, p. 627).

97 Segundo Carvalho (2008), essa estratégia dificultou a formação de uma base política de poder capaz de garantir a manutenção da monarquia brasileira.

98 A oscilação da política fiscal brasileira no século XIX foi descrita com grande riqueza de detalhes por Luz (1978) em seu livro *A luta pela industrialização no Brasil*. Seus desdobramentos econômicos são abordados por Carvalho no primeiro capítulo do livro, *O teatro das sombras: a política imperial*. Além desses, Villela (2005) apresenta concisa análise da política tarifária no II Reinado. Aqui, abordaremos apenas aquelas medidas de maior impacto.

99 Vilella (2005) relata que "no total, outras nove tarifas foram decretadas durante o período imperial, com variáveis graus de taxação às importações e, consequentemente, impacto fiscal e de proteção à atividade econômica doméstica" (p. 36).

100 Souza (2015), ao citar Trento (1989), esclarece que: "Apesar de, em 1867, o governo imperial ter promulgado a primeira lei que concedia uma série de benefícios com a finalidade de desenvolver colônias de povoamento, Trento (1989, p. 27) esclarece que somente com a lei Glicério de 1890 é que se estabeleceram vários favores e prêmios em dinheiro para os particulares que fundassem colônias agrícolas e de povoamento, possibilitando ao imigrante a escolha de trabalhar como empregado nas fazendas ou instalar-se nos núcleos coloniais, nos quais adquiria um lote e um terreno pagável a prestação. A Lei contemplava também o transporte da Europa para o Brasil não somente de famílias de agricultores, mas também de lavradores solteiros ou viúvos de 18 a 50 anos de idade, bem como operários e artesãos da mesma faixa etária, desde que obedecida uma cota limite percentual baseada na quantidade de famílias (TRENTO, 1989, p.27, *apud*

SOUZA, 2015, p.101).

101 É bom recordar que 1871 iniciava-se um projeto de desescravização com a promulgação da Lei do Ventre Livre – também conhecida como Lei Rio Branco –, que previa um longo período de tempo para incorporação e educação dos nascidos livres ao trabalho livre (LANNA, 1986). A lei, assinada pela Princesa Isabel, representou uma vitória para os abolicionistas da época. Por outro lado, assevera Carvalho (2008), a lei marca o distanciamento entre o Imperador e os barões da terra e, por consequência, o início da derrocada do governo imperial.

102 Segundo Paiva (1996), embora Minas Gerais possuísse a maior população mancípia do Brasil, "apenas 32,5% dos chefes de fogos tinham pelo menos um indivíduo escravizado listado dentro da unidade, portanto dois terços das unidades eram integradas apenas por pessoas livres" (PAIVA, 1996, p. 103).

103 As pesquisas de Libby (1989) apontaram que dentre os proprietários de escravos entre 1831-1840, a maior parte deles possuía de três a cinco cativos (28%), e praticamente dois terços dos proprietários possuía cinco ou menos cativos.

104 Libby (1989) relata que Minas apresentou, ao longo do século XIX, uma economia escravista que a difere de todas as outras províncias, em primeiro lugar por não ser concentradora – marca característica das províncias mais isoladas e oposta às litorâneas – e em segundo lugar pela ampla estrutura ocupacional dessa mão de obra.

105 Libby (1988) define a economia mercantil de subsistência como aquela em que ora a produção era destinada ao autoconsumo, ora aos mercados internos e/ou externo da província.

106 O autor ressalta, contudo, que havia preferência pela mão de obra escravizada pelos empreendimentos fabris, sobretudo pelo escravizado de aluguel, por suas vantagens em relação aos trabalhadores livres.

107 Segundo Libby (1988), "é necessário lembrar que o escravismo moderno é subordinado ao modo de produção capitalista em constante desenvolvimento e expansão desde os momentos iniciais do surgimento da escravidão colonial. Enquanto modo de produção, o escravismo é também o determinante da superestrutura de dominação política e ideológica das sociedades onde se encontra instalado" (LIBBY, 1988, p.18).

108 Para Singer (1974), a economia cafeeira reconstituiu o mercado externo mineiro e foi seu único ramo de verdadeira expressão nos Oitocentos, exceção na economia de acomodação em que a venda de excedentes predominava.

109 Foi comum, relata Godoy (2009), a "apropriação pessoal destituída de qualquer identificação com um projeto de desenvolvimento regional. O modelo de incentivos e subsídios públicos a iniciativas modernizantes era baseado em privilégios e monopólios, e as elites mineiras não perderam tempo em se aproveitar desse modelo" (GODOY, 2009, p.98).

110 O trabalho de Matos & Costa (2016) revela que mesmo em 1872 a hierarquia da rede de cidades mineiras ainda era largamente explicada pelas articulações do ouro nos Setecentos.

111 Segundo Batista *et al.* (2012), "No caso específico de Minas Gerais, a expansão ferroviária, ainda que pródiga em termos de extensão da malha construída, não resultou na dinamização da economia regional. O ritmo, a forma e o traçado com que os trilhos quebraram o isolamento geográfico dos mercados das regiões mineiras reduziram os custos do transporte e normatizaram o fluxo de pessoas, bens e informações, não se desdobraram na conformação de sistema de transportes moderno funcional a políticas de desenvolvimento regional, além de representarem elevado ônus para as finanças provinciais, depois estaduais" (BATISTA *et al.*, 2012).

112 Manuel Ferreira da Câmara Bittencourt Aguiar e Sá, conhecido por Intendente Câmara, foi um engenheiro e político mineiro que viveu entre 1762 e 1835. Entre outros feitos, foi deputado, senador, presidente da primeira Assembleia Constituinte do Brasil, e criador do Instituto Brasílico no Rio de Janeiro.

113 Sobre a trajetória das duas instituições, ver Carvalho (2010) e Andrade (2013).

114 Em referência ao mineralogista Claude-Henri Gorceix, primeiro diretor da EMOP.

115 São egressos da EMOP, conhecidos como "Geração Gorceix", personalidades como João Pandiá Calógeras, Francisco de Sá, Costa Sena, Antônio Olinto, Clodomiro de Oliveira, José Pires do Rio, Israel Pinheiro da Silva e Américo Renné Giannetti, Amaro Lanari Junior e Getúlio Vargas (ainda que não tenha concluído o curso), que iriam exercer papel crucial na política brasileira e na modernização de Minas Gerais no século XX ao defenderem a importância da industrialização e da siderurgia (BARBOSA, 2008; CARVALHO, 2013).

116 Segundo informações do sítio eletrônico *Santuário do Caraça*, "Pelo Colégio do Caraça passaram quase 11.000 alunos, dos quais muitos tiveram seus nomes reconhecidos no cenário nacional, político, civil e religioso: em média 500 padres, 21 bispos, 120 políticos, dos quais dois presidentes da República: Afonso Pena (1906-1909) e Artur Bernardes (1922-1926), magistrados, médicos, engenheiros, cientistas, professores universitários etc." (SANTUÁRIO DO CARAÇA, s.d.).

117 Esclarece Duarte (2013): "No período Regencial, as elites políticas mineiras – ou, como eram chamados, "toucinheiros" – combinaram seu protagonismo político nacional ao cenário de vigorosa redefinição da economia da Província. Delinearam um plano político no qual liberdade e moderação seriam as bases do regime monárquico da nação brasileira. O avanço da onda regressista inviabilizou o projeto moderado mineiro. Os conflitos se acirrariam: em 1841, vários camaristas mineiros enviaram representações a d. Pedro II, reprovando a política regressista do Gabinete Palaciano. Essa ousadia custou a destituição dos camaristas signatários, acirrando os enfrentamentos que culminariam na revolta armada de 1842, quando o direito de insurreição apareceu como saída legítima contra o estreitamento da política representativa consequente das reformas estabelecidas pelos conservadores. Mineiros em armas – como Teófilo Otoni, Antônio Teixeira de Carvalho, Joaquim Camilo de Brito, Francisco Ferreira Paes, entre cerca de trezentos homens – foram vencidos, algemados e julgados. Da alcunha de "toucinheiros" passariam à de "Luzias", referência ao local de enfrentamento final comandado pelo Duque de Caxias em Santa Luzia, Minas Gerais" (DUARTE, 2013, p. 24). Para Rodrigues (1986), a Revolução de 1842 representou o amadurecimento da consciência mineira.

118 Relata Carvalho (2013): "A sugestão de substituir a decadente produção de ouro pela do ferro já fora, aliás, feita pelo governador d. Rodrigo José de Menezes em 1780 em sua Exposição sobre o estado de decadência da Capitania de Minas Gerais. A própria mineração do ouro exigia ferramentas de ferro, mercadoria excessivamente cara nas Minas" (CARVALHO, 2013, p. 183).

119 O método de produção por meio de cadinhos foi trazido da África por escravos, o que contribuiu sobremaneira para sua disseminação territorial (DE PAULA, 2000).

120 Paula (2002) relata que o capital para o desenvolvimento têxtil ao longo dos Oitocentos fora originário principalmente de grupos de parentes e amigos e que geralmente eram estabelecidas nos locais de residência dos investidores, padrão que foi se alterar a partir de 1880, quando passa a ser adotado o sistema de sociedades anônimas que passou a predominar no setor. Esse tipo de mudança, todavia, não foi capaz de introduzir alterações significativas nos padrões de investimento, uma vez que a maior parte das ações continuava concentrada em um pequeno número de pessoas. Será somente em 1890, pós-encilhamento, que o setor será beneficiado com a presença de investidores de maior experiência.
121 Ao longo dos Oitocentos, a opção pelas hidrovias foi bastante debatida, mesmo que não tenha sido levada a cabo como as ferrovias: "Em 1843, por exemplo, foi proposto que no ponto inicial da navegação do São Francisco fosse levantada uma nova capital provincial. O engenheiro Heinrich W. F. Halfeld foi designado para explorar o Rio São Francisco e seus afluentes desde a cachoeira de Pirapora até o oceano Atlântico, por incumbência do Governo Imperial, pesquisa que realizou entre 1852 e 1854 e que resultou na publicação do *Atlas e Relatório Concernente à Exploração do Rio São Francisco*. No fim da década de 1840, os irmãos Ottoni empreendiam a navegação a vapor do Rio Mucury e a construção de estrada a ligá-lo a Minas Novas. O maior entusiasta de projeto hidroviário parece ter sido, todavia, o presidente Joaquim Saldanha Marinho que, em 1867, coletou dados que revelaram potencial de 3.600 km de rios navegáveis em Minas" (BATISTA, 2012, p. 169).
122 Detalhamento desses planos é encontrado em Godoy e Batista (2008).
123 A esse respeito, Lima (2015) chama atenção para o fato de que "a política de transportes em Minas foi oscilante, ora favorecendo, ora desestimulando a construção de ferrovias. E, principalmente, mesmo que houvesse uma crença coletiva nas benesses da ferrovia, isso não teria sido suficiente para a articulação de um plano geral que coordenasse a implantação da malha ferroviária de maneira eficaz" (LIMA, 2015, p. 66). Longe de ser uma unanimidade, enfrentou a resistência política em Minas e no Brasil de homens como Bernardo de Vasconcellos (político, jornalista, juiz de fora e jurista), Honório Hermeto Carneiro Leão (Marquês do Paraná, político, diplomata e magistrado) e Pedro de Araújo Lima (Marquês de Olinda,

regente, primeiro-ministro do Império do Brasil e presidente da Câmara dos Deputados), além da desconfiança de presidentes da província, como Affonso Penna e Bias Fortes.

124 O tema é tratado no âmbito nacional de maneira profunda em Lamounier (2000) e Lamounier (2013).

125 Em 1905, a CME adquiriu a Companhia Ferrocarril de Bondes de Juiz de Fora, tracionada por animais, e em 1906 faz circular pela cidade bondes elétricos, experiência já conhecida na nova capital mineira desde 1902, dez anos depois da instalação do primeiro sistema de bondes elétricos de América Latina no Rio de Janeiro, em 1892.

126 Para uma análise pormenorizada do processo e seus antecedentes, ver Singer (1974) e ALMG (1989).

127 Após a Inconfidência Mineira, cogitou-se entre os políticos da província a transferência da capital por cinco vezes até 1851, sem lograr sucesso. Em 1867 tramitou projeto do deputado Padre Agostinho de Souza Paraíso, que foi aprovado em Assembleia, mas vetado pelo presidente da província (ALMG, 1989).

128 Tais ideias eram apoiadas por políticos como Augusto de Lima, Afonso Pena e João Pinheiro.

129 A nova capital recebeu o nome de Cidade de Minas na sua inauguração, em 1897, e passou a se chamar Belo Horizonte em 1901 (SINGER, 1974).

130 De acordo com Saraiva (2008), é no Sul de Minas que os movimentos separatistas foram mais sentidos no século XIX, cujas comarcas visavam ou fundirem-se a São Paulo, ou separarem-se em nova província. Outros movimentos separatistas foram verificados nas regiões Oeste, Norte e Zona da Mata. Sobre isso, ver também Singer (1974).

131 Segundo Matos (1992), "as exigências da ordem capitalista vieram incidir sobre o planejamento das cidades, ensejando a racionalidade circulatória, visando o tráfego mecânico e a mobilidade das forças de segurança. A modernidade tem início em Paris de Napoleão III, através das grandes demolições e reconstrução do centro parisiense. A seguir, Viena, Florença, Barcelona, e cidades dos EUA, vieram se modernizar todas fortemente inspiradas pelo postulado da retícula ortogonal, em meio a grandes avenidas diagonais, parques públicos e majestosos edifícios públicos" (MATOS, 1992, p. 3).

132 Os esforços pela recuperação da economia mineira na primeira metade do século XX são analisados por Singer (1974) e Dulci (1999).

133 Nos capítulos subsequentes os séculos XVIII e XIX serão examinados mais detidamente.

134 Alguns exemplos de rebeliões na Capitania de Minas Gerais: Guerra dos Emboabas (1708-1709), Motins de Pitangui (1709-1719), Revolta de Felipe dos Santos (1720), Sedição de São Romão (1736), quilombos, Inconfidência do Curvelo (1760-1763), Inconfidência Mineira (1789). (CARVALHO, 2005, p.58).

135 A mineração de ouro perde dinamismo, mas não desaparece e nem a população se esvai. Os vales do Paraopeba, Grande, Doce e Jequitinhonha são povoados "[...] tanto por garimpeiros, escravos e homens livres de Vila Rica, São João Del Rei, Sabará e Itabira, quanto por novos [...] imigrantes [...]" nordestinos (MATOS, 2011, p. 48).

136 O Tratado de Methuen, porém, não evita a ocorrência de uma incipiente metalurgia regional, segundo técnica rudimentar de origem africana (LATIF, 1960).

137 Enviado em viagem de atualização, em 1790, a França, Alemanha e Inglaterra, entre outros centros industriais europeus, para estudos técnicos de mineralogia e siderurgia.

138 *Fase das usinas*: denominação dada pelo professor Clodomiro de Oliveira, em 1902, ao período 1889/92, em Minas Gerais (BAETA, 1971).

139 Este investimento representou um grande salto na produção brasileira de ferro e aço: a produção de gusa cresce de menos de 50 mil t., em 1922, para quase 200 mil t., em 1939, e a produção de laminados e de aço em lingotes é introduzida, alcançando, em 1939, cerca de 100 mil toneladas (SENA, *apud* SINGER, 1977, p. 242-247).

140 Plataforma política de Pinheiro para a economia mineira: (1) protecionismo à indústria; (2) modernização agrícola; (3) substituição de importações; (4) coordenação estatal dos agentes privados para a modernização produtiva; (5) formação da rede bancária mista; (6) implementação da política educacional para as necessidades da produção; (7) especialização industrial, baseada nos recursos naturais (DULCI, 1999, p. 45-53).

141 O capítulo seis mostrará essas mudanças com mais detalhe.

142 Razões consideradas na localização da CSN em Volta Redonda: proximidade dos mercados do Rio e de São Paulo, facilidade de transporte para matérias primas, vocação siderúrgica regional, salários competitivos, localização segura em caso de guerra e disponibilidade ilimitada de água doce (WIRTH, 1973, p. 101).

143 Lucas Lopes se refere ao Plano de Eletrificação como uma verdadeira "geografia econômica de Minas", pois previa onde se daria o crescimento da demanda por energia elétrica.

144 Dentre estes investimentos, destacam-se: a Fiat Automóveis S. A.; a FMB – Produtos Metalúrgicos S. A.; a SOEICOM; a KRUPP – Indústrias Mecânicas Ltda.; a CIMINAS; a DEMAG – Equipamentos Industriais Ltda.; a BEKAERT; a General Motors Terex do Brasil; e a Brasox Indústria e Comércio.

145 O alongado vale do Paraíba do Sul, nas proximidades do Atlântico, teve um processo de ocupação que remonta aos séculos anteriores, por força do bandeirantismo, das rotas de articulação entre o Rio de Janeiro e São Paulo e da cafeicultura.

146 Conforme entrevistas realizadas em fevereiro e agosto de 2015 em 13 municípios da Bacia do Rio Doce.

147 A bacia do rio Doce será considerada neste trabalho como uma região natural dos "Sertões de Leste", que compreendiam áreas muito pouco ocupadas no período de tempo aqui focalizado.

148 Localizado no Canal de Vitória, entre Vitória, capital do Estado do Espírito Santo, e a cidade de Vila Velha. Este porto não é o Porto de Tubarão, localizado entre as cidades de Vitória e Serra, que teve sua construção iniciada somente em 1962.

149 A tabela Francon, ou método Francon, era utilizada em todo país para aferição de volumetria das toras e, portanto, de seu valor comercial.

150 Teófilo Otoni se mostra um caso à parte. No mesmo município se concentravam atividade extrativa intensa e uma atividade industrial altamente mecanizada, utilizando-se de 968 cavalos-vapor, muito acima dos demais municípios (em apenas quatro estabelecimentos que empregavam 100 pessoas). Essa característica indica a existência de grandes estabelecimentos que beneficiavam a madeira antes da exportação dos bens finais pela ferrovia.

151 As áreas de mata virgem foram desenhadas com base nos dados de MINAS GERAIS (1929).

152 Em 1957, a Belgo Mineira foi pioneira novamente, ao inaugurar uma aciaria mais moderna, à base de oxigênio sobre a mistura de gusa líquido e sucata. Sua produção ultrapassava as 500 mil toneladas de lingotes de aço e, em face dos sinais de esgotamento da madeira nativa, ela passou a desenvolver técnicas de plantio em larga escala de eucaliptos, espécie de rápido crescimento nas condições de solo e clima do vale do rio Doce.

153 Essa empresa foi inaugurada pela Belgo Mineira em 1943 com o objetivo de explorar a madeira para uso na siderurgia a carvão vegetal e comercializar madeiras nobres para diversas finalidades. Ver De Paula (1997) e fotos antigas em sequência.

154 Nome fictício de liderança de bairro de Governador Valadares, entrevistado em agosto de 2015.

155 Nome fictício de funcionário do SANEAR em Colatina entrevistado em setembro de 2015.

156 Entrevista realizada com empresário do setor de turismo em fevereiro de 2015 em Governador Valadares.

157 Ver em especial De Paula (1997).

158 A expansão da lavoura extensiva do café contribuiu fortemente para a aceleração do desmatamento no Leste de Minas a partir da segunda metade do século XIX desde a atual Zona da Mata, tal qual ocorrera, um pouco antes, no vale do rio Paraíba do Sul.

159 O mesmo trabalho aqui mencionado, desenvolvido no Cedeplar, nos informa que a o médio rio Doce foi ocupado principalmente a partir de 1875, em decorrência de fluxos migratórios procedentes de Diamantina, Serro, Conceição, Itabira, Ferros, Minas Novas e Itamarandiba, localidades que viviam a estagnação resultante do declínio da mineração. As principais áreas de destino foram os novos municípios de Guanhães e Peçanha, áreas dotadas de vastas extensões de mata virgem, nas proximidades do médio curso do Doce.

160 Nos anos de 1940, com a exploração da mica e a presença americana, surgiram articulações entre pessoas da cidade e os técnicos que regressaram aos EUA. Isso foi um facilitador para a saída subsequente de parentes dos valadarenses que já haviam migrado para os EUA, vários deles acompanhando os americanos na condição de trabalhadores domésticos (informação verificada junto a pessoas entrevistadas na cidade).

161 Este projeto demonstrava a crença dos mineiros na viabilidade de uma usina a carvão vegetal no vale do rio Doce. Os trabalhos para implantação da Usina começaram em 1945 e os da Usina hidrelétrica de Sá Carvalho, com potência de 48.000 kw, em 1947. Em 27/04/1949, foi feita a primeira corrida de gusa. Em agosto de 1951, foi inaugurada a usina hidrelétrica; e em setembro, a aciaria (DINIZ,1978, p. 51).

162 Área estimada a partir de cálculos realizados em software de geoprocessamento. Segundo o Instituto Nacional de Pesquisas Espaciais (2015), restam apenas entre 5 a 7% da Floresta Atlântica no Brasil.

163 Uma versão diferente desse capítulo foi publicada em 2015. Ver: COSTA, Alfredo. Estruturas territoriais dinâmicas e mudanças modernizadoras ao longo de 70 anos em Minas Gerais (1940-2010). Revista da ANPEGE, v. 11, p. 151-183, 2015.

164 Valle *et al.* (2014) sintetizam as fases de evolução da rede urbana brasileira da seguinte maneira: "No caso do Brasil a evolução da rede urbana, apesar de suas origens em meados do século XVII (no eixo Recife – Salvador, como resultado do desenvolvimento econômico gerado pela "indústria do açúcar"); século XVIII (nas Minas Gerais, como consequência dos movimentos de ascensão e queda da mineração) e século XIX (no eixo Rio-São Paulo, já como resultante da economia cafeeira); apresentou uma guinada em suas características a partir do segundo quartel dos anos 1950 com o esforço do presidente Juscelino Kubitscheck e seu Plano de Metas (50 anos em 5), a modernização industrial, o início da modernização agrícola, bem como os maciços investimentos na infraestrutura de transportes, com destaque para inserção de nova malha rodoviária, que acabou se transformando em um local prioritário para o surgimento de centros urbanos" (VALLE *et al.*, 2014, p. 1).

165 Na perspectiva de registrar o itinerário da conformação territorial mineira, admite-se a necessidade de uma análise complementar minuciosa do êxodo rural mineiro provocado pela atratividade das cidades grandes e de seus signos de modernidade, bem como do espraiamento de um campesinato extremamente resistente frente a fatores de expulsão do campo, como os mecanismos dos latifúndios versus os dos minifúndios e das altas taxa de natalidade *vis-à-vis* a fragmentação da terra, capazes de tornar a sobrevivência na lavoura insustentável. Segundo Matos (1995b), em Minas "o processo de industrialização forçou a redefinição das relações entre campo e cidade, reformulando os desequilíbrios inter-regionais, mas seria um erro pensar que as principais correntes migratórias se dirigiram para a indústria" (MATOS, 1995a, p. 327).

166 Segundo Matos (2011), "perto da metade do século [XVIII], Minas contava com a maior população e o maior número de assentamentos densos da Colônia. As atuais Ouro Preto, Mariana, Sabará, Serro, Diamantina, São João Del Rei, Tiradentes, Caeté, Pitangui abrigavam sobrados, palácios, igrejas e chafarizes, obras de arte, mas também cadeias e câmaras, vendas, albergues, prostíbulos e casebres. Violência e conflitos de toda ordem, marcas típicas de qualquer cidade dinâmica da época, somavam-se ao fato de que a mobilidade social era alta. Havia um número expressivo de brancos e mulatos livres e forros ao lado da 'incessante' expansão da compra de escravos. A mestiçagem, a variedade étnica e os interesses da Coroa tanto motivavam disputas e ressentimentos quanto propiciavam a multiplicação de meios de sobrevivência, atividades e ofícios inauditos" (MATOS, 2011, p. 47).

167 A cafeicultura de Minas Gerais não foi capaz de competir com a produção paulista, dada as melhores condições topográficas e de fertilidade da terra, além de uma mão de obra mais barata e abundante. Cano (2002) adiciona que a inclusão de técnicas avançadas na cafeicultura paulista no início do século XX proporcionou seu crescimento a custos decrescentes, ao passo que em Minas Gerais a cafeicultura se expandia sem inovações significativas. De fato, em 1919 a agricultura paulista era a mais tecnificada do país.

168 Para Diniz (1981), a experiência industrial mineira apresenta características próprias e não pode ser reduzida ao "caso geral" do Brasil, pois tem estruturas produtivas singulares, assim como seu tempo econômico, o que a defasou em relação a evolução econômica nacional e a retardou industrialmente. É apenas na segunda metade do século XX que o Estado passa por um processo de acelerada recuperação do tempo perdido.

169 Cano (2002) destaca que a indústria mineira se estruturou de forma dispersa no início do século XX, em conformação com seu perfil demográfico, e se caracterizou pela pequena e média empresa. Próximo à metade do século XX, o autor relata que "a despeito da subordinação da cafeicultura de Minas Gerais, que não proporcionou a criação de um complexo cafeeiro, e da débil recuperação de sua agricultura, sua expansão industrial e bancária foi notável. Isso, contudo, (e por isso mesmo) não foi capaz de evitar um elevado êxodo rural mineiro que, segundo o censo de 1939, fazia com que Minas Gerais perdesse 8,6% de sua população para o resto do país, batendo precocemente um recorde nacional de expulsão humana" (CANO, 2002, p. 59).

170 O fortalecimento do setor público também induziu a constituição e concentração de uma poderosa tecnocracia, que vai desenvolver no Estado uma ideologia industrializante (DINIZ, 1981; DULCI, 1999).

171 São dessa época, por exemplo, a estatização da Acesita, a inauguração da Mannesmman e a construção da Usiminas.

172 A respeito da construção de Brasília, são interessantes as observações de Tavares (2000): "No final dos anos 60, assiste-se à mudança da capital federal para Brasília, no Planalto Central. Para compensar as perdas que adviriam da mudança da capital, a União manteve no Rio de Janeiro as sedes das grandes empresas estatais, universidades e instituições de pesquisa, assim como órgãos como o Banco Nacional de Desenvolvimento Econômico. A prática de sustentação da economia fluminense, diga-se de passagem, não era nova. Desde a década de 1940, o Governo procurou localizar ali empreendimentos de grande porte, com o intuito de equilibrar a distribuição de recursos no espaço econômico mais desenvolvido do país, isto é, o triângulo São Paulo-Rio de Janeiro-Belo Horizonte" (TAVARES, 2000, p. 94).

173 Apesar de tais razões históricas, relata Diniz (1981) que em 1950 Minas Gerais estava preparada para experimentar uma forte expansão industrial, pois já possuía infraestrutura básica, um parque industrial relativamente desenvolvido, com foco produtivo metalúrgico e de cimento. Entretanto, mesmo com a economia preparada, o Brasil entrou em recessão, o que acabou frustrando as expectativas mineiras.

174 Este último aspecto tinha forte relação com os resultados divulgados no *Diagnóstico da Economia Mineira*, produzido pelo BDMG em 1968, que, entre outros, serviu ao fortalecimento do poder da tecnocracia mineira em detrimento de parte das elites políticas tradicionais (DINIZ, 1981; DULCI, 1999; GODOY *et al.*, 2010).

175 Becker & Egler (1993) e Becker (1997) utilizam essa expressão ao se referirem ao crescimento econômico observado no país entre 1967 e 1982.

176 O processo de desconcentração da indústria paulista já foi exaustivamente discutido por autores como Matos (1995), Diniz & Crocco (1996), Pacheco (1996), Negri (1996), Cano (1997), Queiroz & Braga (1999), Azzoni

(2002), Oliveira (2007), Andrade & Serra (2013) e Saboia (2013), entre outros, de modo que aqui não será realizada uma recuperação retrospectiva dos processos concernentes a esse momento da economia brasileira, mas, sim, uma exposição geral para fundamentar teoricamente os resultados a que se pretende atingir mais à frente.

177 Apenas sobre o termo "reestruturação", Gomes (2011) relaciona as contribuições de mais de cinquenta autores para os diferentes enfoques da temática da reestruturação, no bojo da sociologia, engenharia da produção, economia, história econômica, geografia e educação.

178 Segundo Negri (1996), "por 'deseconomias de aglomeração' entende-se um conjunto de variáveis, entre as quais se destacam os maiores custos de transportes, de terrenos, de serviços e de infraestrutura urbana, incluindo-se outras que provocavam alteração na organização da produção e na sua produtividade, como maiores dispêndios de tempo com transporte, ampliação do poder sindical da classe trabalhadora, questões ambientais, com deterioração das condições de vida nos grandes centros urbanos, queda na produtividade do trabalho etc." (NEGRI, 1996, p. 15).

179 Como bem pontua Perroux (1955), "O fato, rude, mas verdadeiro, é o seguinte: o crescimento não aparece simultaneamente em toda parte. Ao contrário, manifesta-se em pontos ou polos de crescimento, com intensidades variáveis, expande-se por diversos canais e com efeitos finais variáveis sobre toda a economia" (PERROUX, 1955, p. 146).

180 Salienta Ferreira (2013) que "a desconcentração das plantas industriais não significa, necessariamente, descentralização do capital. As sedes das empresas continuam localizando-se nas grandes metrópoles, assim há simultaneamente desconcentração industrial e centralização do capital; há despolarização e polarização" (FERREIRA, 2013, p. 45). Nesse debate, Azzoni (2002) observa que na segunda metade dos anos 1980 e nos anos 1990 houve um arrefecimento no processo de desconcentração, e Saboia (2013) indica que na década de 2000 o processo de desconcentração foi intenso, beneficiando a região sul do Brasil e induzindo certo esvaziamento industrial das metrópoles do sudeste brasileiro. Sob o ponto de vista das vantagens aglomerativas, o processo de desconcentração sintetiza os custos crescentes das deseconomias de escala e vem beneficiar as cidades secundárias (geralmente de médio porte). Estes centros intermediários passam a ser locais alternativos de geração de renda e emprego, ao mesmo tempo em que modernizam sua infraestrutura e serviços, aumentam sua produção, diversificam suas atividades econômicas e participam ativamente do desenvolvimento do sistema urbano brasileiro (MATOS, 2000). O desenvolvimento econômico dessas aglomerações urbanas não metropolitanas são talvez uma evidência relevante do processo de desconcentração industrial nos dias de hoje.

181 Aqui, a desconcentração deve ser lida sob a lógica centro-periferia. Ou seja, em primeira instância, a desconcentração se dá em favor da sua periferia imediata. Já em um segundo momento, tem-se uma espécie de continuidade do processo de desconcentração, mas os protagonistas não serão estritamente os municípios periféricos das regiões metropolitanas, mas as cidades médias.

182 Todos os mapas apresentados aqui foram produzidos em ambiente ArcGIS 10.1.

183 Os dados referem-se ao Produto Interno Bruto Municipal (PIB) referentes a 1939 e 2010, apresentados a preços constantes (R$, a preços do ano 2000 (mil)) (IPEADATA, 2015).

184 Para fins de comparação, o valor adicionado dos impostos não foi considerado na composição do PIB do ano de 2010.

185 Trata-se de um método de classificação em que cada agrupamento contém um número igual de entidades, e é adequada para dados distribuídos linearmente. Aqui, optou-se pelo uso de quatro classes, ou quartis, para a classificação.

186 Não significa necessariamente que estes municípios perderam força, mas, sim, que o ritmo de crescimento dos demais foi superior.

187 Para ampliação da compreensão dos resultados, cabe proposta de análise inversa, em busca da compreensão das reestruturações territoriais nos municípios não destacados, sobretudo em relação ao papel do setor primário na sua composição econômica.

188 Em estudo posterior, procurar-se-á identificar os processos produtivos que são modernos não só na indústria, mas também na agricultura desses municípios, além de buscar uma melhor compreensão sobre seu desenvolvimento urbano, com o objetivo de compreender quais as razões os levaram de fato ao destaque no século XXI via setor primário.

SOBRE OS AUTORES

Ralfo Matos
Professor Titular do Departamento de Geografia do Instituto de Geociências da UFMG. Doutor em demografia e mestre em economia urbana e regional (Cedeplar/UFMG). Possui experiência em áreas da geografia humana, demografia e estudos urbanos e regionais, interpretações geográficas e econômicas sobre desenvolvimento territorial, planejamento, geografia histórica, cultural e política.

Alfredo Costa
Professor do Instituto Federal de Educação, Ciência e Tecnologia do Norte de Minas Gerais (IFNMG). Doutor em geografia e mestre em análise e modelagem de sistemas ambientais (IGC/UFMG). Atua principalmente na interface entre a geografia histórica, econômica e da população, e desenvolve projetos para a compreensão da geograficidade dos desastres tecnológicos provocados pela mineração.

André Velloso Batista Ferreira
Doutor e Mestre em Geografia pela Universidade Federal de Minas Gerais (1999, 2009). Especialista em Geografia e Planejamento Ambiental pela Pontifícia Universidade Católica de Minas Gerais (1995); Professor Adjunto da Universidade Federal de Minas Gerais. Atua principalmente nas áreas de epistemologia, teoria e métodos, geo-história, geografia política, história ambiental, redes urbanas e cidades.

André Simplício Carvalho
Doutor em Geografia pela Universidade Federal de Minas Gerais (2014-2018), mestre em Geografia pela Universidade Federal do Espírito Santo (2012-2014). Atua na área de Geografia Histórica, redes urbanas, foi professor do Departamento de Formação Geral CEFET-MG (Araxá) e atualmente é pós-doutorando no Programa de Geografia da UFSC.

Ediméia Maria Ribeiro de Mello
Doutora em Geografia pelo Instituto de Geociências/Universidade Federal de Minas Gerais (2010). Mestre em Desenvolvimento Econômico pela Universidade Federal de Uberlândia (2001). Professora adjunto da Pós-Graduação em Gestão Social, Educação e Desenvolvimento Local do Centro Universitário Una e coordenadora da pesquisa-ação participativa, no âmbito do Laboratório Ecossitêmico Interdisciplinar de Aprendizagem.

Este livro foi composto em Klinic Slab
e impresso sobre papel Pólen Soft 70g/m²
para a Quixote+Do Editoras Associadas.

MISTO
Papel proveniente de
fontes responsáveis
FSC® C092828
FSC
www.fsc.org

PRINTED WITH
SOY INK®